UNTERSUCHUNGEN ÜBER DIE NATÜRLICHEN UND KÜNSTLICHEN KAUTSCHUKARTEN

VON

CARL DIETRICH HARRIES

MIT 9 TEXTFIGUREN

BERLIN
VERLAG VON JULIUS SPRINGER
1919

ISBN-13: 978-3-642-98603-1 e-ISBN-13: 978-3-642-99418-0
DOI: 10.1007/978-3-642-99418-0

Vorwort.

Im Jahre 1916 bemerkte ich am Schluß des Vorwortes meiner in Buchform bei Julius Springer erschienenen Untersuchungen über die Einwirkung des Ozons auf organische Verbindungen, daß ich die Arbeiten auf dem Gebiete des Kautschuks in einer besonderen Zusammenstellung folgen lassen würde. Des Krieges wegen ließ sich diese Absicht erst verspätet verwirklichen. Ich habe aber diesmal eine grundsätzliche Änderung vorgenommen, indem ich die Abhandlungen nicht gruppenweise wie bei den Ozonuntersuchungen unverändert abdrucken ließ, sondern die einzelnen Mitteilungen zerteilte und sie je nach ihrem Inhalt systematisch auf die verschiedenen Kapitel des Arbeitsgebietes einordnete. Hierbei wurden fremde Leistungen und die Patentliteratur, soweit sie mir zugänglich war und wissenschaftlichen Wert zu besitzen schien, zweckentsprechend berücksichtigt. Dadurch sind Wiederholungen auf ein Mindestmaß beschränkt und eine klare Übersichtlichkeit geschaffen worden. Notwendig wurde es allerdings, daß verschiedene Abhandlungen in neue Fassung gebracht wurden. Viele kleinere eingestreute Beobachtungen und Nachträge sind an diejenige Stelle gesetzt, wohin sie eigentlich gehören und dadurch der Vergessenheit entrissen. Eine Anzahl bisher unveröffentlichter Ergebnisse sind eingeflochten. So ist beinahe eine Chemie der Kautschukarten entstanden, obwohl es nicht im Rahmen dieser Aufgabe lag, eine solche zu verfassen. Der Nutzen dieses Buches soll darin liegen, daß es nur Gebiete behandelt, auf denen der Verfasser selbst praktisch gearbeitet hat. Es stellt eine systematische Zusammenstellung der dabei gesammelten Erfahrungen dar. Die Chemie der Kautschukarten ist in diesem Jahrhundert ein gut Stück vorangekommen, aber je weiter man in ihre Erkenntnis eindringt, desto mehr übersieht man erst, wie ungeheuer kompliziert sich diese merkwürdige Körperklasse gestaltet.

Ich beabsichtige meine Forschungen auf diesem Gebiet fortzusetzen.

Berlin-Grunewald, im Februar 1919.

Carl Harries.

Inhaltsübersicht.

II. Abteilung.

Die künstlichen Kautschukarten.

III. Abteilung.

IV. Abteilung.

Übersicht der Originalabhandlungen.

I. Gruppe: Über Einwirkung der salpetrigen Säure, des Stickstoffdioxyds, der Salpetersäure und von Brom auf Kautschukarten.

1. C. Harries, Über die Einwirkung von Stickstofftrioxyd auf Kautschuk. Ber. **34**, 2991 [1901].
2. C. Harries, Zur Chemie des Parakautschuks I. Ber. **35**, 3256 [1902].
3. C. Harries, Zur Chemie des Parakautschuks II. Ber. **35**, 4429 [1902].
4. C. Harries, Zur Kenntnis der Kautschukarten III. Ber. **36**, 1937 [1903].
5. C. Harries, Über den Weberschen Dinitrokautschuk. Ber. **38**, 87 [1905].
6. C. Harries, Zur Kenntnis der Einwirkung des Stickstofftrioxyds auf Kautschuk. Z. f. ang. Chem. **20**, 1969 [1907].
7. Kurt Gottlob, Über Einwirkung der salpetrigen Säure auf Kautschukarten. Z. f. ang. Chem. **20**, 2213 [1917].
8. C. Harries und H. Rimpel, Zur Bestimmung des Kautschuks im Rohkautschuk als Tetrabromid. Gum.Ztg. **43** [1909].

9. C. Harries, Über Untersuchung von Latexarten in Sizilien. Ber. **37**, 3842 [1904].

II. Gruppe: Über den Abbau der Kautschukarten mit Ozon.

10. C. Harries, Über den Abbau des Parakautschuks vermittelst Ozon. Ber. **37**, 2708 [1904].
11. C. Harries, Über Abbau- und Konstitution des Parakautschuks. Ber. **38**, 1195 [1905].
12. C. Harries, Über die Beziehungen zwischen den Kohlenwasserstoffen aus Kautschuk und Guttapercha. Ber. **38**, 3985 [1905].

III. Gruppe: Künstliche Bereitung der Kautschukarten.

13. C. Harries, Über Kohlenwasserstoffe der Butadienreihe und über einige aus ihnen darstellbare künstliche Kautschukarten. Lieb. Ann. **383**, 157 [1911].
14. C. Harries, Über die künstlichen Kautschukarten II. Vergleichende Untersuchungen über die Wärmepolymerisationsprodukte und die Autopolymerisate des Dimethylbutadien. Lieb. Ann. **395**, 211 [1913].
15. C. Harries, Bemerkungen zu den Arbeiten von G. Steimmig, Beiträge zur Kenntnis des synthetischen Kautschuks aus Isopren. Ber. **47**, 573 [1914].
16. C. Harries, Zur Kenntnis der physikalischen Konstanten des Isoprens. Ber. **47**, 1999 [1914].
17. C. Harries, Weitere Bemerkungen zu der Arbeit von G. Steimmig, Beiträge zur Kenntnis des synthetischen Kautschuks aus Isopren. Ber. **48**, 863 [1915].

IV. Gruppe: Über die Hydrohalogenide der Kautschukarten, ihre Überführung in Regenerate und deren Abbau.

18. C. Harries, Über die Hydrohalogenide der künstlichen und natürlichen Kautschukarten und die daraus regenerierbaren kautschukartigen Stoffe. Der experimentelle Teil in Gemeinschaft mit E. Fonrobert. Ber. **46**, 733 [1913].
19. C. Harries, Über Diazetylpropan (2,6-Heptandion) aus Kautschuk. Ber. **47**, 784 [1914].
20. C. Harries, Beiträge zur Kenntnis der Konstitution des Kautschuks und verwandter Verbindungen. Der experimentelle Teil in Gemeinschaft mit E. Fonrobert. Lieb. Ann. **406**, 174 [1914].
21. Otto Lichtenberg, Zur Kenntnis der Umwandlungsprodukte der Hydrohalogenkautschukarten und über ihre thermische Dissoziation. Lieb. Ann. **406**, 227 [1914].

V. Gruppe: Über das Vulkanisationsproblem.

22. C. Harries, Chemische Untersuchungen über die Vulkanisation des Kautschuks und die Möglichkeit seiner Regeneration aus Vulkanisaten. I. Teil. Ber. **49**, 1196 [1916].
23. C. Harries und Ewald Fonrobert, Chemische Untersuchungen über die Vulkanisation des Kautschuks und die Möglichkeit seiner Regeneration aus Vulkanisaten. II. Teil. Ber. **49**, 1390 [1916].

24. C. Harries, Die wissenschaftlichen Grundlagen zur Erkennung der künstlichen Kautschukarten bei der technischen Kautschukanalyse. Gum.-Ztg. **33**, 222 [1919].

Berichtigungen.

Seite 1 Zeile 3 von oben: 1890/91 statt 1900/01.
„ 26 „ 8 „ „ Galletly statt Galletey.
„ 127 Überschrift Mitte d. S.: „... des Kautschuks und seiner Verwandten“ statt „der Kautschuke und seiner Verwandten“.
„ 168 Zeile 10 von oben: „... keine Verbindung, welche solche Reaktion aufweist“ statt „keine Verbindung, welche solche Reaktionen aufweisen“.

Assistenten und Mitarbeiter bei meinen Untersuchungen auf dem Gebiete des Kautschuks

(chronologisch).

Dr. Friedrich Kaiser †, Dr. Heinrich Wieland, Dr. Arthur Bibergeil, Dr. Wilhelm Haarmann, Dr. Fritz Reuter, Dr. Maurus Weiß, Dr. Hans Müller, Dr. Richard Weil, Dr. Valentin Weiß, Dr. Hans Temme, Dr. Heinrich Neresheimer, Dr. Kurt Gottlob, Dr. Hans von Splava-Neymann (gefallen im Westen), Dr. Irnfried Petersen, Dr. Otto Korneck, Dr. Rudolf Koetschau, Dr. Karl Neresheimer (gefallen im Westen), Dr. Fritz Ewers, Dr. Wilhelm Schönberg, Dr. Heinrich Rimpel, Dr. Max Hagedorn, Dr. Otto Lichtenberg, Dr. Ewald Fonrobert, Dr. Hans Adam.

Einleitung.

Die Anregungen für meine Untersuchungen auf dem Gebiet des Kautschuks führen zurück auf zwei Beobachtungen, die ich schon in den Jahren 1900/01 als Assistent von A. W. von Hofmann gemacht habe. Man empfand es in den Vorlesungen über salpetrige Säure wie über Ozon recht lästig, daß diese Gase Kautschukschläuche heftig angriffen, wodurch das Experiment häufig unterbrochen wurde. Ich beobachtete damals in den mit Salpetrigsäuregas behandelten Schläuchen die Bildung eines gelblichen, zerreiblichen Produktes und bei durch Ozon angegriffenen Kautschukröhren die Abscheidung einer sirupösen Masse.

Aber erst zehn Jahre später fand ich Gelegenheit, diese Wahrnehmungen näher zu verfolgen[1]). Ich leitete direkt in eine aus Gummischläuchen hergestellte benzolische Kautschuklösung Salpetrigsäuregas ein und erhielt einen gelben Niederschlag, der von Essigester aufgenommen wurde. Die erste vorläufige Mitteilung 1901 darüber konnte noch keine genaue prozentische Zusammensetzung feststellen, später wurde diese auf $(C_{10}H_{15}N_3O_7)_2$ ermittelt. Ich erhoffte nun durch Abbau des Produktes Einblick in die innere Struktur des Kautschukmoleküls zu erhalten, jedoch erwies sich dasselbe als hierfür nicht geeignet. Da entsann ich mich meiner zweiten Beobachtung aus der Vorlesung, daß Kautschuk von Ozon stark angegriffen wird und ließ nun 1902 in einem besonderen Versuch Ozon auf eine Kautschuklösung einwirken. Die kleinen Ozonisatoren, wie sie in der Vorlesung dazumal in Gebrauch waren, erwiesen sich aber als zu schwach, um eine merkliche Veränderung herbeizuführen. Bessere Resultate wurden erst erzielt, als es mir gelang, mit Hilfe der Firma Siemens & Halske, speziell des Herrn Dr. Erlwein, einen Ozonapparat zu konstruieren, der konzentriertere Sauerstoffozonströme erzeugte. Beim Einleiten eines solchen Ozonstromes in eine chloroformische Kautschuklösung erhielt ich nach Entfernung des Lösungsmittels einen farblosen Sirup, mit dem ich aber lange nichts anzufangen wußte. Ich studierte daher generell zunächst die Einwirkung des Ozon auf ungesättigte Körper, denn als solcher mußte der

[1]) Vortrag Danzig.

Kautschuk auch schon damals angesehen werden. So entstanden die Untersuchungen über die Einwirkung des Ozons auf organische Verbindungen, deren erste im Jahre 1903 erschienen ist. Gleich darauf konnten dann als Anwendung dieser Ergebnisse die beiden Arbeiten „Über den Abbau des Parakautschuks durch Ozon" 1904 und „Über Abbau und Konstitution des Parakautschuk" 1905 veröffentlicht werden, welche einen Einblick in die bis dahin gänzlich dunkle Struktur dieses merkwürdigen Stoffes erbrachten. Die in den folgenden Jahren sich ergebenden Fortschritte habe ich in drei Vorträgen zusammengestellt. Sie wurden gehalten:

I. Auf der Hauptversammlung des Vereins Deutscher Chemiker zu Danzig, 24. Mai 1907. Z. f. ang. Chem. **20**, 1265 [1907], im folgenden „Vortrag Danzig" genannt.

II. Auf der Vollversammlung des Österr. Ingenieur- und Architekten-Vereins in Wien, 12. März 1910. Zeitschr. d. Österr. Ingenieur- u. Architekten-Vereins, Wien 1910, Nr. 19, im folgenden „Vortrag Wien" genannt.

III. Auf der Jubiläumsgeneralversammlung des Vereins Deutscher Chemiker in Freiburg, Mai 1912. Z. f. ang. Chem. **25**, 1457 [1912], im folgenden „Vortrag Freiburg" genannt.

I. Abteilung.

Die natürlichen Kautschukarten.

Kapitel I.

Das Ausgangsmaterial.

Die ersten Versuche wurden mit einem Kautschuk nicht bestimmbarer Herkunft nur zur Information unternommen. Man zerkleinerte das Stück und erhitzte es mit Benzol oder Chloroform im Einschlußrohr einige Zeit auf 100°, um es in Lösung zu bringen. Bei den späteren Versuchen wurde dagegen auf ein genau definierbares Ausgangsmaterial, welches in gleicher Beschaffenheit stets wieder zu erhalten war, Wert gelegt, auch wurde die Lösung in der Kälte vorgenommen. Hierzu stellten mir verschiedene Firmen besten brasilianischen, sog. Parakautschuk, zur Verfügung, mit dem dann die wichtigeren Arbeiten ausgeführt sind. Später wurden auch zahlreiche andere Kautschuksorten aus Afrika, Peru, Vorder- und Hinterindien, Ceylon, Mexiko, und zwar Wild- und Plantagenkautschuk, einbezogen, wobei sich herausstellte, daß ein struktureller Unterschied von den besten Arten zwar nicht besteht, daß aber doch deutliche, wenn auch nur feinere Merkmale in chemischer Hinsicht zwischen Parakautschuk und seinen Verwandten einerseits und den afrikanischen Kautschukarten, speziell den Kongoarten, andererseits, vorhanden sind. Vgl. S. 64.

1. Allgemeine Eigenschaften des Naturkautschuks.

Der Kautschuk[1]) findet sich in Säften von vielen Pflanzen, besonders Fikus-, Lianenarten und Euphorbiazeen, zu letzteren gehört die

[1]) *Bibliographie.* **Ältere Werke:** Franz Clouth, Kautschuk und Guttapercha. Bernh. Fr. Voigt, Leipzig 1898. — Henriques, Der Kautschuk und seine Quellen. Dresden 1899. — Wiesner, Die Rohstoffe des Pflanzenreichs. Fr. Engelmann, Leipzig 1901. Bd. 1, III. Aufl., 1914. — C. O. Weber, The Chemistry of India Rubber — Charles Griffin and Co. Lim. London 1902.

Neuere Werke: L. Ventou-Duclaux, Paris, H. Dunod und E. Pinat 1912. — Dr. Rudolf Ditmar, Der synthetische Kautschuk (1. Aufl). Dresden, Theo. Steinkopf 1912. — B. D. Porrit, Chemistry of Rubber. Gurney and Jackson, London 1913. — Dr. Kurt Gottlob, Technologie der Kautschukwaren. Fr. Vieweg & Sohn, Braunschweig 1915.

wichtige Hevea brasiliensis. Er wird daraus durch Anritzen der Stämme und Abzapfen des Saftes (Latex) gewonnen. Der Latex ist eine milchige Flüssigkeit, in der man unter dem Mikroskop sehr kleine Öltropfen erkennt, die sich in ständiger Bewegung befinden. Diese wird durch Zusatz von 20proz. Kochsalzlösung nach Henri[1]) aufgehoben, so daß sich eine Zählung der Tröpfchen vornehmen ließ. Hierbei ergaben sich 50 Millionen in 1 ccm Milchsaft. Die Ölkügelchen sollen nach verschiedenen Autoren von Eiweiß umhüllt sein, welches bei der Koagulation durch Säuren gerinnt und zum Teil entfernt wird. Rohkautschuk enthält, je nach der Herkunft, wechselnde Prozentzahlen an Eiweißstoffen[2]).

Die Wilden dunsten den Latex in flachen Schalen ein, wobei er durch den darüber streichenden Rauch geräuchert und koaguliert wird. Bei Plantagenlatex wird der Kautschuk durch künstliche Mittel abgeschieden bzw. koaguliert. Über die Natur des Kautschuks im Latex sind schon öfter Untersuchungen angestellt worden (vgl. S. 236). Es ist ziemlich sicher erwiesen, daß seine Molekulargröße darin recht hoch ist[3]). Der Kautschuk ist von sehr verschiedener Güte, als beste Marke galt lange Zeit der brasilianische sog. Parakautschuk. Indessen gibt es neuerdings Plantagenkautschuke, sog. Crèpe, besonders aus Ceylon und Hinterindien, die an Vortrefflichkeit dem Parakautschuk kaum nachstehen. Meist sind diese hellgelb und viel reiner als der Wildkautschuk. Der Kautschuk ist ein typisches Dispersoid, und zwar ein Emulsoid[4]). Die Emulsoide unterscheiden sich von den Suspensoiden dadurch, daß ihre Viskosität in Dispersionsmitteln bei steigendem Prozentgehalt sehr stark wächst. Man nimmt an, daß Emulsoide in Lösung flüssig sind. Dispersionsmittel sind: Schwefelkohlenstoff, Benzol, Toluol, Xylol, besonders auch Halogenide, wie Chloroform, Äthylenchlorid und -bromid.

Frischer Kautschuk wird auch von Äther aufgenommen. Die Lösungen oder Dispersionen sind kolloidaler Natur. Vermittelst des Ultramikroskops kann man darin kleine ovale Lichtkegel beobachten, die die Brownsche Bewegung anzeigen[5]). Die Dispersionen rufen ferner das Tyndalphänomen hervor. Die Löslichkeit des nicht ausgewalzten

---

[1]) Victor Henri, Le Caoutchuc et la Guttapercha **3**, 510 [1906]; ebenda **5**, 2405 [1908].

[2]) Beadle Stevens, Koll.Z. **13**, 207 [1913].

[3]) Vgl. Weber, Ber. **36**, 3108 [1903]. — Harries, Ber. **37**, 3842 [1904]. — De Jong, Tromp de Haas, Ber. **37**, 2298 [1904]. — F. W. Hinrichsen, Kindscher, Ber. **42**, 4329 [1909]. — F. Eduardoff, Gum.Ztg. **23**, 809 [1909]. — Van Rossem, van Heurn, Koll.B. **10**, 9 [1918].

[4]) Vgl. Wolfgang Ostwald, Die Welt der vernachlässigten Dimensionen. Theodor Steinkopf, Dresden 1915.

[5]) Harries, Vortrag Wien. — Schidrowitz, Journ. Soc. Chem. Ind. **28**. — Wo. Ostwald, Koll.B. **4**, 23 [1912].

Rohkautschuks beträgt bei Zimmertemperatur in Benzol 1,2—1,4 g auf 1 Liter[1]).

Man läßt dazu kleingeschnittenen Kautschuk mehrere Wochen mit Benzol bei gewöhnlicher Temperatur stehen und hebt die überstehende klare Schicht ab. Filtrieren läßt sich eine Kautschuklösung schwer, weil sich die Poren des Filtrierapparates durch suspendierte schleimige Teile verstopfen. Bei längerem Stehen setzen sich dieselben aber ab. Schneller kann man den Kautschuk lösen, wenn man ihn erst mehrere Male durch eine Walze gehen läßt und zu dünnen Fellen auswalzt, die Löslichkeit ist dann eine höhere. Man bewahrt die Lösungen in geschlossenem Gefäß unter einer Kohlendioxydatmosphäre auf.

Die Lösungen besitzen eine bestimmte Viskosität, die aber bei mehrfach ausgewalztem Kautschuk niedriger ist als bei in der Kälte behandeltem[2]). Anscheinend bestehen Beziehungen zwischen Viskosität und Nerv des Kautschuks. Man kann aus den Viskositätsbestimmungen, zu denen sich nach van Rossem am besten der Oswaldsche Viskosimeter eignet, Rückschlüsse auf die praktische Verwendbarkeit des Rohkautschuks für technische Zwecke bzw. seine Vulkanisationsfähigkeit ziehen[3]).

Durch ein gleiches Volumen Alkohol ist der Kautschuk aus seinen Lösungen als weiße zusammenballbare Masse fällbar, welche getrocknet wieder zähe und bräunlich wird, aber dabei stark an natürlichen dispersoiden Eigenschaften (Nerv) Einbuße erleidet. Er ist dann schlecht vulkanisierbar.

2. Die verschiedenen Modifikationen des Kautschuks.

Es gibt mehrere Modifikationen des Rohkautschuks[4]): a) die gewöhnliche Form, b) die unlösliche Form, c) die ölige Form. Alter Kautschuk wird sehr schwer löslich. Auch gefällter Kautschuk, der längere Zeit aufbewahrt wurde, läßt sich nicht wieder in Lösung bringen. Erhitzt man aber solchen unlöslichen Kautschuk mit Essigsäureanhydrid oder Eisessig längere Zeit über freier Flamme auf dem Drahtnetz, so wird er wieder, wenigstens teilweise, in den gewöhnlichen vorstehend

[1]) Harries, Ber. **35**, 3261 [1902].

[2]) F. Frank, Gum.Ztg. **25**, 990 [1911]. — Bernstein, Koll.Z. **12**, 193 [1913].

[3]) Axelrod, Gum.Ztg. **12**, 1053 [1905]. — Hatschek, Koll.Z. **11**, 284 [1912]. — Van Rossem, Chem. Weekblad **11**, 579 [1914]. — J. G. Fol, Koll.Z. **12**, 131 [1913]. — Schidrowitz u. Goldsborough, Koll.Z. **12**, 138 [1913]; ebenda **13**, 46 [1913]. — Eaton, India Rubber Journ. **46**, 315 [1913]. — Spence, Koll.Z. **14**, 262 [1914]. — Gaunt, Journ. Chem. Ind. **32** [1913]. — Kirchhoff, Koll.Z. **15**, 30 [1914]. — Bernstein, Koll.Z. **15**, 49 [1914]. — H. van Rossem, Koll.B. **10**, 83 [1918].

[4]) Harries, Vortrag Wien.

genannten Lösungsmitteln löslich, woraus sich eine Rückumwandlung der b- in die a-Form folgern läßt. Endlich die c- oder ölige Form. Diese bildet sich bei längerem Stehen von Kautschuk in Lösung in der Wärme. Aus solcher wird durch Alkohol der Kautschuk nicht als feste weiße, sondern als ölige Masse gefällt. Dieselbe geht aber nach dem Abheben von der Mutterlauge bei längerem Stehen wieder in die gewöhnliche Form über. Es ist wahrscheinlich, daß diese drei Formen sich nicht durch verschiedene Molekulargröße, sondern nur durch Änderung des Dispersoitätsgrades unterscheiden.

Außer diesen drei Formen gibt es noch mehrere andere Modifikationen, die ich für Polymere halte. So wird der Kautschuk durch konzentrierte Schwefelsäure in eine weiße amorphe Masse übergeführt.

Ich schüttelte hierzu eine benzolische Kautschuklösung mit konzentrierter Schwefelsäure[1]). Hierbei habe ich beobachtet, daß der gesamte in dem Benzol enthaltene Kautschuk unlöslich wird und sich ausscheidet, aber das Produkt hat ganz andere Natur als die Form „b", ist nunmehr fest und bröcklig amorph geworden und hat nach den Untersuchungen mit Kautschuk direkt nichts mehr zu tun. Man kann es nicht aschefrei erhalten, weil man die Schwefelsäure durch Waschen mit Wasser und Soda entfernen muß, und so erhält man keine untereinander stimmenden Analysenzahlen. Ich glaube aber trotzdem, daß es dieselbe Zusammensetzung $C_{10}H_{16}$ wie der Kautschuk, wahrscheinlich aber noch höhere Molekulargröße besitzt. Daß der Kautschuk durch Schwefelsäure angegriffen wird, wußte man längst. Das Produkt, welches dabei entsteht, hat man bisher noch nicht isoliert. Die Idee, die mich leitete, den Kautschuk weiter zu polymerisieren, war, ob es nicht vielleicht gelänge, denselben in einen höchst wertvollen anderen Kohlenwasserstoff, der nach seinen chemischen Eigenschaften dem Kautschuk sehr nahe steht, in physikalischer Beziehung aber von ihm abweicht, nämlich in Guttapercha, umzuwandeln. Auf diesem Wege hat es sich nicht ermöglichen lassen, Kautschuk in Guttapercha überzuführen.

Beim Vulkanisieren entsteht durch die Einwirkung des Schwefels aus dem Rohkautschuk eine andere Modifikation, die sog. „stabile" Form des Kautschuks, auf deren Beschreibung später verwiesen wird. (Siehe Vulkanisation S. 102.)

Der Kautschuk verliert beim längeren Aufbewahren an der Luft seine Zähigkeit und wird leimig. Dieser Vorgang ist von zahlreichen Forschern untersucht und die verschiedensten Erklärungen dafür abgegeben worden. Manche Forscher stehen auf dem Standpunkt, daß dieser Vorgang kolloidchemische Ursachen hat. Als Gegenmittel hiergegen wird eine Beimengung von Ammoniak, aliphatischen Aminen

[1]) Vortrag Wien.

oder nach Ostwald besser Dimethylanilin angewandt. Dasselbe gilt auch für die künstlichen Kautschukarten[1]).

3. Wissenschaftliche Reinigung und Analyse[2]).

Zur Reinigung (vgl. S. 5) wird der Rohkautschuk nach oben beschriebenem Verfahren in Benzol gelöst, die Lösung unter Umrühren in Alkohol gegossen, dann ausgeschieden, abgepreßt und darauf im Soxhletapparat mit Azeton 12 Stunden extrahiert, wobei die Harzbestandteile herausgelöst werden. Diese Operation wiederholt man mindestens noch zweimal, indem man den Kautschuk wieder in Benzol löst, wieder fällt und abermals mit Azeton extrahiert. Erleichtert wird die Operation, wenn man extrahierten Kautschuk jedesmal vor der Lösung auf der Walze wieder zu dünnen Fellen auswalzt. Nach dreimaligem Lösen, Fällen und Extrahieren erhält man so ein Produkt, welches nach dem Trocknen im Vakuumexsikkator durchsichtig, mehr oder weniger gefärbt ist, aber den Nerv und die Elastizität des Rohkautschuks wesentlich eingebüßt hat. Bisweilen wird dieses Produkt direkt bröcklig. Bei der Elementaranalyse erhält man Zahlen, die sehr genau für die Zusammensetzung C_5H_8 bzw. $C_{10}H_{16}$ stimmen. Stickstoff läßt sich darin nicht mehr nachweisen. Die Molekulargröße ist noch unbekannt, wahrscheinlich wechselnd. Darum gibt man ihm die Formel $(C_{10}H_{16})_x$ Analysenresultate bei gereinigtem Naturkautschuk im Vakuum über Schwefelsäure bis zur Gewichtskonstanz getrocknet.

Wenn man nur einmal umfällt und extrahiert, erhält man durchschnittlich bei guten Kautschukarten folgende Werte:

$C_{10}H_{16}$. Ber. C 88,23, H 11,76.
Gef. „ 86,30, „ 11,50.

Bei zweimaligem Umfällen und Extrahieren mit Azeton steigt der Kohlenstoff- und Wasserstoffwert.

0,1590 g Sbst.: 0,5110 g CO_2, 0,1746 g H_2O.
$C_{10}H_{16}$. Ber. C 88,23, H 11,76.
Gef. „ 87,85, „ 12,28.

4. Depolymerisation.

Der Kautschuk wird schon durch Walzen depolymerisiert, wie sich aus dem Sinken der Viskositätszahl schließen läßt[3]) (vgl. S. 5). Bei längerem, etwa 50—60stündigem Kochen in Lösung (Toluol, Xylol)

[1]) D. R. G. 257 813, Kl. 39. b. I. (24. III. 1911); 264 820, Kl. 39 b (24. III. 1911). — Vgl. auch Spence, Russel, India Rubber Journ. **46**, 9 [1913], welche Natrium oder alkoholisches Alkali benutzen.

[2]) Harries, Ber. **38**, 1198 [1905].

[3]) Bernstein, s. a. a. O.

findet vielleicht ein ähnlicher Vorgang statt. Der Kautschuk wird durch Alkohol dann nicht mehr ausgefällt[1]), mit Chlorwasserstoffgas gewinnt man zwar noch ein festes Dihydrochlorid, welches aber nicht dieselbe Prozentzahl an Chlor enthält wie das aus nicht depolymerisiertem Kautschuk gewonnene Dihydrochlorid, sondern weniger.

Über Versuche, den Parakautschuk durch Kochen in Lösung zu depolymerisieren.

Harries[2]) hat schon vor mehreren Jahren mitgeteilt, daß der Kautschuk bei längerem Kochen in Toluol- oder Xylollösung seine Eigenschaften insofern verändert, als er anscheinend seine Schwerlöslichkeit Alkohol gegenüber verliert. Kautschuk wird aus seinen Lösungen in Toluol oder Xylol zunächst ohne weiteres in der bekannten Weise durch Alkohol ausgefällt, diese Eigenschaft verliert er aber bei längerem Kochen in verdünnter Lösung. Die Versuche wurden bisher noch nicht abgeschlossen.

Wenn man die länger gekochten Lösungen, welche durch Alkohol kaum noch gefällt werden, mit Chlorwasserstoffsäure sättigt und dann mit Alkohol zersetzt, so fallen Hydrochloride aus, welche je nach der Dauer des Erhitzens verschiedene Eigenschaften haben. Es ist also in der Lösung noch ein kautschukartiger Körper vorhanden.

Versuche mit Toluol.

5 g Kautschuk wurden in 500 g Toluol am Rückflußkühler auf dem Heißluftbad zum Sieden erhitzt. Nach 48 Stunden wurden 100 ccm herausgenommen und mit Salzsäuregas abgesättigt.

Die Ausbeute an festem weißen Hydrochlorid betrug statt 1,54 g 1,2 g. Nach 144 Stunden wurden wieder 100 g herausgenommen und in gleicher Weise behandelt. Das Hydrochlorid fiel zunächst braunschwarz aus; die Ausbeute betrug statt 1,54 g nur 1 g. Nach dem Umfällen aus Chloroform-Alkohol gewann der Körper das Ansehen des Hydrochlorids zurück. Sowohl das rohe, nicht umgefällte Präparat I wie das umgefällte Präparat II wurde nach dem Trocknen im Vakuum analysiert.

I. 0,1338 g Sbst.: 0,3004 g CO_2, 0,1116 g H_2O und 0,0396 g Cl. — II. 0,1386 g Sbst.: 0,2988 g CO_2, 0,1186 g H_2O und 0,0422 g Cl.

$C_{10}H_{16}$ 2HCl.	Ber.	C 57,40,	H 8,68,	Cl 33,92.
	Gef. I.	„ 61,23,	„ 9,33,	„ 29,60.
	II.	„ 58,80,	„ 9,57,	„ 30,45.

[1]) Lichtenberg, Lieb. Ann. **406**, 238 [1914].

[2]) Vortrag Wien.

Nach 14tägigem Kochen wurde keine weitere Veränderung beobachtet. Es scheint so, als wenn der Kautschuk zwar depolymerisiert, in seinen chemischen Eigenschaften aber unverändert geblieben ist.

Versuche in Xylol.

5 g Kautschuk wurden in 500 ccm Xylol[1]) 48 Stunden lang gekocht, 100 ccm mit Salzsäuregas gesättigt und wie vorher behandelt. Das feste Hydrochlorid besaß gelbe Farbe. Die Ausbeute betrug statt 1,53 g 1 g. Der Zersetzungspunkt lag bei 140—145°. Nach 72 Stunden Kochen wurde eine neue Probe genommen, es resultierte ein feines weißes Pulver. Ausbeute 1,3 g statt 1,53 g. Der Zersetzungspunkt lag bei 155—160°. Nach 96 Stunden Kochen ergab eine erneute Probe wieder 1,3 g Hydrochlorid als feines, weißes Pulver vom Zersetzungspunkt 160—165°. Dieses Präparat wurde analysiert.

0,1318 g Sbst.: 0,2910 g CO_2, 0,1130 g H_2O und 0,0366 g Cl.

$C_{20}H_{32}$ 3HCl.	Ber.	C 63,16,	H 9,21,	Cl 27,90.
$C_{25}H_{40}$ 4HCl.	,,	,, 61,7,	,, 9,05,	,, 29,2.
	Gef.	,, 60,21,	,, 9,59,	,, 27,78.

Es sei darauf hingewiesen, daß diese Werte den bei dem Hydrochlorid des Regenerats Ia ermittelten nahe kommen (vgl. S. 25).

Aus der so lange gekochten Xylollösung wurde durch Alkohol kein Kautschuk mehr gefällt. Ob er sich dabei depolymerisiert oder in anderer Weise verändert hat, soll noch durch weitere Untersuchungen festgestellt werden.

Schließlich bei nochmaligem langen Kochen wird er in Derivate des Zymols bzw. Zymol selbst umgewandelt. Es findet also eine vollkommene Zersetzung statt[2]).

Der Kautschuk ist nach Harries[3]) in Benzollösung optisch inaktiv. Dies wurde von Hinrichsen bestätigt.

Kapitel II.

Verhalten bei der trocknen Destillation.

Die trockene Destillation des Kautschuks ist zuerst von Himly ausgeführt worden[4]). Er fand dabei ein leicht siedendes Produkt, welches er Faradayin, und ein höher siedendes Öl, welches er Kautschin benannte. Letzteres sott zwischen 168—171°.

---

[1]) Käufliches Metaxylol von Kahlbaum.

[2]) Harries, Vortrag Wien 1910.

[3]) Ber. **38**, 1197 [1905].

[4]) Lieb. Ann. **62**, 233 [1847].

Später hat Williams 1860 das leichtsiedende Produkt Isopren[1]) genannt, während Wallach zeigen konnte, daß im Kautschin Dipenten

$$\begin{array}{c} C\,.\,CH_3 \\ H_2C \diagup \diagdown CH \\ H_2C \diagdown \diagup CH_2 \quad \diagup\!\!\!\diagup CH_2 \\ CH\,.\,C \\ \diagdown CH_3 \end{array}$$

enthalten ist[2]). Bouchardat[3]) fand folgende Zahlen für den Wärmezerfall des Kautschuks. 5 kg gaben 250 g Isopren, 2000 g Dipenten und 600 g Heveen $C_{15}H_{24}$. Harries konnte bei vielen Kautschukarten dieses Mengenverhältnis nicht bestätigen. 1 kg Kautschuk liefert nach diesem Autor durchschnittlich nur etwa 30 g Isopren vom Siedepunkt 33—34°.

Das sog. Isopren ist nach Ipatiew[4]) ein Gemenge von 2-Methylbutadien und 2-Methylbuten (Trimethyläthylen). Tilden[5]) stellte die Formel:

$$\begin{array}{l} CH_3 \diagdown \\ \qquad C\,.\,CH = CH_2 \\ CH_2 \diagup\!\!\!\diagup \end{array}$$

als wahrscheinlich auf, während Ipatiew und Wittorf[6]) dieselbe bewiesen. Auf die Synthese des Isoprens wird später eingegangen werden (vgl. S. 142).

Die Dipentenfraktion ist geringer, als von Bouchardat angegeben wurde und wechselnd. Dipenten ist selbst nur etwa zu einem Drittel darin enthalten, daneben zwei andere Terpene $C_{10}H_{16}$[7]).

Untersuchung der Kautschuköle.

Es wurde zunächst die Fraktion 150—200°, „Dipentenfraktion", welche beim Destillieren von Parakautschuk unter gewöhnlichem Druck gewonnen wird, untersucht. Durch sorgfältiges Dephlegmieren im Vakuum bei 15—16 mm Druck konnten daraus 4 Fraktionen erhalten werden. I. Fraktion 50—60°, II. 60—65°, III. 65—70°, IV. 70—80°. II. und III. bildeten die Hauptmenge und wurden mehrfach weiter dephlegmiert; so werden schließlich drei Fraktionen erhalten. Die bei-

---

1) Jahr. Ber. d. Chem. **1860**, 494.
2) Lieb. Ann. **227**, 243 [1885].
3) Bull. **24**, 108. — Compt. rend. **80**, 1446 [1875].
4) J. f. pr. Chem. (2) **55**, 4 [1897].
5) Bull. **45**, 910 [1884].
6) J. f. pr. Chem. **5**, 51 [1897].
7) Harries, Ber. **35**, 3266 [1902].

den ersten enthalten kein Dipenten, die letztere besteht zum großen Teil daraus.

Fraktion I siedet, über Natrium getrocknet, bei 147—150° unter 761 mm Druck, ist farblos, Geruch angenehm, $D^{20,5°} = 0,8286$, $n_d^{20,5°} = 1,4962$; Molekularrefraktion 45,24.

Ber. für $C_{10}H_{16}$ (2 |‾) 44,92.
„ „ $C_{10}H_{16}$ (3 |‾) 46,94.
$C_{10}H_{16}$. Ber. C 88,23, H 11,77.
Gef. „ 87,15, „ 12,11.

Es scheint, daß in dieser Fraktion ein Kohlenwasserstoff mit offener Kette enthalten ist. Myrzen besitzt $n_d = 1,4673$, $D^{15°} = 0,8023$.

Fraktion II siedet, über Natrium getrocknet, bei 168—169°, ist farblos, Geruch dipentenartig, gibt kein Dipententetrabromid, kein Terpinennitrosit, färbt sich mit Brom tiefviolett (charakteristisch), $D^{20°} = 0,8309$, $n_d^{20°} = 1,45856$. Molekularrefraktion 45,54.

Ber. für $C_{10}H_{16}$ (2 |‾) 44,92.
$C_{10}H_{16}$. Ber. C 88,23, H 11,77.
Gef. „ 87,58, „ 12,06.

In diesem Kohlenwasserstoff scheint ein neues Terpen vorzuliegen.

Der Hauptanteil besteht aus höher, durch alle Temperaturen bis 300° hindurch siedenden dicken Ölen, deren Natur noch nicht aufgeklärt ist. Die hohen Fraktionen geben mit salpetriger Säure behandelt kein „Nitrosit c", woraus hervorgeht, daß kein kautschukartiger Bestandteil darin enthalten ist. Etwas anders verhält sich der Kautschuk, wenn man ihn im Hochvakuum destilliert[1]). Hierbei bildet sich bei 0,1 mm nur wenig Isopren und Dipentenfraktion, sondern als Hauptprodukt ein von 220—260° siedendes dickes Ölgemisch[2]). Aber auch dieses gibt mit salpetriger Säure keine feste Verbindung. Auch läßt sich durch Ozon nachweisen, daß darin kein unveränderter Kautschuk mehr vorhanden ist, da man bei der Spaltung der Ozonide mit Wasser keine Pyrrolprobe auf Lävulinaldehyd erhält. (Siehe Ozonisation des Kautschuks S. 51.)

Kapitel III.

Derivate des Kautschuks und deren Umwandlungen.

Der Kautschuk verhält sich wie ein Kohlenwasserstoff, der auf 1 Mol. $C_{10}H_{16}$ zwei aliphatische Doppelbindungen besitzt, denn er liefert eine Anzahl Additionsverbindungen mit Brom oder Halogenwasserstoff, deren Bruttoformel $C_{10}H_{16}Br_4$ und $C_{10}H_{16}(HCl)_2$ ist.

---

1) Emil Fischer u. Harries, Ber. **35**, 2158 [1902].
2) Harries, Lieb. Ann. **383**, 204 [1911].

1. Das Tetrabromid $(C_{10}H_{16}Br_4)_x$

von Gladstone und Hibbert entdeckt[1]), wird erhalten nach Budde und Huebner[2]):

0,15—0,2 g der feingeschnittenen trockenen Kautschukprobe werden mit 50 ccm Tetrachlorkohlenstoff übergossen und 24 Stunden zur Quellung beiseite gestellt. Zum gequollenen Kautschuk werden darauf 50 ccm Bromierungsflüssigkeit (6 ccm Brom, 1 g Jod in 1 l Tetrachlorkohlenwasserstoff) gegeben, die man 6 Stunden unter zeitweiligem Schütteln einwirken läßt. Nach dieser Zeit setzt man das halbe Volumen Alkohol hinzu, schüttelt kräftig um und kann nach Absitzenlassen den weißen Niederschlag abfiltrieren. Die Gefahr des Überbromierens[3]) kann vermieden werden durch starke Kühlung der Reaktionsflüssigkeit.

Diese Methode ist zur quantitativen Bestimmung des Kautschuks benutzt worden. Man muß aber einen Unterschied machen zwischen Rohkautschuk und ungefälltem, gereinigtem Kautschuk. Je reiner der Kautschuk ist, desto eher neigt er dazu, Bromwasserstoff abzuspalten. Hierüber sind von Harries und Rimpel[4]) folgende Untersuchungen angestellt worden:

Es war von Interesse, die Buddesche Methode mit der Nitrositmethode von Harries[5]) zu vergleichen. Zu diesem Zweck wurden einige Rohgummisorten analysiert, und zwar so, daß von jeder je eine Bestimmung nach der Nitrosit- und je eine nach der verbesserten Buddeschen[6]) Methode ausgeführt wurde; die Proben wurden möglichst von demselben Stück genommen. Außerdem wurden noch Bestimmungen mit chemisch-reinem, nach Harries[7]) gereinigtem Parakautschuk (dreimal aus Benzol ausgefällt und jedesmal 24 Stunden mit Azeton im Soxhlet extrahiert) ausgeführt und somit die Bromidmethode unter den allereinfachsten und am besten zu kontrollierenden Bedingungen ausprobiert. Die erhaltenen Resultate sind in der nachstehenden Tabelle zusammengestellt.

Wie leicht zu bemerken ist, weichen die nach beiden Methoden erhaltenen Werte in allen Fällen weit über die Grenze eines Arbeitsfehlers hinaus voneinander ab. Konnte man noch zunächst bei den Bestimmungen I—III die Schuld auf die etwas zu hohe Werte liefernde

---

1) Journ. Chem. Soc. **1888**, 680.

2) Budde, Gum.Ztg. **23**, 6 [1909].

3) Hinrichsen u. Kindscher, Ber. **46**, 1283 [1913].

4) Harries u. Rimpel, Gum.Ztg. **43** [1909].

5) Gum.Ztg. **21**, 1205 [1907].

6) Ber. **34**, 2991 [1901]; **35**, 3256 [1902]; **36**, 1937 [1903] und Z. f. ang. Chem. **20**, H. 51, S. 2213 [1907].

7) Ber. **38**, 1198 [1905].

Art des Kautschuks	Angew. Menge g	Gewicht d. Nitrosits g	Anzahl der verbr. ccm $^1/_5$ N Ag NO_3-Lösung	Gewicht d. auf d. Filter gew. Bromids g	Kautschukgehalt nach der Nitrosit-methode %	nach der Bromid-methode %
I. Guayrule . . .	0,4021	0,7642	—	—	88,80	—
(Mexiko) roh .	0,1410	—	14,5	0,0170	—	70,2
II. Ceylon para	0,4038	0,8284	—	—	96,0	—
in Fellen . . .	0,1430	—	17,16	0,0351	—	88,8
III. Congo,	0,4923	0,9740	—	—	92,09	—
Equateur, roh	0,1500	—	18,41	0,0167	—	85,3
IV. Para-Kaut-	0,4985	1,0858	—	—	101,8	—
sch., chem. rein	0,1468	—	17,5	0,0248	—	86,1
V. Para-Kautsch.,	0,3940	0,8394	—	—	99,47	—
chem. rein . .	0,1425	—	16,03	0,0767	—	91,8

Nitrositmethode schieben, so war das bei den Bestimmungen IV und V nicht mehr möglich, da ja bekanntlich der nach Harries gereinigte Kautschuk nur ganz geringe Verunreinigungen enthalten kann; wir müssen daher auf Grund dieser Tatsachen zunächst schließen, daß das Buddesche Verfahren nicht genügend genaue Werte, wie sie von einer quantitativen Methode wohl verlangt werden dürfen, liefert. Nach Feststellung dieser Tatsache wandten wir uns der Untersuchung der Fehlerquelle des Buddeschen Verfahrens zu.

Es ist uns von Anfang an bei der Bromierung stets aufgefallen, daß dabei ziemlich beträchtliche Mengen Bromwasserstoff sich bildeten; weder Budde noch Fendler und Kuhn haben diese Erscheinung beachtet, wenigstens findet man in ihren Angaben nichts davon. Könnte nun bei der Bromierung von Rohkautschuk die Bildung von Bromwasserstoff evtl. auf Kautschukharz oder sonstige Beimengungen zurückgeführt werden, so ist dies bei chemisch reinem Kautschuk wohl nicht gut möglich, denn erfolgt die Bromaddition quantitativ, so kann sich kein Bromwasserstoff bilden, bildet er sich aber, so geht außer der Addition noch eine sekundäre Reaktion vor sich, entweder also spaltet das zunächst gebildete Di- bzw. Tetrabromid zum Teil Bromwasserstoff ab,

$$\begin{array}{c} \diagdown \\ CH\,Br \\ | \\ CH\,Br \\ \diagup \end{array} \longrightarrow \begin{array}{c} \diagdown \\ C\,Br \\ \| \\ CH \\ \diagup \end{array} + H\,Br$$

oder auch das Brom wirkt auf den Kautschuk noch substituierend ein. Es lag deshalb der Gedanke nahe, daß der von Budde als Tetrabromkautschuk angesprochene Stoff ein niederes Bromid des Kautschuks ist und man dann natürlich bei der Wertbestimmung des Kautschuks zu niedrige Bromwerte bzw. zu niedrige Kautschukwerte findet. Einige Analysen des Bromids zeigten uns indessen, daß ein normales Tetrabromid vorlag, wie auch schon Fendler und Kuhn[1]) gefunden haben.

I. 0,1206 g Sbst.: 0,1972 g AgBr. — II. 0,1246 g Sbst.: 0,2045 g AgBr. — III. 0,1682 g Sbst. verbrauchten 7,4 ccm $^1/_5$ norm. $AgNO_3$-Lösung.

$C_{10}H_{16}Br_4$. Ber. Br 70.15%.
Gef. „ I. 69.59%, II. 69.85%, III. 70.32%.

I und II wurden nach Carius, III maßanalytisch nach Budde bestimmt. Die ziemlich gute Übereinstimmung der nach beiden Methoden erhaltenen Br-Werte zeigte uns, daß auch hier nicht der Fehler zu suchen ist. Es blieb nunmehr die eine Möglichkeit übrig, daß bei der Bromierung des Kautschuks neben dem in 2 Teilen CCl_4 und 1 Teil Alkohol unlöslichen Tetrabromid eine geringe Menge eines Bromids sich bildet, das in diesem Gemisch löslich ist und daher im Filtrate zurückbleibt. Es wurde nun folgender Versuch angestellt: Eine genau abgewogene Menge chemisch reinen Kautschuks wurde in 50 ccm Tetrachlorkohlenstoff 24 Stunden lang stehen gelassen, dann mit 50 ccm Buddescher Bromierungsflüssigkeit versetzt und 6 Stunden unter zeitweiligem Umschütteln sich selbst überlassen; sofort nach der Zugabe der Bromierungsflüssigkeit begann sich Bromwasserstoff zu entwickeln und nach 6 Stunden waren bereits ziemlich beträchtliche Mengen desselben entstanden; hierauf wurde mit 50 ccm abs. Alkohol gefällt, bis zur Klärung über Nacht stehen gelassen, dann durch ein gewogenes Filter dekantiert und mit einem Gemisch von 2 Teilen CCl_4 und 1 Teil abs. Alkohol, zuletzt mit reinem Alkohol gewaschen. Der Rückstand wurde genau nach der Buddeschen Vorschrift weiter behandelt, das Filtrat aber im Vakuum bei 20—30° eingedampft; als Rückstand blieb ein rotes mit Kristallen durchsetztes Öl, das in einem Gemisch von Tetrachlorkohlenstoff und Alkohol löslich war und an der Luft Bromwasserstoff entwickelte; dieser Rückstand wurde nun quantitativ in eine gewogene Kristallisierschale gespült und im Vakuumexsikkator über Schwefelsäure und Kali eingedunstet und bis zur Konstanz getrocknet. Es blieb schließlich ein dunkelbrauner fester Rückstand zurück, der sich in CS_2 zum größten Teil löste und auf Zusatz von Petroläther wieder ausfiel; er konnte so gut gereinigt werden; einmal fiel auf Zusatz von Petroläther das Bromid nicht aus; als aber der CS_2 verdampft wurde, und man den Rückstand mit Alkohol anrieb, so bekam er die Eigenschaft, aus einer CS_2-Lösung auf Zusatz von Petroläther auszufallen, wieder.

---

[1]) Gum.Ztg. **22**, 216 [1907].

Wurde der rohe Rückstand gewogen, als Tetrabromkautschuk angenommen, auf Kautschuk umgerechnet und zu der so erhaltenen Zahl der nach Budde erhaltene Wert addiert, so erhielt man stets etwas über 100% hinausgehende Zahlen, was darauf hinzudeuten scheint, daß in dem Rückstande ein höheres Bromid vorliegt, es standen uns aber bisher noch zu geringe Mengen dieses Körpers zur Verfügung, um diese Frage zu entscheiden. Im folgenden seien die Resultate in einer kleinen Tabelle wiedergegeben.

Angew. Menge	Anzahl d. verbr. ccm $^1/_5$ N $AgNO_3$-Lösung	Gewicht d. auf d. Filter gew. Bromids	Gewicht des Rückstandes	Erhaltener Wert nach Budde	Aus dem Gew. des Rückstandes ber. Kautschuk	Summe
g		g	g	%	%	%
0,15	—	—	0,0417	—	8	—
0,1475	17,84	0,0528	0,0494	92,84	10	102,84
0,1496	17,79	0,0387	0,0771	88,70	15,3	104,0

Nach unseren Ergebnissen liefert die Buddesche Methode zur Bestimmung des Kautschuks in ihrer gegenwärtigen Form keine einwandsfreien Werte, so daß man sie einer allgemeineren Anwendung nicht empfehlen kann. Man müßte, um den bei der Bromierung sicher entstehenden Verlusten Rechnung zu tragen, dem Endergebnis eine Konstante (etwa 10 %) hinzuaddieren. Indessen ist die Größe derselben nicht so einfach zu ermitteln, weil man noch nicht weiß, ob alle Kautschukarten in derselben Weise durch Brom angegriffen werden.

Weber[1]) hat das Tetrabromid mit Natriumphenolat umzusetzen versucht, um dabei Phenolderivate des Kautschuks zu erhalten, die aber nicht weiter untersucht worden sind.

Von Jodderivaten hat C. O. Weber[2]) ein Hexajodid beschrieben.

2. Hydrohalogenide des Kautschuks.

Es ist bekannt, daß der natürliche Kautschuk, in einer benzolischen Lösung mit feuchtem Chlorwasserstoff behandelt, in eine zunächst weiße, zähe, später bröcklig werdende Masse übergeht, die nach den Angaben von C. O. Weber[3]) bei der Analyse die Formel $C_{10}H_{18}Cl_2$ aufweist und beim Erhitzen mit organischen Basen unter Salzsäureabspaltung in Lösung geht. Weber zeigt dann noch, daß sich beim Erhitzen des Körpers allein viel Chlorwasserstoff entwickelt, aber kein halogenfreies Produkt gewinnen läßt. Als merkwürdige Erscheinung wird hervor-

[1]) Ber. **33**, 779 [1900].
[2]) Ber. **33**, 789 [1900]. — Vgl. Hinrichsen u. Kempf, Ber. **46**, 1283 [1913].
[3]) Ber. **33**, 779 [1900].

gehoben, daß der Kautschuk in analoger Weise mit Bromwasserstoff und Jodwasserstoff behandelt, keine Additionsprodukte liefert.

Schon vor einer Reihe von Jahren fand ich mit meinem damaligen Assistenten Dr. Heinrich Neresheimer, daß zwar die erste Angabe von Weber richtig ist, die letzte sich aber nicht bestätigen ließ. Der natürliche Kautschuk bildet wie $C_{10}H_{18}Cl_2$ auch entsprechend $C_{10}H_{18}Br_2$ und $C_{10}H_{18}J_2$. Ganz analog verhalten sich die Guttapercha und auch die künstlichen Kautschukarten, wie normaler Isoprenkautschuk, [Dimethyl-butadien]-Kautschuk und (Natrium)-Isoprenkautschuk. Ein einziger Unterschied wurde zwischen natürlichem und künstlichem normalen Isoprenkautschuk beobachtet, der allerdings nicht unerheblich erscheint. Während nämlich, wie berichtet, der natürliche Kautschuk genau 2 Moleküle Jodwasserstoff fixiert und auch nach dem Umfällen beibehält, verliert das Dihydrojodid des künstlichen schon beim einmaligen Umfällen 1 Molekül Jodwasserstoff und liefert einen im übrigen sehr ähnlichen Körper der Formel $C_{10}H_{17}J$.

Erhitzt man die Hydrohalogenide der Kautschukarten mit organischen Basen, so kann man einen großen Teil des Halogenwasserstoffes abspalten, man erhält aber nur schwierig halogenfreie Verbindungen. Man gelangt dagegen zum Ziel, wenn die Hydrohalogenide im Rohr mit Pyridin, Piperidin oder ähnlichen Substanzen eingeschlossen und auf ca. 125—145° erhitzt werden.

Man kann auch, um nicht zu viel Base anwenden zu müssen, ein Lösungsmittel wie Benzol hinzusetzen. Die Isolierung des Reaktionsproduktes, eines festen weißen bis hellbraunen kautschukartigen Stoffes, ist sehr einfach, aber dieser ist nicht mehr identisch mit dem natürlichen Kautschuk.

Zersetzt man den Hydrohalogenkautschuk statt mit organischen Basen mit Alkalihydrat oder Natriumamid, indem man das Produkt in eine Schmelze davon, unter Umrühren, einträgt, so erhält man ebenfalls einen halogenfreien Kautschuk, der aber infolge seiner Schwerlöslichkeit und mit Hilfe des Ozonids — dasselbe liefert eine andere Spaltungskurve wie diejenige des natürlichen und des Natriumisoprenkautschuks — bisher als verschieden von dem ersteren angesprochen worden ist.

Warum vermag nun der Kautschuk Halogenwasserstoff zu addieren, wodurch die Vorstellung erweckt wird, als läge ein Gebilde vor, welches auf das Molekül $C_{10}H_{16}$ zwei Doppelbindungen enthielte, während er andererseits, wie ich früher schon erwähnt habe[1]), der Aufnahme von Wasserstoff energischen Widerstand entgegengesetzt und sich damit außer Analogie mit den einfachen Terpenkörpern stellt?

---

[1] Vortrag Wien. — Vgl. auch Hinrichsen u. Kempf, Ber. **45**, 2106 [1912].

Alle diese Beobachtungen weisen auf besondere, dem kolloidalen Kautschuk innewohnenden Kräfte hin, denen wir bei den Kristalloiden nicht begegnen, ich möchte sie „Kolloid-Nebenvalenzen" nennen. Sie haben vielleicht ihre Ursache in der Anhäufung der vielen Doppelbindungen innerhalb des großen Moleküls.

Kautschukdihydrochlorid[1]) $C_{10}H_{16}2HCl$. Der natürliche Kautschuk absorbiert in Chloroformlösung stark Chlorwasserstoffgas. Leitet man dasselbe bis zur Sättigung ein, läßt 12 Stunden stehen und fällt darauf mit absolutem Alkohol, so scheidet sich zuerst ein elastisches weißes Produkt ab, welches bei einigem Stehen fest und bröcklig wird. Dasselbe wird in Chloroform und Benzol beim Erwärmen, nicht aber in Äther und Alkohol, aufgenommen. Erhitzt zeigt es keinen bestimmten Schmelzpunkt, sondern fängt langsam gegen 145° an Chlorwasserstoff abzugeben und zersetzt sich völlig oberhalb 185°. Die Ausbeute ist nahezu quantitativ (95%). Analysiert man es direkt nach dem Ausfällen, Waschen mit Äther und Trocknen im Vakuumexsikkator über Schwefelsäure, so erhält man genau auf die Formel $C_{10}H_{16}$ 2HCl stimmende Werte, einmaliges Umfällen aus Chloroform und Alkohol ruft noch keine wesentliche Veränderung der Zusammensetzung hervor, wiederholt man diese Operation aber mehrfach, so sinkt der Prozentgehalt an Chlor.

0,1058 g Sbst. (nach Dennstedt): 0,2242 g CO_2, 0,0844 g H_2O, 0,0354 g Cl. — 0,1834 g Sbst. (3mal umgefällt) nach Carius: 0,2300 g AgCl.

$C_{10}H_{18}Cl_2$.	Ber. Cl 33,92,		C 57,40, H 8,68.
	Gef. „ 33,46,	31,01,	„ 57,79, „ 8,93.

Kautschukdihydrobromid $C_{10}H_{16}$ 2HBr entsteht genau nach derselben Methode und bildet eine weißgraue, später bräunliche zähe Masse. Ausbeute 94—95%. Löslich in Chloroform, unlöslich in Alkohol, in Benzol aufquellend. Beim Erhitzen spaltet sich Bromwasserstoff langsam oberhalb 135° ab, während völlige Zersetzung bei 160° eintritt.

0,1257 g Sbst. (nach Dennstedt): 0,1813 g CO_2, 0,0806 g H_2O, 0,0678 g Br.

$C_{10}H_{18}Br_2$.	Ber. C 40,27,	H 6,09,	Br. 53,64.
	Gef. „ 39,34,	„ 7,17,	„ 53,94.

Kautschukdihydrojodid $C_{10}H_{16}$ 2HJ bildet eine zunächst rein weiße, allmählich braun bis schwarz werdende zähe Masse. Ausbeute ca. 76 bis 77%. Löslich in Chloroform und Benzol, nicht in Alkohol. Zersetzt

[1]) Hierzu wurde roher Parakautschuk verschiedener Provenienz in Benzol kalt gelöst, mit Alkohol gefällt und wieder in Chloroform aufgenommen. Die afrikanischen Sorten sind noch nicht untersucht worden. — Harries u. Fonrobert, Ber. **46**, 733 [1913]. — Hinrichsen u. Kempf, s. a. a. O.

sich bei 125—135° völlig, während schon gegen 100° eine deutliche Abspaltung von Jod zu beobachten ist.

0,122 g Sbst. (nach Dennstedt): 0,1397 g CO_2, 0,0552 g H_2O, 0,0778 g J.

$C_{10}H_{18}J_2$. Ber. C 30,61, H 4,63 J 64,76.
Gef. „ 31,23, „ 5,06, „ 63,77.

Hinrichsen[1]) konnte nur ein Monohydrojodid isolieren.

3. Versuche über die thermische Dissoziation der Hydrohalogenide des Parakautschuks [2]).

Schon Weber[3]) hat gefunden, daß der Hydrochlorkautschuk beim Erhitzen leicht Chlorwasserstoff abgibt, gelangte aber nur zu einem Körper, der noch 18% Cl enthielt.

Ich habe nun diese Dissoziationsversuche nicht bei gewöhnlichem Druck, sondern im Vakuum bei 100° vorgenommen und dabei konstatiert, daß man hierdurch bis auf einen Gehalt von 12,3% Cl nach 20tägigem Erhitzen heruntergehen kann. Alle 5—7 Tage wurden während dieser Zeit Proben entnommen und analysiert, so daß man ein Bild von dem allmählichen Fortschreiten der Dissoziation erhielt.

Dabei gewann man folgende Resultate:

nach 5tägigem Erhitzen: Cl 22,81,
„ 7 „ „ Cl 16,61,
„ 14 „ „ Cl 12,67,
„ 20 „ „ Cl 12,38.

In dieser Zeit war also kaum eine Veränderung mehr eingetreten, so daß man annehmen kann, daß 12,5% fester als die übrigen Mengen gebunden sind.

Ähnlich verhält sich auch der Hydrobromkautschuk, bei dem noch 23,60% Brom festgehalten werden. Das ist aber viel weniger, als sich für die Formeln $C_{10}H_{16}HCl$ und $C_{10}H_{16}HBr$ berechnen, die nach meiner alten Annahme als Endprodukte in Frage kämen.

Wenn man nun in Rücksicht zieht, daß der Kautschuk das Molekül $C_{20}H_{32}$ mit vier Doppelbindungen, $C_{25}H_{40}$ mit fünf Doppelbindungen oder $C_{30}H_{48}$ mit sechs Doppelbindungen besitzt und für jede Doppelbindung ein Chlorwasserstoff oder Bromwasserstoff anlagert, welche dann durch Erhitzen im Vakuum sukzessive abgespalten werden, so gelangt man zu folgenden Reihen von Hydrochloriden:

I. $C_{20}H_{32}4(HCl)$; $C_{20}H_{32}3(HCl)$; $C_{20}H_{32}2(HCl)$; $C_{20}H_{32}HCl$.
II. $C_{25}H_{40}5(HCl)$; $C_{25}H_{40}4(HCl)$; $C_{25}H_{40}3(HCl)$; $C_{25}H_{40}2(HCl)$; $C_{25}H_{40}HCl$.
III. $C_{30}H_{48}6(HCl)$; $C_{30}H_{48}5(HCl)$; $C_{30}H_{48}4(HCl)$; $C_{30}H_{48}3(HCl)$; $C_{30}H_{48}2(HCl)$; $C_{30}H_{48}HCl$.

---

[1]) Hinrichsen u. Kempf, Ber. **46**, 1283 [1913].
[2]) Lichtenberg, Lieb. Ann. **406**, 236 [1914].
[3]) S. a. a. O.

Die folgenden Werte berechnen sich für Chlor:

für I: 33,92; 27,9; 20,5; 11,50;
„ II: 33,92; 29,2; 23,5; 17,10; 9,4;
„ III: 33,92; 30,0; 25,6; 20,7; 14,7; 8,0.

Gefunden[1]) wurden direkt 33,5, nach mehrfachem Umfällen aus Chloroform-Alkohol 31,01, nach dem Erhitzen im Vakuum 22,81, 16,61, 12,67, 12,38. Diese Werte nähern sich sowohl den für I wie für II berechneten, so daß man zwar aus ihnen keinen scharfen Rückschluß auf die Formeln $C_{20}H_{32}$ oder $C_{25}H_{40}$ ziehen kann, immerhin aus diesem Verhalten die Existenz eines größeren Ringkomplexes als desjenigen des Achtrings, der nur zwei Stufen von Hydrochloriden $C_{10}H_{16}$ 2HCl und $C_{10}H_{16}$HCl zuläßt, annehmen sollte. Trotzdem würden auch diese Beobachtungen noch nicht endgültig gegen meine ältere Erklärung sprechen, da immer Gemische vorliegen können, wenn nicht folgendes Moment hinzukäme. Aus dem bis zur Gewichtskonstanz im Vakuum auf 100° erhitzten Hydrochlorid läßt sich nämlich durch Pyridin wieder Chlorwasserstoff abspalten und ein Kautschuk regenerieren, *Regenerat Ia*, welcher verschieden von dem Regenerat I ist. Diese Erfahrung ist aber nicht mit der *Z*yclooctadienformel (vgl. S. 68) zu vereinen, da dieselbe diesen Befund nicht zu erklären vermag. Möglich ist es sogar, daß sämtliche Dissoziationsphasen des Hydrochlorids verschiedene Regenerate mit Pyridin liefern werden. Es sei aber darauf hingewiesen, daß Regenerat-Ia, II und das durch Kochen mit Xylol erhaltene Depolymerisationsprodukt Hydrochloride liefern, die in ihren Analysenwerten merkwürdig untereinander übereinstimmen, und zwar am nächsten der Formel $C_{20}H_{32}$ 3HCl oder $C_{25}H_{40}$ 4HCl kommen. Charakteristisch ist also, daß diese drei Körper nicht mehr soviel Chlorwasserstoffsäure aufnehmen wie der unveränderte natürliche Kautschuk.

25 g Kautschukdihydrochlorid werden in einem Kolben im Ölbad evakuiert und allmählich auf 100° erhitzt. Die Chlorwasserstoffabspaltung beginnt schon bei gewöhnlicher Temperatur. Nach 5tägigem Erhitzen wurde der Versuch unterbrochen und der braungelbe elastische Kolbeninhalt direkt analysiert.

0,1412 g Sbst. (nach Dennstedt): 0,3432 g CO_2, 0,1252 g H_2O und 0,0322 g Cl.

$C_{10}H_{16}$ 2HCl.	Ber.	C 57,40,	H 8,68,	Cl 33,92.
$C_{10}H_{16}$HCl.	Ber.	„ 69,5,	„ 9,8,	„ 20,6.
	Gef.	„ 64,78,	„ 9,91,	„ 22,81.

Es war demnach noch nicht ganz 1 Mol. HCl auf das Mol. $C_{10}H_{16}$2HCl abgespalten, daher wurde die Substanz, um dies zu erreichen, nach weiterem 2tägigen Erhitzen wieder analysiert.

---

[1]) Harries u. Fonrobert, Ber. **46**, 736 [1913].

0,1168 g Sbst.: 0,3090 g CO_2, 0,1160 g H_2O und 0,0194 g Cl.
Gef. C 72,15, H 11,11, Cl 16,61.

Es war demnach schon viel mehr HCl entwickelt, als sich für die Formel $C_{10}H_{16}HCl$ berechnet.

Nach weiteren 7 Tagen erhielt man eine graue, dehnbare Masse.

0,1312 g Sbst.: 0,3596 g CO_2, 0,1202 g H_2O und 0,0166 g Cl.
Gef. C 74,86, H 10,51, Cl 12,67.

Nach weiteren 6 Tagen hatte sich der Körper äußerlich nicht verändert.

0,1310 g Sbst.: 0,3597 g CO_2, 0,1230 g H_2O und 0,0162 g Cl.
Gef. C 75,00, H 10,52, Cl 12,38.

In *wässriger Lösung* tritt nur eine sehr geringe Dissoziation bei dem Dihydrochlorid ein. 0,252 g wurden mit 150 ccm Wasser und etwas Silbernitrat eine Stunde gekocht. Das AgCl betrug nur 0,0090 g, woraus sich 1,10% Cl berechnen.

Das *Dihydrobromid*[1]) wurde in gleicher Weise wie oben behandelt.

Nach 2tägigem Erhitzen erhielt man die folgenden Werte:

0,1324 g Sbst.: 0,2710 g CO_2, 0,0970 g H_2O und 0,0470 g Br.

$C_{10}H_{17}Br$. Ber. C 55,30, H 7,84, Br 36,83.
Gef. „ 55,82, „ 8,19, „ 35,50.

Die Abspaltung des Bromwasserstoffs geht also noch schneller wie diejenige des Chlorwasserstoffs von statten.

Nach 4tägigem Erhitzen war das Produkt tiefschwarz und nicht mehr zähe.

0,1188 g Sbst.: 0,2762 g CO_2, 0,0968 g H_2O und 0,0296 g Br.
Gef. C 63,42, H 9,12, Br 25,58.

Nach weiterem 2tägigem Erhitzen war das Produkt wieder dehnbar geworden.

0,1268 g Sbst.: 0,3102 g CO_2, 0,1060 g H_2O und 0,0300 g Br.
Gef. C 66,72, H 9,36, Br 23,66.

Nach weiterem 2tägigem Erhitzen blieb die Substanz anscheinend unverändert.

0,1254 g Sbst.: 0,3042 g CO_2, 0,1076 g H_2O und 0,0296 g Br.
Gef. C 66,15, H 10,05, Br 23,60.

---

[1]) Harries u. Fonrobert, s. a. a. O.

4. α-Isokautschuk[1]) [Regenerat I[2])].

Aus den Hydrohalogeniden wird durch Basen der Halogenwasserstoff praktisch quantitativ abgespalten und man erhält ein kautschukartiges Produkt, das äußerlich zwar noch viel Ähnlichkeit mit dem natürlichen Kautschuk besitzt, in der Praxis aber nicht verwendbar ist. Es ergibt vulkanisiert eine geringe Dehnbarkeit und Festigkeit. Nach dem Abbau mit Ozon konnte gezeigt werden, daß es eine ganz andere strukturelle Zusammensetzung aufweist, indem bei der Abspaltung des Halogenwasserstoffes aus dem Dihydrochlorid eine Wanderung der Doppelbindung stattfindet. Man kann diesen Kautschuk als α-Isokautschuk bezeichnen (früher Regenerat I genannt). (Siehe den Konstitutionsnachweis später, S. 68.)

Wenn man die Lösung des Dihydrochlorkautschuks in Pyridin ca. 20 Stunden im Ölbad auf 125—130° erhitzt und das Reaktionsprodukt nachher in Wasser gießt, so scheidet sich eine zähe, hellgelbe bis braune Masse aus, die in ihren Eigenschaften an den gewöhnlichen Kautschuk erinnert. Ebenso verhalten sich die anderen vorhin beschriebenen Hydrohalogenide. Eine ausgedehnte Untersuchung ergab, daß alle diese regenerierten Stoffe noch Halogen enthielten, und zwar wechselnde Mengen von 3—20% Halogen (nur das aus Guttaperchadihydrochlorid erhaltene Produkt enthielt etwa 1,6% Cl); trotzdem hatten sie die Eigenschaften der Hydrohalogenide, z. B. das Bröckligwerden, vollständig abgelegt.

---

1) Bemerkung zur Nomenklatur. Ich habe früher für diesen Körper die Bezeichnung „Regenerat I" gewählt. Dieselbe ist aber nicht ganz richtig, da sie die Vorstellung erwecken kann, das Regenerat I habe etwas mit dem vulkanisierten Kautschuk zu tun. Bisher nannte man nur die Produkte Regenerate, welche aus vulkanisiertem Altkautschuk durch Behandlung mit verschiedenen Chemikalien gewonnen wurden. Deshalb ist die Bezeichnung α-Isokautschuk logischer, weil sie auch den Begriff der Doppelbindung-Umlagerung enthält, wie sie ja tatsächlich beim Übergang von Kautschuk über das Dihydrochlorid in den α-Isokautschuk eintritt. (Vgl. S. 70) Man kommt aber mit dieser Nomenklatur leider in Schwierigkeiten, wenn man sie auf die künstlichen Kautschukarten anwenden will. Das Regenerat I aus Isoprenkautschuk müßte dann α-Iso(Isopren)kautschuk heißen und dies ist wenig schön. Ich habe sie deshalb bei diesen Stoffen noch nicht durchgeführt. Mißverständnisse können noch dadurch eintreten, daß Wolfgang Oswald in seinem Buch „Die Welt der vernachlässigten Dimensionen" diejenigen Kolloide, welche durch Polymerisation aus niedermolekularen Kohlenwasserstoffen entstehen, Isokolloide nennt. Infolgedessen kommt er für den künstlichen Isoprenkautschuk zu der Bezeichnung Isokautschuk. Diese Bezeichnungsweise halte ich nicht für glücklich, da sie nur zu Verwechslungen Anlaß geben kann. Der Begriff „Iso" kommt von isomer, also aus der Strukturchemie, er darf nicht zur Charakterisierung rein kolloidchemischer Verhältnisse herangezogen werden. Herr Oswald würde sich ein Verdienst erwerben, wenn er für seine Definition einen anderen Terminus technicus wählte.

2) Harries u. Fonrobert, s. a. a. O.

Praktisch halogenfreie Regenerate wurden erhalten, als die Hydrohalogenkautschuke mit Pyridin oder Piperidin im Rohr auf 125—135° erhitzt wurden. Der Halogengehalt des auf der Walze gewaschenen Produktes bewegte sich zwischen 0,1 und 0,3%.

α-Isokautschuk, aus natürlichem Kautschukdihydrochlorid regeneriert, einmal aus Benzol mit Alkohol umgefällt, zeigt folgende Zusammensetzung:

0,1258 g Sbst. (nach Dennstedt): 0,4062 g CO_2, 0,1270 g H_2O, 0,0004 g Cl.

$C_{10}H_{16}$. Ber. C 88,15, H 11,85, Cl —
Gef. „ 88,06, „ 11,30, „ 0,32.

Die Ausbeute ist sehr gut, mindestens 75%. Häufig ist das Produkt nach dem Umfällen, namentlich wenn man beim Erhitzen mit den Basen zu hoch gegangen war, ölig und klebrig; es verliert diese Eigenschaften aber beim längeren Trocknen. Der Kautschuk ist zwar elastisch, aber nicht sehr zähe; er gleicht dem Natriumisoprenkautschuk, mit dem er in der Löslichkeit und seinem sonstigen chemischen Verhalten große Ähnlichkeit besitzt. Wie dieser wird er nur sehr langsam von Ozon erschöpfend ozonisiert, mit Halogenwasserstoff bildet er wieder feste, weiße Hydrohalogenide, die viel beständiger als die des Kautschuks sind, sogar das Dihydrojodid bleibt beim Aufbewahren lange Zeit weiß und zeigt keine Zersetzungserscheinung.

Dihydrochlorid[1]) $C_{10}H_{16}$ 2HCl. Dasselbe wird wie das Kautschukhydrochlorid dargestellt, scheidet sich indessen durch Alkohol aus der Chloroformlösung zuerst als dunkle harzige Masse aus, welche nach längerem Stehen unter Alkohol fest wird. Es besitzt dann eine hellbraune Farbe. Es zersetzt sich zwischen 145 und 185°. Die Ausbeute ist genau so wie beim Kautschukhydrochlorid, auch die Zusammensetzung ist fast die gleiche.

0,1516 g Sbst. (nach Dennstedt): 0,3202 g CO_2, 0,1152 g H_2O und 0,0504 g Cl.

$C_{10}H_{16}$ 2HCl. Ber. C 57,40, H 8,68, Cl 33,92.
Gef. „ 57,61, „ 8,50, „ 33,25.

Ebenso gibt der regenerierte Kautschuk auch mit Bromwasserstoffsäure ein festes haltbares Dihalogenid.

Das Dihydrojodid des regenerierten Kautschuks[2]) bildet eine feste, weiße, beständige Masse, die sich pulvern läßt. Zersetzungspunkt gegen 100°. Ausbeute 90%.

Zur Analyse wurde der Körper einmal aus Chloroform mit Alkohol umgefällt.

---

[1]) Lichtenberg, Lieb. Ann. **406**, 227 [1914].
[2]) Harries u. Fonrobert, s. a. a. O

0,1266 g Sbst. (nach Dennstedt): 0,1439 g CO_2, 0,0557 g H_2O, 0,0798 g J

$C_{10}H_{18}J_2$. Ber. C 30,61, H 4,63, J 64,76.
Gef. „ 31,00, „ 4,92, „ 63,03.

Bromid[1]. 2 g Regenerat I werden in Chloroform gelöst und mit 5 g Brom in Chloroform unter Eiskühlung versetzt. Nach 12stündigem Stehen wird das Bromid mit Alkohol ausgefällt. Ausbeute etwa 4 g feines, weißes, in Schwefelkohlenstoff leicht lösliches und daraus durch Alkohol fällbares Pulver. Beginnt sich zu zersetzen bei 80—82°, färbt sich bei 120—125° braun, zersetzt sich völlig bei 140—145°.

I. 0,1202 g Sbst. (nicht umgefällt): 0,1296 g CO_2, 0,0448 g H_2O und 0,0778 g Br. — II. 0,1392 g Sbst. (zweimal umgefällt): 0,1796 g CO_2, 0,0656 g H_2O und 0,0788 g Br.

$C_{10}H_{16}Br_4$. Ber. C 26,34, H 3,51, Br 70,17.
$C_{25}H_{40}Br_8$. Ber. „ 30,64, „ 4,08, „ 65,26.
Gef. I. „ 29,4, „ 4,17, „ 64,89.
II. „ 35,19, „ 5,27, „ 58,55.

Durch das Umfällen aus Schwefelkohlenstoff-Alkohol wird also eine ganz erhebliche Veränderung des Bromids hervorgerufen. Die Werte der Analyse II stimmen dann ungefähr auf eine Verbindung $C_{25}H_{38}Br_6$, welche durch Abspaltung von 2 Mol. Bromwasserstoff aus $C_{25}H_{40}Br_8$ hervorgegangen sein könnte. Das sog. *Tetrabromid*[2] des *Parakautschuks* verliert übrigens beim Umfällen ebenfalls Bromwasserstoff, aber nicht so viel wie dasjenige des Regenerats I.

Nitrosit. Der α-Isokautschuk verhält sich Salpetrigsäuregas gegenüber noch wie der natürliche Kautschuk. Er bildet beim kurzen Einleiten ein unlösliches, bei längerem ein in Essigester lösliches, gelbes Pulver. Die Analysenzahlen weichen erheblich von denjenigen, welche beim Kautschuk gefunden wurden, ab. Beobachtet wurde für das zweite, dreimal aus Essigester-Äther umgefällte, der Zersetzungspunkt 130° bzw. 155—160°.

0,1233 g Sbst. (vakuumtrocken): 0,2029 g CO_2 und 0,0040 g H_2O. — 0,1336 g Sbst. (vakuumtrocken): 14,5 ccm Stickgas bei 18° und 761 mm Druck.

$C_{10}H_{15}N_3O_7$. Ber. C 41,52, H 5,20, N 14,53,
Gef. „ 44,88, „ 5,50, „ 12,21.

Ozonid und seine Spaltung vergleiche S. 67 und S. 79 ff.

5. β-Isokautschuk (Regenerat II)[3].

Wenn man den α-Isokautschuk wieder in das Dihydrochlorid verwandelt und dieses mit Pyridin, wie früher geschildert, in den chlorfreien Kohlenwasserstoff überführt, so erhält man ein Produkt, welches

[1] Lichtenberg, s. a. a. O.
[2] Vgl. die Inaug.-Diss. Lichtenberg.
[3] Lichtenberg, s. a. a. O.

verschieden vom Ausgangsmaterial ist. Zu dem Zweck werden 290 g Hydrochlorid des α-Isokautschuks mit 2,4 kg wasserfreiem Pyridin 24 Stunden auf etwa 140° im Autoklaven erhitzt. Die Weiterverarbeitung geschieht genau nach der in der ersten Abhandlung gegebenen Methode. Man erhält schließlich ein dehnbares Fell von violettschwarzer Farbe, die Ausbeute betrug etwa 130 g Rohprodukt. Die Löslichkeit dieses Stoffes in Benzol ist bedeutend größer als diejenige des Kautschuks, auch scheidet er sich beim Ausfällen durch Alkohol viel schwerer ab und man arbeitet dabei mit großen Verlusten. Ein solches umgefälltes, im Vakuum über Phosphorpentoxyd getrocknetes Präparat liefert folgende Werte bei der Analyse:

0,1326 g Sbst.: 0,4196 g CO_2, 0,1404 g H_2O und 0,0004 g Cl.

$C_{10}H_{16}$. Ber. C 88,15, H 11,72, Cl —
Gef. „ 86,31, „ 11,82, „ 0,03.

Hydrochlorid, bräunliches Pulver, beginnt sich bei 135—140° zu zersetzen und ist bei 180—185° völlig zersetzt. Ausbeute etwa 70%.

0,1146 g Sbst. (im Vakuum getrocknet): 0,2570 g CO_2, 0,0998 g H_2O und 0,0318 g Cl.

$C_{10}H_{16}$ 2HCl. Ber. C 57,40, H 8,68, Cl 33,92.
Gef. „ 63,16, „ 9,74, „ 27,75.

Diese Werte erinnern an die Zusammensetzung des Hydrochlorids vom Regenerat I a, mit dem es auch in anderer Beziehung übereinstimmt.

Bromid. 1 g lieferte 2,1 g Ausbeute. Braunweiße Flocken, welche sich bei 115—120° zu zersetzen beginnen und bei 140—145° völlig zersetzen. Nach zweimaligem Umfällen aus Schwefelkohlenstoff-Ligroin zersetzen sie sich erst bei 160° völlig.

I. 0,1268 g Sbst. (nicht umgefällt): 0,1638 g CO_2, 0,0604 g H_2O und 0,0742 g Br. — II. 0,1254 g Sbst. (umgefällt): 0,1778 g CO_2, 0,0708 g H_2O und 0,0642 g Br.

$C_{25}H_{40}Br_6$. Ber. C 36,63, H 4,88, Br 58,55.
Gef. I. „ 35,23, „ 5,31, „ 58,53.
II. „ 38,67, „ 6,32, „ 51,22.

Der Körper verliert also durch Umfällen noch beträchtlich mehr Brom als die Bromide der anderen Regenerate.

Nitrosit. Aus dem Regenerat II gewinnt man bei der Behandlung N_2O_3 kein unlösliches Produkt mehr, sondern ein in Essigester leicht lösliches, gelbes Pulver vom Zersetzungspunkt 130—135°

Zur Analyse wurde ein dreimal aus Essigester-Äther umgefälltes und im Vakuum getrocknetes Präparat verwandt.

0,1186 g Sbst.: 0,1932 g CO_2 und 0,0808 g H_2O. — 0,1414 g Sbst.: 14,5 ccm Stickgas bei 20° und 766 mm Druck.

$C_{10}H_{15}N_3O_7$. Ber. C 41,52, H 5,20, N 14,53.
Gef. „ 44,42, „ 7,62, „ 11,79.

Ozonid und seine Spaltung s. S. 100.

6. Regenerat I a[1]).

Schließlich trat noch die Frage auf, ob ein Kautschuk Dihydrochlorid, welches durch tagelanges Erhitzen im Vakuum den größten Teil seines Chlorwasserstoffes abgegeben hatte, beim Behandeln mit Pyridin ein anderes Regenerat als das Ausgangsmaterial liefern würde. Der Versuch spricht in der Tat dafür, daß auch hier ein neues Produkt bzw. ein andersartiges Gemisch von neuen Produkten entstanden ist.

12 g des 7 Tage lang bei 100° im Vakuum im Ölbade behandelten Kautschukhydrochlorids wurden in der angegebenen Weise mit Pyridin regeneriert. Das Regenerat wurde gewaschen, aber nochmals in Benzol gelöst und mit Alkohol gefällt. Das Produkt setzt sich im Gegensatz zum Kautschuk selbst schwer ab. Die Abscheidung ist erst beim Stehen nach mehreren Tagen beendet. Es ist durchsichtig, hellbraun und sehr elastisch. Eine Analyse nach Dennstedt zeigt, daß es praktisch chlorfrei war, aber sehr leicht Sauerstoff absorbierte.

0,1312 g Sbst. (im Vakuum über P_2O_5 getrocknet): 0,4162 g CO_2, 0,1322 g H_2O und 0,0082 g Cl.

$C_{10}H_{16}$.	Ber.	C 88,15,	H 11,85,	Cl —
	Gef.	„ 86,52,	„ 11,27,	„ 0,06.

Hydrochlorid. Das Regenerat I a liefert analog wie der Kautschuk, in Chloroformlösung mit Chlorwasserstoffsäure behandelt, beim Ausfällen mit Alkohol ein festes Hydrochlorid von graubrauner Farbe.

Im Vakuum getrocknet und direkt analysiert ergibt es folgende Werte, die von denen des Regenerats I abweichen, denen von Regenerat II aber nahe kommen.

0,1170 g Sbst. (nach Dennstedt): 0,2650 g CO_2, 0,0998 g H_2O und 0,0318 g Cl.

$C_{10}H_{16}$ 2HCl.	Ber.	C 57,40,	H 8,68,	Cl 33,92.
$C_{20}H_{32}$ 3HCl.	„	„ 63,16,	„ 9,21,	„ 27,90.
$C_{25}H_{40}$4HCl.	„	„ 61,7,	„ 9,05,	„ 29,2.
	Gef.	„ 61,77,	„ 9,54,	„ 27,18.

Nitrosit. Das Regenerat I a liefert beim kurzen Behandeln mit Salpetrigsäuregas kein unlösliches Nitrosit wie das Regenerat I. Das ausfallende Produkt kann sofort in Essigester aufgenommen und durch Äther gefällt werden. Nach dreimaligem Umfällen zeigt es folgende Zersetzungserscheinungen. Bei etwa 90° beginnende Zersetzung, bei etwa 130° Braunfärbung, bei etwa 190° völlige Zersetzung.

0,1088 g Sbst. (im Vakuum über Schwefelsäure getrocknet): 0,1808 g CO_2 und 0,0764 g H_2O. — 0,1042 g Sbst.: 9,8 ccm Stickgas bei 20° und 765,4 mm Druck.

$C_{10}H_{15}N_3O_7$.	Ber.	C 41,52,	H 5,2,	N 14,52.
	Gef.	„ 45,31,	„ 7,85,	„ 10,80.

---

[1]) Lichtenberg, s. a. a. O.

Die Werte entfernen sich also noch weiter von denen, welche bei der Nitrosierung des Kautschuks gefunden wurden. Da aber das Regenerat Ia kein unlösliches Nitrosit liefert, so geht daraus hervor, daß es vom Regenerat I verschieden sein muß.

Das Ozonid von diesem Körper und seine Zersetzung durch Wasser ist noch nicht studiert worden.

Eine Verbindung des Kautschuks mit Chromylchlorid $C_{10}H_{16}CrO_3Cl$ erhielten Spence und Galletey[1]).

Kapitel IV.

Über die Einwirkung von nitrosen Gasen auf Kautschuk.

1. Einwirkung des Salpetrigsäuregas auf Kautschuk.

Harries zeigte 1901[2]), daß bei der Behandlung von Kautschuklösung mit Salpetrigsäuregas eine gelbe amorphe Substanz entsteht, die in Essigester leicht aufgenommen wird und mit Äther wieder daraus fällbar ist. Sie sintert bei 90—100° und bläht sich gegen 130° auf. Die analytische Zusammensetzung ergab sich zunächst zu $C_{44,5}H_{5,9}N_{13,3}$. Die Molekulargewichtsbestimmungen nach Landsberger in Essigsäuremethylester lieferten von 1713—1143 schwankende Werte, während sich für die Formel $C_{40}H_{62}N_{10}O_{24}$ 1066 berechnet. Schon aus diesen ersten Versuchen konnte man erkennen, daß bei der Einwirkung der Oxyde des Stickstoffs auf Kautschuk ein oxydativer Zerfall desselben herbeigeführt wurde.

C. O. Weber[3]) hat dann 1902 die Ergebnisse einer Untersuchung über die Einwirkung von Stickstoffdioxyd, durch Erhitzen von Bleinitrat bereitet, auf Kautschuklösungen berichtet. Hierbei will er ein dem vorbeschriebenen Produkt ähnliches, aber in der empirischen Zusammensetzung genau definiertes Produkt der Formel $C_{10}H_{16}N_2O_4$ gefunden haben. Dieses Resultat erwies sich später als unrichtig (s. S. 31). Harries hat in einer Reihe weiterer Mitteilungen die Einwirkung der Oxyde des Stickstoffes auf Kautschuk eingehend verfolgt und hat nachgewiesen, daß man dabei zwei Phasen unterscheiden muß.

2. Normales Kautschuknitrosit $(C_{10}H_{16}N_2O_3)_x$ [4]).

Das primäre Einwirkungsprodukt wird erhalten, wenn man gasförmige salpetrige Säure entwickelt aus Arsenik und verdünnter Sal-

[1]) Journ. of the Am. Soc. Chem. **2**, 140 [1911].
[2]) Ber. **34**, 2991 [1901].
[3]) Ebenda **35**, 1947 [1902].
[4]) Ebenda **35**, 3261 [1902].

petersäure vom spez. Gew. 1,30 und zum Trocknen durch ein Rohr mit P_2O_5 geschickt in eine trockene benzolische Auflösung von Kautschuk einleitet. Es bildet sich ein hellgrüner kolloider Niederschlag, der, nachdem er sich nicht mehr vermehrt, nach ein bis zwei Stunden abfiltriert und mit Benzol gewaschen wird. Nach dem Trocknen über Schwefelsäure im Vakuumexsikkator nimmt diese Substanz eine schwach grünliche Farbe an und wird ein leicht zerreibliches, zartes Pulver. Der Zersetzungspunkt ist ungenau und liegt bei ca. 80—100°. Das Pulver ist ganz unlöslich in Essigester, Azeton, Alkohol, Äther und wird von Alkalien nicht aufgenommen. Indessen fand man in Pyridin und Anilin Lösungsmittel; allerdings scheint die Lösung durch diese Substanzen nicht ohne Zersetzung stattzufinden, da man das Nitrosit nicht unverändert daraus wiedergewinnen kann. Die Analyse ergab annähernd auf das normale Nitrosit stimmende Werte:

$C_{10}H_{16}N_2O_3$.	Ber.	C 56,60,	H 7,55,	N 13,21.
	Gef.	„ 54,12, 55,37,	„ 7,39, 7,18,	„ 12,01.

Es ist zu bemerken, daß das Präparat, welches diese Analysenzahlen ergab, mit einer gasförmigen salpetrigen Säure bereitet wurde, die zum Trocknen durch ein System von Chlorkalzium- und Phosphorpentoxydröhren geleitet worden war. Salpetrige Säure über Chlorkalzium geleitet entwickelt aber nach Mauthner und Suida[1]) Chlor bzw. Nitrosylchlorid, daher kann man damit rechnen, daß der vorliegende Körper in etwas vom Chlor oxydiert worden ist, wodurch die Werte der Analyse beeinträchtigt wurden. Ein später vorgenommener Kontrollversuch hat dies auch bestätigt.

Es gelingt, wenn man diese Fehlerquelle vermeidet, Werte zu erhalten, die noch günstiger für die Formel $C_{10}H_{16}N_2O_3$ stimmen.

3. Nitrosit „c“ $(C_{10}H_{15}N_3O_7)_2$ [2]).

Das sekundäre Einwirkungsprodukt bildet sich bei durchgreifender Behandlung des Kautschuks mit Salpetrigsäuregas.

Zu diesem Ende werden 5 g gereinigter Kautschuk mit 200 ccm ganz trockenem Benzol übergossen und am nächsten Tage ein rascher Strom von salpetriger Säure eingeleitet. Nach weiterem eintägigem Stehen wird das abgeschiedene gelbe Produkt mürbe, und eine abfiltrierte Probe zeigt vollkommene Löslichkeit in Essigester. In diesem Zustande wird der ganze Niederschlag abgepreßt, mit Benzol gewaschen, getrocknet und darauf in ca. 50 ccm reinem Essigester aufgenommen. Sodann wird diese Lösung wieder mit Salpetrigsäuregas bis zur Sättigung

---

[1]) Monatsh. f. Chem. **15**, 107 [1894].

[2]) Harries, Ber. **35**, 3263 [1902]; ebenda 4429 [1902].

bei gewöhnlicher Temperatur behandelt. Nach einem Tage Stehen dampft man den größten Teil des Essigesters im Vakuum bei ca. 30° Heiztemperatur des Wasserbades ein und gießt den Rückstand in ca. 400 ccm abs. Äther. Nach dieser Methode erhält man ganz gleichartig zusammengesetzte Präparate; eine langwierige analytische Kontrolle hat dies bestätigt.

In dreimal aus Essigester-Äther ungelösten Präparaten wurden gefunden:

C 41,65, 40,56, H 5,71, 5,58, N 14,58,

während die Formel $C_{10}H_{15}N_3O_7$

C 41,52, H 5,19, N 14,53

verlangt. Die Molekulargewichtsbestimmung nach Landsberger-Rüber in Azeton ergab 561,5, während sich für $(C_{10}H_{15}N_3O_7)_2$ 578 berechnet. Dasselbe Produkt erhält man, wenn das normale unlösliche Kautschuknitrosit in Benzol suspendiert mit gasförmiger salpetriger Säure weiter behandelt wird. Es wird dabei bald Essigester löslich. Der Zersetzungspunkt liegt bei 158—162°. Das Präparat lieferte nach dreimaligem Umlösen aus Essigester-Äther folgende Analysenwerte:

0,2320 g Sbst. (im Vakuum getrocknet): 0,1512 g CO_2, 0,0791 g H_2O. — 0,1369 g Sbst.: 17,6 ccm N (21°, 760 mm).

$(C_{10}H_{15}N_3O_7)_2$.	Ber.	C 41,52,	H 5,19,	N 14,53.
	Gef.	„ 41,85,	„ 5,37,	„ 14,64.

Man erhält auf diesem Wege also ein besonderes reines Produkt.

Wenn man eine Kautschuklösung mit nicht getrocknetem Benzol darstellt und in dieselbe einen kräftigen Strom von feuchter salpetriger Säure (ebenso wie vorhin entwickelt) einleitet, so beobachtet man zunächst ebenfalls die Bildung eines unlöslichen Produktes, welches sich aber bald unter Wärmeentwicklung verändert und bei dreitägiger Behandlung mit diesem Gase völlig löslich in Essigester wird. Vorübergehend bildet es dabei ein dickes Öl, das schließlich als dicke blättrige goldgelbe Masse erstarrt. In diesem Zustand wird die Substanz abfiltriert, mit Benzol gewaschen (Ausbeute ca. 11 g aus 5 g Kautschuk) und dreimal durch Lösen in Essigester und Fällen mit absolutem Äther gereinigt. Der Zersetzungspunkt dieses schönen gelben Pulvers ist wechselnd und liegt meistens bei 130°, im reineren Zustand bei ca. 160°.

Auch dieser Körper besitzt die gleiche Zusammensetzung wie die vorher beschriebene Substanz, nämlich:

$C_{10}H_{15}N_3O_7$.	Ber.	C 41,52,	H 5,19,	N 14,53.
	Gef.	„ 42,87, 42,74, 42,78,	„ 4,78, 5,47, 5,31,	„ 14,52, 14,20.

Mol. in Azeton 651. Ber. 578 für $(C_{10}H_{15}N_3O_7)_2$.

Das Nitrosit „c“ löst sich nicht unzersetzt in Alkalien, es wird daraus anscheinend salpetrige oder Salpetersäure abgespalten, ebenso beim Erhitzen mit Amylalkohol. Hierbei entsteht ein gelber Körper $C_{20}H_{22}N_4O_{12}$. Beim Übergießen mit Natriumalkoholat bildet sich ein festes Natriumsalz, aus dem aber anscheinend durch Ansäuern nicht wieder der Ausgangskörper zurückgewonnen werden kann. Das Nitrosit „c“ reduziert stark Fehlingsche Flüssigkeit beim Erwärmen.

Darstellung des Nitrosits „c“ aus anderen Kautschukarten [1]).

Mozambiquekautschuk (*Mohorro*). Das Rohprodukt (rotbraune Kugeln) wurde mit Benzol extrahiert und in der früher beim Parakautschuk angegebenen Weise gereinigt [2]). Die gereinigte Kautschuksubstanz gleicht derjenigen aus Parakautschuk, nur färbt sie sich schneller beim Trocknen braun. Die Nitrosierung in Benzol, dann in Essigester verläuft genau wie früher beim Parakautschuk angegeben wurde [3]), man erhält denselben Körper vom Zersetzungspunkt 160—161° in der gleichen Ausbeute. Die Analyse der dreimal aus Essigester und abs. Äther oder Azeton und abs. Alkohol umgelösten Substanz ergab identische Werte.

0,2071 g Sbst. (im Vakuum getrocknet): 0,3119 g CO_2, 0,1010 g H_2O. — 0,179 g Sbst.: 22,5 ccm (21°, 764 mm).

$C_{20}H_{30}N_6O_{14}$. Ber. C 41,52, H 5,19, N 14,53.
Gef. „ 41,07, „ 5,42, „ 14,39.

Guayrulekautschuk (mexikanischer). Als ich diese guten Resultate mit dem Mozambiquekautschuk, welcher viel weniger rein als der Parakautschuk ist, gewonnen hatte, versuchte ich einen Kautschuk zu erhalten, der so unrein wie möglich war. Ein solches Produkt hat mir Hr. Dr. Fritz Frank [4]) verschafft. Der Guayrulekautschuk, welchen ich empfing, war ein schwarzes, schmieriges Produkt. Zur Untersuchung wurde er erst im Vakuumexsikkator über Schwefelsäure getrocknet, darauf mit Toluol heiß extrahiert, filtriert und durch Eingießen in Alkohol ausgefällt. Es wurde so ein bräunliches, klebriges, halbfestes Präparat erhalten, das zunächst im Vakuumexsikkator wieder getrocknet wurde. Zur Nitrosierung wurden ca. 6 g davon in 300 ccm wasserfreiem Benzol gelöst — es wird in dieser Form sehr leicht von Benzol aufgenommen — und mit wohlgetrocknetem Salpetrigsäuregas behandelt. Hierbei wurden ca. 13 g festes, gelbes Nitrosit erhalten. Dasselbe wurde darauf in der üblichen Weise in Essigester gelöst und weiter mit

[1]) Ber. **36**, 1937 [1903].
[2]) Ber. **35**, 3261 [1902].
[3]) Ber. **35**, 4430 [1902].
[4]) Mitinhaber des Laboratoriums von Dr. Henriques Nachfolger, Berlin.

Salpetrigsäuregas oxydiert. Aus dem Essigester wurde dann in der angegebenen Weise das Nitrosit „c“ isoliert, welches bereits nach zweimaligem Umlösen aus Azeton und Alkohol den Zersetzungspunkt 160° wie dasjenige des Parakautschuks anzeigte. Bei der Analyse wurden genau die gleichen Werte wie bei ungereinigtem Parakautschuk gefunden:

$C_{20}H_{30}N_6O_{14}$.	Ber.	C 41,52,	H 5,19,	N 14,53.
	Gef.	„ 42,76,	„ 5,49,	„ 14,08.

Man sieht hieraus, daß man auch in ganz harzigen Kautschukarten mittels der Salpetrigsäuremethode den Kautschukkohlenwasserstoff nachweisen kann.

„Nitrosit b“. Bei der Nitrosierung des Kautschuks unter sorgfältigem Ausschluß von Feuchtigkeit war zuerst zum Trocknen des Salpetrigsäuregases, wie schon erwähnt, ein System von mit Chlorkalzium und Phosphorpentoxyd gefüllten Röhren benutzt worden. Hierbei bildet sich aber Chlor, welcher auf das entstehende Nitrosit oxydierend einwirkt. Das Produkt unterscheidet sich vom Nitrosit „c“ in keiner Weise, nur ist der Kohlenstoff- und Stickstoffgehalt geringer als bei diesem. Es erscheint nicht genügend erwiesen, daß hier ein selbständiges Individuum vorliegt, zufolge dessen sei nicht näher darauf eingegangen.

4. Oxydation der Nitrosite [1]).

Die Nitrosite „b“ und „c“ sind zum weiteren Abbau der Oxydation unterworfen worden, und zwar zunächst mit 2proz. Permanganatlösung. Aus dem Filtrat vom Braunstein konnte ein Gemenge von fetten Säuren, in der Hauptsache aber Bernsteinsäure und Oxalsäure, abgeschieden werden.

Sodann mit Salpetersäure. Zu diesem Zweck wurden 15 g *Nitrosit* in kleinen Portionen allmählich in 150 g erwärmte Salpetersäure, spez. Gew. 1,4, eingetragen. Die Substanz löst sich unter Aufschäumen; ist alles eingetragen, so wird noch so lange erwärmt, bis die Entwicklung brauner Dämpfe geringer wird. Dann wird die klare Reaktionsflüssigkeit in 4 Teile Wasser gegossen. Die hierdurch abgeschiedenen gelben Flocken werden abfiltriert, getrocknet (Ausbeute 4,2 g) und dann aus Essigester, Äther wiederholt umgelöst. Es wird so ein zartes dunkelgelbes Pulver erhalten, welches in seinen Eigenschaften dem *Nitrosit b* sehr ähnlich ist.

Analyse. Mittel von mehreren Bestimmungen:

$C_{20}H_{31}N_5O_{14}$.	Ber.	C 42,48,	H 5,48,	N 12,39.
	Gef.	„ 42,69,	„ 5,97,	„ 12,45.
Mol.-Gew.	Ber. 565, gef. in Azeton 591,5.			

[1]) Ber. **35**, 3262 [1902].

Die Entstehung dieses Körpers aus dem *Nitrosit b* erklärt sich vielleicht folgendermaßen:

$$C_{20}H_{30}N_6O_{16} - HNO_3 + H_2O \longrightarrow C_{20}H_{31}N_5O_{11}.$$

Das saure Filtrat wird im Vakuum bei 40° Heiztemperatur zur Sirupkonsistenz eingedampft, der Rückstand mit Essigester aufgenommen, wodurch sich die Oxalsäure fast quantitativ abscheiden läßt. Nach dem Verdunsten des Essigesters hinterbleibt ein hellgelbes Öl, welches in Wasser leicht löslich ist, durch Alkalien stark braun gefärbt wird und, mit Ammoniak neutralisiert, ein gelbes, schwerlösliches Silbersalz liefert. Dieses Öl scheint eine aliphatische Nitrosäure als Hauptprodukt zu enthalten.

5. Einwirkung des Stickstoffdioxyds auf Kautschuk.

Wie eingangs erwähnt, will Weber[1]) bei der Einwirkung von peinlichst getrocknetem Stickstoffdioxyd auf eine Kautschuklösung einen Körper der Formel $C_{10}H_{16}N_2O_4$ erhalten haben, der in Essigester löslich ist und ziemlich genau die Eigenschaften des Nitrosit „c" besitzt. Schon Fendler[2]) und später Alexander[3]) haben darauf aufmerksam gemacht, daß wahrscheinlich bei der Einwirkung von Stickstoffdioxyd auf Kautschuk im wesentlichen ähnlich zusammengesetzte Produkte wie bei derjenigen von Stickstofftrioxyd entstehen. Gleichzeitig hat Harries[4]) die Untersuchung über diese Reaktion aufgenommen und die Weberschen Angaben berichtigt.

Zuerst wurde bei der Darstellung des Stickstoffdioxydderivates des Parakautschuks mit peinlichster Sorgfalt nach der Vorschrift von Weber verfahren. Das entstandene Produkt zeigte genau die Eigenschaften, Löslichkeiten, Zersetzungspunkt, wie angegeben. Bei der Analyse ergaben sich aber folgende Zahlen, die von den Weberschen stark differieren, z. B.

		C		H		N	
$C_{10}H_{16}N_2O_4$.	Ber.	52,6,		7,0,		12,71,	
	Gef.	45,48,	44,00,	5,65,	5,77,	12,89,	14,39.
		40,21,		5,68,			14,47.

So oft auch die Darstellung wiederholt worden ist, immer ergaben sich insofern ähnliche Resultate, als die Analysenbefunde sich weit von den für die Formel $C_{10}H_{16}N_2O_4$ berechneten Werten entfernten.

Dadurch wurde ich veranlaßt, das Verhalten des Stickstoffdioxyds gegen gereinigten Parakautschuk systematisch zu untersuchen und be-

[1]) Ber. **35**, 1947 [1902].

[2]) Ber. d. D. pharm. Ges. **15**, 31 [1904].

[3]) Gum.Ztg. **14**, 375; Ber. **38**, 181 [1905]; Z. f. ang. Chem. **18**, **164** (1905]; Z. f. ang. Chem. **20**, 1355 [1907].

[4]) Ber. **38**, 87, [1905].

sonders zu prüfen, welche Wirkungen die Zeit ausübe, während der das Stickstoffdioxyd mit dem aus der Kautschuklösung abgeschiedenen Körper in Berührung war. Hierbei hat sich gezeigt, daß letzterer Punkt von größter Wichtigkeit ist. Wenn man nämlich den Niederschlag, welcher sich beim Einleiten von Stickstoffdioxyd in Kautschuklösung bildet, sofort abfiltriert, so bemerkt man, daß derselbe ganz andere Eigenschaften besitzt, als von Weber angegeben wurden. Das Produkt ist nach dem Trocknen ebenfalls ein goldgelbes, sandiges Pulver, welches sich schon bei 90° zu zersetzen beginnt. Dasselbe ist aber dadurch charakterisiert, daß es fast ganz unlöslich in Essigester, Azeton, Alkohol, Chloroform, Schwefelkohlenstoff und Benzol ist; indessen wird es von Nitrobenzol, Anilin, Pyridin und Chinolin beim schwachen Erwärmen aufgenommen. Nach dem Waschen mit Essigester, wobei nur Spuren in Lösung gehen, und dem Trocknen im Vakuumexsikkator wurden schwankende Werte erhalten; dieselben deuten darauf hin, daß in diesem Produkt noch am ehesten ein normaler Dinitrokörper oder ein Nitrosat vorliege. Die beste Analyse sei angegeben.

0,1353 g Sbst.: 0,2547 g CO_2, 0,0760 g H_2O. — 0,1528 g Sbst.: 15,2 ccm N (11°, 759,50 mm).

$C_{10}H_{16}(NO_2)_2$. Ber. C 52,6, H 7,0, N 12,71.
Gef. „ 49,5, „ 6,3, „ 11,84.

Läßt man nach dem Einleiten des Stickstoffdioxyds die Reaktionsmasse nur eine halbe Stunde bei gewöhnlicher Temperatur stehen, so bemerkt man, daß das ausgefallene, gelbe Produkt bereits zur Hälfte in Essigester leicht löslich ist. Nach einstündigem Stehen wird es vollständig von Essigester und Azeton, wenigstens nach schwachem Erwärmen, aufgenommen, und besitzt dann alle von Weber angegebenen Eigenschaften, nur die Zusammensetzung nicht.

Dieses Verhalten des Parakautschuks gegen Stickstoffdioxyd steht vollständig in Analogie mit dem der salpetrigen Säure, welches ich früher beschrieben habe. Hier entsteht ebenfalls zuerst ein gänzlich unlösliches Produkt, welches beim längeren Stehen in Berührung mit salpetriger Säure in die lösliche Form „Nitrosit c“ der Formel $(C_{10}H_{15}N_3O_7)_2$ übergeht.

Ich bin dann weiter gegangen und habe geprüft, ob es möglich wäre, durch andauernde Behandlung mit Stickstoffdioxyd den Kautschuk in ein Produkt von konstanter Zusammensetzung überzuführen, wie es bei der salpetrigen Säure gelungen ist.

Daher wurde die Fällung in Benzol mit einem Überschuß von Stickstoffdioxyd 20 Stunden sich selbst überlassen. Das nach dieser Zeit erhaltene Produkt unterschied sich äußerlich kaum von dem

Weberschen Nitrosat. Es zeigte dieselben Löslichkeitsverhältnisse, nur der Zersetzungspunkt war wesentlich in die Höhe gerückt. Nach dem Umlösen in Azeton und Fällen mit Benzol gelang es, denselben sogar in einem Falle bis auf 157—160° hinaufzutreiben; das ist derselbe Zersetzungspunkt, den ich für das „Nitrosit c“ angegeben habe. Die Eigenschaften und die Zusammensetzung sind sehr ähnlich.

I. 0,1463 g Sbst.: 0,2270 g CO_2, 0,0882 g H_2O. — 0,1391 g Sbst.: 16,8 ccm N (10°, 752,9 mm). — II. 0,1532 g Sbst.: 0,2394 g CO_2, 0,0795 g H_2O. — 0,1549 g Sbst.: 19,7 ccm N (20°, 758,5 mm).

$C_{10}H_{15}N_3O_7$.	Ber.	C 41,52,	H 5,19,	N 14,53.
I.	Gef.	„ 42,32,	„ 6,74,	„ 14,32.
II.	„	„ 42,61,	„ 5,80,	„ 14,51.

Es ist daher wahrscheinlich, daß bei längerer Behandlung des Kautschuks mit Stickstoffdioxyd dieselben Produkte, wie bei derjenigen mit der sog. rohen salpetrigen Säure, entstehen; es ist jedoch darauf hinzuweisen, daß es bisher viel schwieriger erscheint, konstant zusammengesetzte Produkte mit Stickstoffdioxyd, als mit der salpetrigen Säure, zu erhalten.

6. Über Versuche, vermittelst des Nitrosits „c“ die quantitative Bestimmung von Kautschuk in technischen Kautschukmischungen und -waren zu ermöglichen.

Ich hatte das Nitrosit „c“ für die Bestimmung des Kautschuks in Kautschukmaterial vorgeschlagen, weil es sich anscheinend quantitativ bildet, hatte aber eigentlich selbst nicht die Absicht, mich an der weiteren technischen Ausarbeitung des Verfahrens zu beteiligen, wurde indessen später wider meinen Willen in die Diskussion hineingezogen. Der Wortlaut der ersten Mitteilung war folgender:

„Die Erfahrung, daß die Kautschukarten mit Salpetrigsäure-Gas meistens quantitativ den Körper $(C_{10}H_{15}N_3O_7)_2$ liefern, ließ den Gedanken aufkommen, dieses Präparat zur quantitativen Bestimmung von technischen Kautschukwaren zu verwenden[1]). Wie ich gleich vorausschicken will, liegt es nicht in meiner Absicht, die Bestimmungsmethode selbst praktisch durchzuarbeiten und zahlreiche Kontrollanalysen, die notwendig ausgeführt werden müssen, anzustellen; ich will hier nur die wissenschaftliche Grundlage liefern. Um das Verfahren zu erproben, verschaffte ich mir durch die Güte des Herrn Dr. Fritz Frank eine technische Kautschukmischung, welche mit Schwefel zur Vulkanisierung, Zinnober und Zinksulfid versetzt, aber noch nicht vulkanisiert war. Dieses Produkt soll sich nach den bisherigen Metho-

[1]) Vgl. C. O. Weber, Gum.Ztg. 1903.

den außerordentlich schwierig analysieren lassen. Wie man sehen wird, bereitet dies nach der neuen Methode keine große Mühe.

Zur Ausführung der Analyse wurden 4,15 g Substanz mit 150 ccm über Natrium getrocknetem Benzol 3 Tage bei gewöhnlicher Temperatur im geschlossenen Gefäß stehen gelassen, darauf in die aufgequollene Masse N_2O_3 (über P_2O_5 getrocknet) bis zur Sättigung eingeleitet und diese Operation während zwei Tagen dreimal wiederholt. Darauf ist die Kautschukmasse zu einer hellroten, pulvrigen Substanz zerfallen, der Schwefel bleibt vollständig im Benzol gelöst[1]). Die Menge der ungelösten Substanz wurde so bestimmt, daß sie auf ein gewogenes Filter gebracht und mit Benzol ausgewaschen wurde. Kleine Partikelchen, welche an den Wandungen des Gefäßes haften blieben, wurden durch Zurückwägen des Gefäßes bestimmt, sind aber so unbedeutend, daß man sie in praxi wohl vernachlässigen kann. Das Filter samt Niederschlag wurde im Vakuum bei gewöhnlicher Temperatur bis zur Gewichtskonstanz getrocknet; hierbei ergab sich seine Menge zu 6,25 g. Von diesen wurden 6,16 g mit Azeton auf einem gewogenen Filter extrahiert und der Rückstand wieder getrocknet; das Gewicht betrug 3,74 g, also bezogen auf 6,25 g = 3,79 g. Die Differenz 6,25—3,79 beträgt 2,46 g, welche Menge als Nitrosit anwesend war, dies ergibt bei Annahme der Formel $C_{10}H_{15}N_3O_7$ 1,158 g $C_{10}H_{16}$, also sind demnach 27,90% Kautschuk zugegen.

Zu bemerken ist, daß bei dieser Methode das Zinnober unverändert bleibt, das Zinksulfid zu Zinksulfat oxydiert wird. Bei der weiteren Analyse fanden sich 41,60 ZnS und 24,23 HgS.

Zum Vergleich stelle ich die Analysenzahlen, welche nach meiner Methode und nach den bisherigen gewonnen wurden, gegenüber; Herr Dr. Fritz Frank hatte die Güte, mir dieselben mitzuteilen.

	Meine Analyse:		Analyse von Dr. Fritz Frank:
Kautschuk	27,90%		28,57%
ZnS	41,61 „		40,07 „
HgS	24,23 „		23,70 „
S	} Differenz		7,33 „
Wasser		Wasser	0,33 „
			100,00%

Diese Analysen zeigen eine für technische Zwecke genügende Übereinstimmung. Die Differenzen erklären sich wahrscheinlich aus der ungleichartigen technischen Mischung.

Zu bemerken ist noch, daß man das Nitrosit, welches mit Azeton gelöst ist, durch absoluten Äther ausfällen kann; jedoch ist diese Fällung

[1]) Nimmt man nur 50 ccm Benzol, so findet sich nachher viel Schwefel beim Kautschuknitrosit.

nicht quantitativ, und man darf aus der Menge des wiedergewonnenen Nitrosits nicht auf die ursprünglich vorhandene Kautschukmenge Rückschlüsse ziehen.

Vielleicht kann die angegebene Methode in der geschickten Hand eines technischen Analytikers zu einem wirklich brauchbaren Verfahren der Analyse von Kautschukwaren ausgearbeitet werden."

Der Einladung, die Nitrositmethode für die Bestimmung von Kautschuk auszuarbeiten, folgten mehrere Chemiker, so Fendler[1]), Dietrich[2]) und Alexander[3]), später haben sich noch einige andere Autoren dazu geäußert. Obgleich diese Forscher im allgemeinen zuerst die Resultate von Harries bestätigten, traten später Differenzen auf. Alexander machte den Befund, daß sich bei der Einwirkung von Stickstoffoxyden auf Kautschuk Kohlendioxyd entwickelte und kam zu dem Schluß, daß die Formel des Nitrosits „c" $C_{10}H_{15}N_3O_7$ in $C_9H_{12}O_6N_2$ abgeändert werden müsse. Mit dieser Frage hat sich K. Gottlob auf Anregung von Harries eingehend befaßt. Er kommt auf Grund ausgedehnten experimentellen Materials zu dem Ergebnis, daß diese Anschauungen von Alexander nicht bestätigt werden können und daß die Abspaltung des Kohlendioxyds unter den von Harries beobachteten Bedingungen außerordentlich gering ist. Da diese Abhandlung von Gottlob für die Untersuchung der Einwirkung von Stickstoffoxyden auf Kautschuk nicht ohne Interesse ist, soll sie hier gekürzt abgedruckt werden.

In einer Untersuchung[4]), in der sich Alexander mit Versuchen zur Herstellung des „Nitrosit c" nach Harries beschäftigt, kommt er zu Resultaten und aus diesen Resultaten zu Folgerungen, die sich mit den Versuchsergebnissen von Harries durchaus nicht decken. Da die Methode, nach der Alexander das Nitrosit c darzustellen sucht, von der von Harries angegebenen nicht unwesentlich abweicht, ist es nötig, auch den experimentellen Teil dieser Arbeit Alexanders hier etwas ausführlicher wiederzugeben.

Die salpetrige Säure wurde von Alexander in einem ca. 500 ccm fassenden Kolben dargestellt, und zwar aus konz. Salpetersäure und einigen Körnern Stärke unter schwachem Erwärmen auf dem Wasserbad. Das abstreichende nitrose Gas wurde durch einen Trockenturm mit glasiger Phosphorsäure und von dort in die mit Glasverschlüssen versehenen Zersetzungskolben geleitet, in denen sich die Kautschuklösung befand. Alexander schaltete drei derartige Zersetzungskolben hintereinander. Als Schwellungsmittel für die Kautschukproben, die übrigens nur mechanisch auf einer Walze gereinigt waren, verwandte Alexander durchgehend Tetrachlorkohlenstoff. In 50 ccm dieser Flüssigkeit war jedesmal 0,5 g Kautschuk

[1]) Ber. d. pharm. Ges. 1904, H. 4.

[2]) Chem. Ztg. **38**, 82, 874.

[3]) Gum.Ztg. **14**, 375; Ber. **38**, 181 [1905]; Z. f. ang. Chem. **18**, 164 [1905]; Ber. **40**, 1070 [1907]; Gum.Ztg. **21**, 727 [1907]; Z. f. ang. Chem. **20**, 1355 [1907].

[4]) Ber. **40**, 1070 [1907]; ausführlicher Gum.Ztg. **21**, 727 [1907]; Z. f. ang. Chem. **20**, 1355 [1907].

(genau gewogen) enthalten. Nach der Sättigung der Kautschuklösung mit den nitrosen Dämpfen wurde das entstandene Nitrosit bis zum nächsten Morgen in der Suspensionsflüssigkeit stehen gelassen, sodann diese abgegossen und der Rückstand in Azeton aufgenommen. Bis auf einen geringen Rückstand waren alle Nitrosite völlig löslich.

Die Azetonlösungen wurden nun in den oben erwähnten Zersetzungskolben zur Trockne verdampft und nach einiger Zeit im Wasserstoffstrom bei 40° getrocknet. Das so erhaltene Nitrosit — ein hellbrauner, glasiger Körper, der die Wände des Kölbchens lackartig überzieht, aber leicht abgekratzt werden kann — wurde gewogen und analysiert.

Dabei ergab sich, daß diese Produkte in ihrer Zusammensetzung im Mittel nicht allzusehr abwichen von jenen, die Alexander vorher durch Einwirkung der Untersalpetersäure auf dieselben Kautschukproben erhalten hatte. Mit dem „Nitrosit c" nach Harries stimmt auch diesmal der mittlere Wasserstoffgehalt recht gut überein, doch ist der Stickstoffgehalt um etwa denselben Betrag niedriger als im Nitrosit c.

Merkwürdigerweise erklärt aber Alexander diesmal diese Abweichungen nicht wieder, wie vorher, durch Verunreinigungen des Nitrosits c mit zu wenig nitrosierten Oxydationsprodukten des Kautschuks — obwohl er diesmal die Nitrosite noch weniger reinigte als die früher mit N_2O_4 erhaltenen Produkte —, sondern er vermutete in ihnen einen ganz neuen Körper, dem er, mit Rücksicht auf die Mittelwerte seiner Analysenresultate, die Formel $C_9H_{12}O_6N_2$ gab.

Ber. C 44,26, H 4,92, N 11,47.
Gef. „ 44,30, „ 5,37, „ 11,78.

Auf dieselbe Substanz führt er allerdings nunmehr auch jene früheren, mit Untersalpetersäure erhaltenen Produkte zurück.

Gestützt wurde diese seine Annahme durch die Beobachtung, daß bei der Entstehung seiner Nitrositsubstanzen, denen er übrigens den Namen „Nitrosate" gab, sich auch Kohlensäure abspaltete, die sich in einer hinter den Zersetzungskolben geschalteten Flasche mit Bariumhydroxyd durch Abscheidung von $BaCO_3$ während der Reaktion nachweisen ließ.

Auch der weit niedrigere Zersetzungspunkt der Nitrosate Alexanders (90 bis 110°) — gegenüber 158—163° beim Nitrosit c — konnte ihn wohl in der Annahme bestärken, daß er in ihnen einen neuen Körper gefunden hätte; weniger aber trug dazu wohl die quantitative Bestimmung der aus einer gewogenen Kautschukmenge erhaltenen Reaktionsprodukte bei. Aus je 1 g Kautschuk erhielt Alexander nämlich im Mittel 2,1071 g Nitrosat. Das Nitrosit c nach Harries würde 2,1250 g, der Körper $C_9H_{12}O_9N_2$ 1,9984 g an Ausbeute erheischen. Die Differenzen sind also gering, liegen innerhalb der natürlichen Fehlergrenze und sind für die Berechnung technischer Analysen jedenfalls ohne Bedeutung.

Wenn es daher auch bei der Verwendung der Nitrositmethode für technische Analysen ganz irrelevant zu sein scheint, ob man sich bei der Einwirkung nitroser Gase auf Kautschuk ein Nitrosit c nach Harries oder ein Nitrosat nach Alexander entstanden dachte, mußte immerhin schon aus rein wissenschaftlichen Gründen die Frage interessieren, warum Alexander bei seinen Versuchen zu anderen Resultaten gekommen ist als Harries. Im Anschlusse daran mußte sich aber auch die Frage aufdrängen, ob Alexander tatsächlich berechtigt ist, in seinen Reaktionsprodukten einen ganz neuen, einheitlichen Körper $C_9H_{12}O_6N_2$ anzunehmen. Diese beiden Fragen zu beantworten, war Zweck der vorliegenden Untersuchung.

Schon bei der Behandlung des ersten Problems machte sich der Umstand als Schwierigkeit geltend, daß Alexander in einer ganzen Reihe von offenbar wichtigen Punkten von der Vorschrift abweicht, die Harries für die Darstellung des Nitrosit c angibt, nämlich:

1. in der Vorbehandlung des verwendeten Kautschuks. Er brachte nicht auf chemischem Wege gereinigten, sondern nur mechanisch von groben Beimengungen befreiten Kautschuk zur Reaktion.

2. In der Wahl des Lösungsmittels. Er verwendet nicht Benzol, sondern Tetrachlorkohlenstoff.

3. In der Darstellungsweise der nitrosen Gase. Er entwickelte diese nämlich nicht aus Arsenik und verdünnter Salpetersäure, sondern aus Stärke und konz. Salpetersäure.

4. In der Reinigung seiner Reaktionsprodukte. Er fällt diese nämlich weder mehrmals aus Essigester-Äther um, noch behandelt er sie in Essigesterlösung ein zweites Mal mit salpetriger Säure.

5. In der Trocknung der Substanz. Er trocknet sie nämlich nicht im Vakuum, sondern nur im Wasserstoffstrom bei 40°.

Bei der Untersuchung des Einflusses dieser Abweichungen von der Harriesschen Methode konnte nur der zweite Punkt unberücksichtigt bleiben. Alexander[1]) gibt nämlich selbst an, daß er in benzolischer Lösung dieselben Resultate erhalten hat wie in Tetrachlorkohlenstofflösung. Der Einfluß der anderen vier Punkte aber wurde von mir eingehend untersucht, und zwar:

Der erste, indem ich alle Nitrosite sowohl aus ganz ungereinigtem Kautschuk — der rohen Handelsware — als auch bei jeder der vier von mir verwendeten Kautschukarten aus den reinen Präparaten dargestellt habe, die nach der Methode von Harries sorgfältig gereinigt waren.

Der dritte Punkt wurde nicht weniger berücksichtigt. Es schien nämlich durchaus nicht gleichgültig zu sein, wie sich die nitrosen Dämpfe, welche man mit dem Kautschuk in Reaktion brachte, zusammensetzten. Daß aber diese Zusammensetzung aus den in Betracht kommenden Gasen — N_2O_4, N_2O_3, NO — je nach der Stärke der Salpetersäure, aus der sie entwickelt werden, variabel ist, ferner auch verschieden ist, wenn man die Säure auf Arsenik oder auf Stärke einwirken läßt, hat Lunge nachgewiesen.

Bei mäßigem Erwärmen entwickelt nämlich Arsenik aus Salpetersäure vom

spez. Gew. 1,20 fast nur NO,
„ „ 1,25 sehr viel NO, sehr wenig N_2O_3,
„ „ 1,30 noch etwas NO, viel N_2O_3, wenig N_2O_4,
„ „ 1,35 noch weniger NO, viel N_2O_3, wenig N_2O_4,
„ „ 1,40 kein NO, 100 Mol. N_2O_3 auf 126 Mol. N_2O_4,
„ „ 1,45 kein NO, 100 Mol. N_2O_3 auf 284 Mol. N_2O_4,
„ „ 1,50 kein NO, 100 Mol. N_2O_3 auf 903 Mol. N_2O_4.

Mit Stärke gibt dagegen Salpetersäure vom

spez. Gew. 1,20 noch keine Reaktion,
„ „ 1,33 wenig NO, meist N_2O_3,
„ „ 1,40 auf 100 Mol. N_2O_3 25 Mol. N_2O_4,
„ „ 1,50 auf 60 Mol. N_2O_3 60 Mol. N_2O_4.

Nach diesen Ergebnissen hat man es also ganz in der Hand, einen nitrosen Gasstrom zu erzeugen, der sehr wenig oder sehr viel N_2O_4 enthält. Für die systematische Untersuchung darüber, ob man aus nitrosen Gasen verschiedener Zu-

[1]) S. a. a. O.

sammensetzung auch verschiedene Nitrosite erhält, schien es daher angezeigt, mit zwei in ihrer Zusammensetzung möglichst verschiedenen Gasgemengen zu arbeiten. Ich wählte, da mit Arsenik und Salpetersäure extremere Unterschiede zu erreichen sind als mit Stärke, Arsenik, auf das ich entweder HNO_3 vom spez. Gew. 1,3 oder 1,4 einwirken ließ. Jede meiner vier Kautschukarten wurde also, roh und gereinigt, einmal mit der im ersten Falle und einmal mit der im zweiten Falle entwickelten salpetrigen Säure behandelt.

Dem vierten Punkt, der schon darum von Bedeutung schien, da ja auch Harries[1]) erst nach einer umständlichen Reinigung konstante Werte für seine Nitrosite gefunden hatte, wurde insofern Rechnung getragen, als alle dargestellten Nitrosite in der von Harries vorgeschlagenen Weise gereinigt, der Reinigungsprozeß aber dabei sozusagen schrittweise durch Analysen und Schmelzpunktsbestimmungen kontrolliert wurde.

Der fünfte Punkt wurde besonders bei Versuchen über den Zersetzungspunkt geprüft, worauf er nämlich von besonderem Einfluß zu sein scheint.

Die Versuche wurden mit vier Kautschukarten verschiedener Herkunft ausgeführt, und zwar mit einem Para, der, in Benzol in hellgelber Farbe löslich, mit Alkohol eine sehr schöne reine Fällung gibt, und mit drei anderen Kautschukarten, nämlich aus Liane Kappa (Uganda 1), ferner mit zwei Kongoarten, Mongolastreifen, Oberkongo und schwarzer Cassae, Oberkongo.

Bei der Ausführung der Versuche ging ich also in folgender Weise vor:

Von den genannten vier Kautschukarten wurde stets dieselbe Menge (2 g) einmal des gereinigten, einmal des rohen Produktes in immer demselben Volumen Benzol (400 ccm) zur Quellung gebracht und mit den über P_2O_5 getrockneten nitrosen Gasen behandelt, die zunächst aus gekörnten glasigem Arsenik und Salpetersäure vom spez. Gew. 1,3 unter mäßigem Erwärmen entwickelt, nach Lunge im wesentlichen nur N_2O_3 enthalten konnten (Methode Harries).

Das Einleiten des Gasstromes wurde nach der Fällung des Nitrosits bis zur Dunkelgrünfärbung der benzolischen Suspension fortgesetzt; nach eintägigem Stehen wurde das Nitrosit abfiltriert, auf dem Filter mit Benzol abgepreßt und im Vakuum über Schwefelsäure und Paraffin getrocknet, darauf gewogen.

Ein Teil davon wurde sodann noch im Vakuum bei ca. 80° bis zur Gewichtskonstanz getrocknet und ohne irgendwelche Reinigung zur Analyse gebracht (Nitrosit 1). Ein anderer Teil wurde in Essigester gelöst (alle Nitrosite waren bis auf einen meist sehr geringen Rest darin löslich), aus dieser Lösung mit Essigester-Äther dreimal umgefällt, ebenso eingehend wie Nitrosit 1 getrocknet und analysiert (Nitrosit 2).

Ein dritter Teil endlich wurde auch in Essigester gelöst, in dieser Lösung nochmals mit salpetriger Säure behandelt und nun erst wie Nitrosit 2 gereinigt und getrocknet (Nitrosit 3).

Die Ergebnisse aller dieser Analysen, sowie die Resultate aus den Schmelzpunktsbestimmungen aller bisher besprochenen Nitrosite habe ich in einer Tabelle [2]) übersichtlich zusammengestellt. Es geht aus ihr hervor, daß sich die Nitrosite 1 aus gereinigtem Kautschuk in ihrer Zusammensetzung (im Mittel) von den Nitrosaten Alexanders noch wenig unterscheiden. Bei fortgesetzter Reinigung aber steigt der Stickstoffgehalt der Nitrosite allmählich in demselben Maße, in dem ihr Kohlenstoffgehalt fällt, und die gefundenen Mittelwerte der Nitrosite 3 aus gereinigtem Kautschuk stimmen ganz auffallend mit den berechneten Werten des von Harries beschriebenen Nitrosits c von der Formel $C_{10}H_{15}N_3O_7$ überein.

[1]) S. a. a. O.

[2]) Tafel I.

Mittelwerte dieser Nitrosite aus gereinigtem Kautschuk:

	Nitrosite 1	C 45,48,	H 5,62,	N 12,93.
	2	„ 43,31,	„ 5,64,	„ 13,43.
	3	„ 41,58,	„ 5,20,	„ 14,50.
$C_{10}H_{15}N_3O_7$	Ber.	„ 41,52,	„ 5,23,	„ 14,53.

Diese Übereinstimmung gewinnt dadurch noch an Bedeutung, daß die Maxima der Abweichungen der genannten Nitrosite 3 aus gereinigtem Kautschuk von ihrem Mittelwerte nicht hoch sind. Sie übersteigen im Gehalt an Kohlenstoff nicht 0,7%, in dem an Wasserstoff und Stickstoff nicht 0,3%.

Etwas schlechter stimmen die Nitrosite aus rohem Kautschuk mit der berechneten Formel überein. Daß die Nitrosite 1 in diesem Falle durchschnittlich etwas mehr Kohlenstoff und etwas weniger Stickstoff enthalten, als die aus denselben gereinigten Kautschukarten, ist ja weiter nicht wunderlich. Aber obwohl auch diese Nitrosite bei fortgesetzter Reinigung sich dem Nitrosit c ganz unverkennbar nähern, kann man sie eben doch nie so rein erhalten, wie die aus gereinigtem Kautschuk.

Mittelwerte dieser Nitrosite aus rohem Kautschuk:

	Nitrosite 1	C 46,65,	H 6,72,	N 12,78.
	„ 2	„ 44,92,	„ 5,86,	„ 13,62.
	„ 3	„ 42,63,	„ 5,30,	„ 13,90.
$C_{10}H_{15}N_3O_7$	ber.	„ 41,52,	„ 5,23,	„ 14,53.

Hand in Hand mit der Zunahme an Stickstoff und der Abnahme an Kohlenstoffgehalt aller Nitrosite bei der fortlaufenden Reinigung geht auch ein fortwährendes Ansteigen der Zersetzungspunkte.

Ich möchte gleich an dieser Stelle erwähnen, daß es durchaus nicht ganz leicht ist, die Zersetzungs- oder Schmelzpunkte von Kautschuknitrositen genau festzustellen.

Erhitzt man nämlich diese Körper im Schmelzpunktröhrchen, so beachtet man durchgehends bei allen Nitrositen, daß bei einer bestimmten Temperatur scharf einsetzend, eine merkwürdige, allerdings nicht sehr durchgreifende Veränderung mit dem Körper vorgeht. Er bräunt sich und wird unter geringer Volumenvergrößerung weich. Doch bleibt dieser Zustand dann bei weiterem Erhitzen einige Zeit konstant, und erst 10—20° höher beginnt das Nitrosit aufzuschäumen und steigt rasch im Röhrchen empor, bis sich endlich unter Zersetzung ein gelbbraunes Öl in kleinen Tröpfchen an den Wandungen des Röhrchens abscheidet.

Die erste geringe Veränderung, die man allerdings weder als eine Zersetzung, noch als ein Schmelzen des Nitrosites bezeichnen kann, und die ich in der Folge kurz „Bräunung" nennen will, habe ich der Vollständigkeit halber auch in die Tabelle aufgenommen, aber in Klammern gesetzt. Die anderen beiden Zahlen in den Tabellen sind die Temperaturangaben vom Beginne des Aufschäumens des Nitrosits bis zur Abscheidung der Tröpfchen, also die der eigentlichen Zersetzung.

Während nun die Bräunung bei den „Nitrositen 1" der Tabelle 1 im Mittel bei 126° und die Zersetzung bei 140—147° eintritt, liegen diese Temperaturen bei den „Nitrositen 2" bei 136 bzw. 148—155° und bei den „Nitrositen 3" durchschnittlich bei 143 bzw. 153—158°.

Dabei liegen die Bräunungs- und Zersetzungspunkte bei den Nitrositen aus ungereinigtem Kautschuk — wie nicht anders zu erwarten — stets um einige Grade tiefer als die bei denselben Derivaten aus reinem Kautschuk. Bei den „Nitrositen 3", aus diesem allein aber liegen die Mittelwerte der Bräunungstemperatur bei 146°, die der Zersetzungstemperatur bei 156—163°.

Harries[1]) nun gibt für sein „Nitrosit c" den Zersetzungspunkt 158—163° an. Nach Analyse und Zersetzungspunkt habe ich also dieselben Werte gefunden, wie Harries, denn dieses „Nitrosit 3" der gereinigten Kautschukarten ist ja völlig identisch mit dem „Nitrosit c" nach Harries.

Weiter geht aus dem Ansteigen der Zersetzungspunkte der bis jetzt besprochenen Nitrosite — bei der von Harries vorgeschlagenen und von mir eingehaltenen Methode der Reinigung — schon deutlich hervor, daß die nicht oder nicht vollkommen gereinigten Produkte (Nitrosite 1 und 2) eben nicht reine Körper sind, daß diese sich aber bei weiterer Reinigung einem einheitlichen, ziemlich scharf charakterisierten Körper nähern, eben jenem Nitrosit c, $C_{10}H_{15}N_3O_7$.

Es blieb nun noch die Frage zu beantworten, ob bei einer anderen Zusammensetzung der salpetrigen Säure — besonders bei einem höheren Gehalt an N_2O_4 — aus dem Kautschukkohlenwasserstoff Nitrosite von anderer Zusammensetzung entstünden. Darum wurden, wie schon erwähnt, dieselben vier Kautschukarten roh und gereinigt nochmals mit salpetriger Säure behandelt, die aber diesmal aus Arsenik und Salpetersäure vom spez. Gew. 1,4 hergestellt war. Auch diesmal wurden, analog dem früheren Vorgange, die Nitrosite 1, 2 und 3 in gleicher Weise bereitet, getrocknet und analysiert.

Die Resultate sind aus der Tabelle 2 ersichtlich. Diese Zusammenstellung zeigt deutlich, daß auch die auf diese Weise hergestellten Nitrosite sich im allgemeinen in ihrer Zusammensetzung je nach dem Grade der Reinigung dem Nitrosit c nähern, wenn auch nicht in dem Maße, wie die früher gewonnenen, und wenn auch gewisse Unregelmäßigkeiten dabei auftreten.

Der Kohlenstoffgehalt dieser Nitrosite ist im allgemeinen etwas höher, der Stickstoff etwas geringer als bei den erst besprochenen. Dabei treten aber die beiden merkwürdigen Erscheinungen auf, daß manche Nitrosite 3 viel weniger Stickstoff enthalten als die entsprechenden Nitrosite 1[2]), ferner, daß in einem Fall die Nitrosite aus rohem Kautschuk bessere Resultate geben als die aus dem gereinigten Produkt[3]).

Diese Tatsachen lassen sich eben nur so erklären, daß bei der Einwirkung von N_2O_4 auf den Kautschuk in erheblicherem Maße auch Nebenreaktionen eintreten, die man zu leiten oder wenigstens zu kontrollieren nicht ganz in der Hand hat.

Darauf ist aber schon früher von Harries[4]) ausdrücklich hingewiesen worden. Der Hauptsache nach scheinen diese Nebenreaktionen in Oxydationen zu bestehen, doch ließen sich die Oxydationsprodukte, die offenbar nicht in sehr bedeutender Menge auftreten, nicht fassen. Versuche, dieselben beim Umfällen der Nitrosite aus den Essigester-Ätherfiltraten zu isolieren, ergaben kein Resultat.

Daß aber Oxydationen tatsächlich eintreten, geht schon daraus hervor, daß, wie Alexander ganz richtig beobachtet hat, bei der Entstehung der Nitrosite sich auch Kohlensäure abspaltet, eine Erscheinung, die nachher noch näher besprochen werden wird.

Die Bräunungs- und Zersetzungspunkte, deren Höhe übrigens auch in dieser Reihe der Nitrosite mit der durch die Analyse festgestellten Reinheit der Substanz jeweilig im Einklange stand, sind im Durchschnitt um einige Grade tiefer als in der zuerst besprochenen Reihe. Die besten Nitrosite zersetzten sich nämlich bei 157—161°; 163° wurden in keinem Falle erreicht.

Die erste Frage, die ich mir gestellt hatte, die Frage nämlich, warum Alex-

---

1) S. a. a. O.

2) S. in Tabelle II Para gereinigt 2, 3 und Congo roh 1 und 2.

3) S. Tabelle II Liane Kappa roh und gereinigt 1, 2 und 3.

4) Ber. 38, 87—90 [1905].

ander bei der Nitrosierung von Kautschuk zu anderen Resultaten gekommen ist als Harries, glaube ich also nach dem bis jetzt Besprochenen beantworten zu können. Ich führe seine abweichenden Resultate darauf zurück, daß er

1. den Kautschuk vorher nicht in derselben Weise gründlich gereinigt hat,
2. die entstandenen Nitrosite nicht so systematisch gereinigt hat, und
3. eine salpetrige Säure von anderer Zusammensetzung zur Anwendung brachte als Harries.

Damit beantwortet sich eigentlich auch schon die Frage, ob Alexander berechtigt war, in den von ihm erhaltenen Nitrosierungsprodukten des Kautschuks einen neuen Körper zu vermuten, ihnen den Namen „Nitrosate" zu erteilen und ihnen die Formel $C_9H_{12}N_2O_6$ zu geben. Ich habe ja gezeigt, daß alle, auch unter verschiedenen Umständen aus Kautschuk und salpetriger Säure hergestellten Reaktionsprodukte sich wahrscheinlich auf das Nitrosit c von Harries zurückführen lassen.

Aber Alexander hat seine Annahme auch auf das Auftreten von Kohlensäure bei der Reaktion gestützt und hatte ferner bei seinen „Nitrosaten" wesentlich niedrigere Schmelzpunkte und Zersetzungspunkte beobachtet. Es schien daher erforderlich, auch diese Erscheinungen noch etwas eingehender zu untersuchen.

Zunächst wurde durch eine Reihe von qualitativen Versuchen festgestellt, daß beim Einleiten von salpetriger Säure in eine Lösung von Kautschuk in Chloroform tatsächlich CO_2 sich abspaltet; diese Erscheinung trat um so deutlicher auf wie auch Alexander beobachtete —, je konzentrierter die Salpetersäure war, aus der mit Arsenik die salpetrige Säure entwickelt wurde.

Sodann aber wurde durch zwei quantitative Versuche sehr wahrscheinlich gemacht, daß die Menge der Kohlensäure, die dabei entsteht, eine so geringe ist, daß man diese Reaktion mit großer Sicherheit als eine Nebenreaktion bezeichnen kann. In keinem der beiden quantitativen Versuche konnte mehr Kohlensäure nachgewiesen werden, als der Menge von 0,4% des im Kautschuk vorhandenen Kohlenstoffes entsprach, während, wenn die von Alexander aufgestellte Nitrosatformel richtig wäre, fast 9% Kohlenstoff als Kohlensäure hätte entweichen müssen.

Was nun die merkwürdig niedrigen Zersetzungspunkte der „Nitrosate" Alexanders betrifft, so schien es von Anfang an wahrscheinlich, daß sie mit der Darstellungsweise, besonders aber mit der Trocknung der Präparate in irgendeinem Zusammenhang ständen. Alexander nimmt nämlich die Nitrosate in Azeton auf, verdampft die Lösung in einem Kölbchen und trocknet den hellbraunen glasigen Rückstand bei 40° im Wasserstoffstrom.

Die Nitrosite haben nun aber die Eigenschaft, ihre Lösungsmittel außerordentlich zäh festzuhalten, und es erscheint daher fast unmöglich, daß Alexander in der von ihm angegebenen Weise seine Produkte wirklich trocken erhalten hat. Darauf weist auch der ganze Habitus seiner Substanzen hin; die Nitrosite sind nämlich in trockenem Zustande hellgelb oder grünlichgelb — in reinem Zustande fast weiß — aber immer ein undurchsichtiges zerreibliches Pulver. In Lösung freilich sind sie braunrot und behalten diese Farbe auch im trockenen Zustand so lange bei, als noch Spuren des Lösungsmittels darin vorhanden sind.

Verwendet man z. B. beim Umfällen eines Nitrosits mit Essigester-Äther zu wenig Äther, oder wäscht man dabei das abfiltrierte Nitrosit auf dem Filter nicht genügend mit Äther nach, so verwandelt es sich, auch wenn es sehr schön als hellgelbes Pulver ausgefallen war, auf dem Filter nach dem Abdunsten des Äthers unter dem Einfluß von etwas zurückgehaltenem Essigester in eine rotbraune Schmiere, die nur schwer zu trocknen ist.

Tafel I.

Analysen und Zersetzungspunkte der Nitrosite, die durch Einwirkung von salpetriger Säure aus verdünnter Salpetersäure und Arsenik auf vier verschiedene Kautschukarten erhalten wurden.

Art des Kautschuks	Grad der Reinheit des Kautschuks	„Nitrosite I." (Nicht umgefällt, nur mit Benzol abgepreßt und getrocknet) Zersetzung und Schmelzen	Analyse N	Analyse C	Analyse H	„Nitrosite II." (Dieselben Nitrosite dreimal mit Essigester-Äther umgefällt) Zersetzung und Schmelzen	Analyse N	Analyse C	Analyse H	„Nitrosite III." (Dieselben Nitrosite zur Reinigung nochmals in Essigester gelöst, mit N_2O_3 behandelt, und dreimal umgefällt) Zersetzung und Schmelzen	Analyse N	Analyse C	Analyse H
Para	roh	(125)° 134—142°	12,38	47,04	5,82	(131°) 145—152°	14,92	44,78	5,93	(136° 151—159°	14,47	43,38	5,28
	gereinigt	(128°) 143—150°	12,13	45,31	5,09	(137°) 156—161°	13,55	43,83	5,65	(146°) 157—163°	14,38	42,39	5,41
Liane Kappa Uganda — heiß koaguliert	roh	(126°) 151—157°	12,83	45,76	6,08	(137°) 152—159°	12,43	45,43	5,73	(137°) 152—159°	13,23	42,42	5,08
	gereinigt	(137°) 139—147°	13,32	44,77	5,73	(139°) 149—159°	13,45	42,76	5,71	(147°) 157—165°	14,24	41,32	5,23
Oberkongo Mongolastreifen	roh	(121°) 139—147°	13,02	47,41	5,66	(128°) 139—145°	13,06	44,65	5,82	(130°) 139—145°	13,56	44,05	5,62
	gereinigt	(125°) 146—151°	13,74	44,90	5,43	(143°) 158—162°	14,05	42,83	5,36	(146°) 159—163°	14,41	40,76	4,82
Oberkongo, schwarzer Cassae	roh	(118°) 125—130°	12,89	46,40	5,34	(129°) 135—141°	14,08	44,81	5,98	(142°) 145—152°	14,35	42,68	5,23
	gereinigt	(125°) 145—150°	12,56	46,97	6,23	(139°) 153—160°	13,90	43,35	5,73	(143°) 153—162°	14,97	41,84	5,37

Tafel II.

Analysen und Zersetzungspunkte der Nitrosite, die durch Einwirkung von salpetriger Säure aus konzentrierter Salpetersäure und Arsenik auf vier verschiedene Kautschukarten erhalten werden.

Art des Kautschuks	Grad der Reinheit des Kautschuks	„Nitrosite I." (Nicht umgefällt, nur mit Benzol abgepreßt und getrocknet) Zersetzung und Schmelzen	Analyse N	C	H	„Nitrosite II." (Dieselben Nitrosite dreimal mit Essigester-Äther umgefällt) Zersetzung und Schmelzen	Analyse N	C	H	„Nitrosite III." (Dieselben Nitrosite zur Reinigung nochmals in Essigester gelöst, mit N_2O_3 behandelt, und dreimal umgefällt) Zersetzung und Schmelzen	Analyse N	C	H
Para	roh	(120°) 130—137°	12,85	44,70	5,96	(129°) 143—148°	14,03	44,94	6,54	(143°) 152—161°	14,07	42,03	5,58
	gereinigt	(129°) 149—155°	13,64	44,89	5,74	(136°) 150—158°	14,71	43,55	5,89	(149°) 157—161°	13,64	42,19	5,43
Liane Kappa Uganda — heiß koaguliert	roh	(127°) 133—141°	12,26	42,54	5,69	(134°) 144—152°	11,91	42,34	5,55	(142°) 153—161°	13,35	41,19	5,04
	gereinigt	(131°) 130—137°	15,44	46,85	5,92	(137°) 142—150°	12,20	45,79	5,85	(141°) 154—160°	15,47	45,92	5,72
Oberkongo Mongalastreifen	roh	(129°) 141—149°	13,87	47,21	5,69	(132°) 144—152°	14,46	44,88	5,65	(133°) 145—152°	13,69	43,38	5,61
	gereinigt	(134°) 145—151°	13,83	43,98	5,97	(137°) 152—157°	13,20	43,53	5,83		14,04	42,31	5,58
Oberkongo, schwarzer Cassae	roh	(125°) 144—150°	12,47	46,53	5,97	(127°) 149—154°	13,80	45,87	6,44	(139°) 150—155°	12,86	43,71	5,66
	gereinigt	(136°) 151—156°	13,60	45,92	5,84	(139°) 152—156°	14,60	45,07	5,72	(147°) 156—161°	14,67	44,15	5,95

Tafel III.

Ausbeute an Nitrosit bei Behandlung von vier Kautschukarten im rohen und gereinigten Zustand mit salpetriger Säure verschiedener Zusammensetzung.

(Angewandte Menge von Kautschuk 2 g.)

Art des Kautschuks	Aus salpetriger Säure von geringem N_2O_4-Gehalt		Aus salpetriger Säure von großem N_2O_4-Gehalt	
	roh g	gereinigt g	roh g	gereinigt g
Para	4,18	4,34	4,00	4,19
Liane Kappa Uganda	4,05	4,35	4,10	4,15
Oberkongo Mongalastreifen	4,15	4,51	3,94	4,20
Oberkongo schwarzer Cassae . . .	3,25	4,35	3,10	3,97
Im Mittel:	3,90	4,38	3,78	4,13

Berechnete Ausbeute nach Harries Nitrosit c . . 4,25 g
Berechnete Ausbeute nach Alexander Nitrosat . 3,99 g

Es wurde also folgender Versuch gemacht. Ein Nitrosit, das nach der von mir in Anwendung gebrachten Methode getrocknet, einen Bräunungspunkt von 143° und einen Zersetzungspunkt von 156—161° aufwies, wurde in Azeton gelöst, die Lösung nach der Methode Alexanders in einem Kölbchen im Wasserstoffstrom verdampft und zweieinhalb Stunden bei 40° getrocknet. Dabei resultierte tatsächlich der von Alexander beschriebene hellbraune, lackartige Körper. Im Schmelzpunktröhrchen erhitzt, schäumt dieser bei 96° plötzlich stark auf und stieg in dem Röhrchen empor. Dabei wurde er aber nicht dunkler, sondern heller und undurchsichtig, blieb aber nunmehr bei weiterem Erhitzen unverändert. Erst bei 143° — also fast 50° höher — trat Bräunung ein, bei 154—160° Zersetzung.

Derselbe Versuch wurde mit einem anderen Nitrosit wiederholt mit demselben Resultat.

Ich möchte daher die Vermutung aussprechen, daß Alexander das erste stürmische Aufschäumen des Nitrosits, das ich für ein plötzliches Entweichen der letzten Reste des Lösungsmittels halte, für die Zersetzung des Nitrosits hielt. Keines der von mir dargestellten Nitrosite bräunte sich nämlich unter 115°, zersetzte sich unter 120°, und meist lagen diese Punkte besonders bei den reinen Nitrositen sehr wesentlich höher.

Zum Schluß möchte ich noch einiges ausführen über die Ausbeute an Nitrosit, die man bei der Darstellung dieses Körpers aus verschiedenem Kautschuk und mit salpetriger Säure von verschiedenem N_2O_4-Gehalt erzielt[1]).

Daß man aus gereinigtem Kautschuk mehr Nitrosit erhält als aus rohem, liegt wohl auf der Hand und wurde auch von mir experimentell bestätigt. Wenig Einfluß auf die Ausbeute scheint die Herkunft des Kautschuks zu haben.

Mit salpetriger Säure von geringem Gehalt an N_2O_4 erzielte ich durchschnittlich eine etwas höhere Ausbeute als die Theorie erfordert. Mit salpetriger Säure, die viel Untersalpetersäure enthielt, war die Ausbeute etwas geringer als die nach der Formel berechnete.

[1]) Siehe auch die Tabelle III.

Doch sind diese Unterschiede ebensowenig von Einfluß bei der Ausführung technischer Analysen wie die Frage, ob der Berechnung der Analyse das „Nitrosit c" nach Harries oder das Nitrosat Alexanders zugrunde gelegt werden müßte.

Zusammenfassung.

Die Ergebnisse dieser Untersuchung möchte ich in den folgenden Sätzen nochmals kurz niederlegen.

1. Bei der Behandlung von rohem oder gereinigtem Kautschuk verschiedener Herkunft mit salpetriger Säure von verschiedenem Gehalt an N_2O_4 erhält man Nitrosite, die zwar zunächst voneinander mehr oder minder verschieden sein können, sich aber alle auf denselben Körper, das von Harries beschriebene „Nitrosit c" zurückführen lassen.

2. Die Annahme Alexanders von der Existenz eines „Nitrosates" mit der Formel $C_9H_{16}N_2O_6$ erscheint nicht genügend gestützt.

3. Um aber das „Nitrosit c" rein zu erhalten, muß man sich genau an die von Harries angegebene Methode halten.

4. Für die Ausführung von technischen Analysen scheint es nicht sehr wesentlich zu sein, welche Zusammensetzung der nitrosen Gase man wählt, jedoch ist mit Rücksicht auf die konstantere Zusammensetzung der entstehenden Niederschläge die Entwicklung der N_2O_3 aus Arsenik und verd. Salpetersäure vorzuziehen.

Über die Darstellung der Nitrosite selbst, ihre Reinigung, Trocknung usw. habe ich das Wesentliche schon im Vorhergegangenen mitgeteilt. Auch kann ich auf die hier schon mehrfach zitierten Angaben von Harries hinweisen, an die ich mich strikte gehalten habe.

Betonen möchte ich nur nochmals, daß es notwendig ist, beim Umfällen des Nitrosits aus Essigester-Äther genügende Mengen Äther zur Fällung zu benutzen und den Niederschlag auf dem Filter mit Äther mehrmals abzupressen, um möglichst alle Spuren von Essigester, die das Präparat nämlich verschmieren, zu entfernen.

Getrocknet wurden die Nitrosite bei der Temperatur des siedenden Benzols im Vakuum von 10—15 mm. Unter diesen Bedingungen genügen nach meinen Erfahrungen 5—6 Stunden.

Bei den Versuchen über die Abspaltung von Kohlensäure bei der Nitrosierung von Kautschuk überzeugte ich mich zunächst, daß die nitrosen Dämpfe, wie ich sie aus den mir zur Verfügung stehenden Reagenzien, dem Arsenik und der Salpetersäure herstellte, nur Spuren von CO_2 enthielt.

Sodann ging ich zu qualitativen Versuchen betreffend Kohlensäureabspaltung aus dem Kautschuk über. Sie wurde in der Weise beobachtet, daß die aus der Kautschuklösung (natürlich Chloroformlösung) während der Reaktion abstreichenden Gase zunächst in Waschflaschen mit Bariumhydroxyd geleitet wurden. Diese Bariumlösungen waren mit etwas Phenolphthalein als Indikator versetzt, so daß die Reaktion sofort unterbrochen werden konnte, wenn die Bariumlösung sauer reagierte, d. h. wenn entstandenes $BaCO_3$ durch nachdrängende salpetrige Säure aufgelöst werden konnte.

Schon an einer Reihe derartiger qualitativer Versuche konnte man erkennen, daß Kohlensäure tatsächlich immer auftrat, und zwar um so mehr, je unreiner der Kautschuk war, und je größer der Gehalt der salpetrigen Säure an Untersalpetersäure war.

Zur Ausführung der quantitativen Versuche wurde der Gasentwicklungskolben A sowie die daran zur Trocknung angeschlossene Röhre mit P_2O_5 zunächst ganz mit über Natronkalk geleitetem Wasserstoff gefüllt, sodann ein Zersetzungskolben mit sehr reiner Kautschuklösung (1,502 g Parakautschuk in 200 ccm Chloroform) angeschaltet. Die Kautschuklösung wurde bei dem ersten Versuche mit Eiswasser gekühlt. Das Abzugsrohr des Zersetzungskolbens stand in Verbindung mit einem U-Rohr, das in einer kräftigen Kältemischung stand. An das U-Rohr wurde, sobald es auch mit Wasserstoff gefüllt war, eine größere Waschflasche mit gut filtrierter, kalt gesättigter Bariumlösung geschaltet, die wieder mit einem Indikator versehen war.

In dem U-Rohr sollten sich mitgerissenes Chloroform und etwa überschüssige nitrose Gase kondensieren.

Sobald nun das ganze System mit Wasserstoff gefüllt war, wurde mit der Entwicklung der salpetrigen Säure im Gasentwicklungskolben begonnen.

Nach Beendigung der Nitrosierungsreaktion wurde noch eine Stunde lang ein Wasserstoffstrom durch die Nitrositsuspension, das U-Rohr und die Barytlösung geschickt, um alle Spuren von CO_2 in die Barytlösung zu bringen. Hierauf wurde das darin abgeschiedene $BaCO_3$ im Sauerstoffstrom filtriert, mit ausgekochtem Wasser gewaschen und im Platinfingertiegel das Barium als Sulfat bestimmt.

Bei dem ersten Versuche wurde Salpetersäure vom spez. Gew. 1,3, bei dem zweiten vom spez. Gew. 1,4 zur Entwicklung der salpetrigen Säure verwendet.

Im ersten Falle erhielt ich 0,0722 g $BaSO_4$, im zweiten 0,0997 g $BaSO_4$. Diese Menge entspricht einer Menge von 0,0037 g C im ersten und von 0,0051 g C im zweiten Falle. Da die angewandte Menge Kautschuk in beiden Fällen 1,502 g betrug, worin also 1,4 g Kohlenstoff vorhanden sind, so beträgt der Prozentsatz des im ersten Fall zu CO_2 oxydierten Kohlenstoffes ca. 0,27%, im zweiten Falle 0,37%.

Fendler[1]) hat sich eingehend mit der Anwendung der Nitrositmethode für die Kautschukanalyse beschäftigt und ist zu folgendem Urteil gelangt:

1. Die Harriessche Methode liefert bei manchen Kautschuksorten beträchtlich zu hohe Werte für den Kautschukgehalt.

2. Die nach der Harriesschen Methode gefundenen Zahlen für die unlöslichen Bestandteile des Kautschuks sind unzutreffend.

3. Die Nitrositmethode mag man geeignetenfalls gleichfalls heranziehen, die hiermit erhaltenen Resultate sind jedoch mit großer Vorsicht aufzunehmen. Diese Methode ist meiner Ansicht (Fendlers) nach nur bei der Analyse von vulkanisierten Kautschukwaren am Platze, wo man sich mit der Bestimmung der angewendeten Kautschuksubstanz begnügen und bei der Unzulänglichkeit unserer heutigen Methoden verzichten muß, die Qualität des verwendeten Kautschuks festzustellen. Jedoch auch hier sind die Resultate, wie Esch gezeigt hat, mit Vorsicht aufzunehmen.

4. Aus diesen Versuchen scheint hervorzugehen, daß auch die stark sauerstoffhaltigen Anteile nach der Nitrositmethode mit bestimmt werden, solange sie noch in ihrem äußeren Verhalten kautschukartige Beschaffenheit zeigen, dagegen nicht, wenn sie diese verloren haben. Die Nitrositmethode ist somit mit einem gewissen Vorbehalt anzuwenden, da die stark sauerstoffhaltigen Anteile nicht den gleichen Wert besitzen, wie die sauerstofffreien, was in ihrem trägen Verhalten bei der Vulkanisation zum Ausdruck kommt, worauf Weber hingewiesen hat.

[1]) Ber. d. D. pharm. Ges. 1904, H. 5; Gum.Ztg. **19**, Nr. 3; Gum.Ztg. **24**, **29**, 1000 [1910].

Auf die Arbeiten Fendlers hin hat O. Korneck[1]) auf Anregung von Harries nochmals die Frage, wie es möglich sei, die Nitrositmethode zu verbessern und für die Praxis zuverlässiger zu gestalten, geprüft. Seine Ergebnisse sind in einer umfangreichen Zusammenstellung unter dem Titel: „Kritische Untersuchungen über die analytischen Bestimmungsmethoden des Rohkautschuks"[2]) enthalten. Korneck schlägt vor, zum Auswaschen des Nitrosits anstatt Petroläther (Fendler) abs. Äther zu verwenden, da dann die von harzartigen Bestandteilen herrührenden ähnlichen Nitrositverbindungen gelöst werden. Versuchsreihen, die unter dieser Bedingung ausgeführt wurden, ergaben, daß die nach Fendlers Ausführungsform für die Nitrosite ermittelten Werte erheblich größer sind als die nach der modifizierten Nitrositmethode enthaltenen.

Korneck hat zum Trocknen des vermittels Gooch-Tiegels abfiltrierten Nitrosits empfohlen, diesen in Trockenschrank bei 80° zu stellen, weil er glaubte, daß nur hartnäckig zurückgehaltene Anteile der Lösungsmittel ausgetrieben würden. Dies ist aber ein Irrtum.

Auf die Untersuchungen von Gottlob und Korneck hin hat sich Alexander[2]) nochmals geäußert. Er bleibt auf seiner Ansicht bestehen, daß bei der Einwirkung der nitrosen Gase auf Kautschuklösungen soviel Kohlendioxyd entwickelt wird, wie einem Kohlenstoffatom für die Formel $C_{10}H_{16}$ entspricht. In der Kälte trete diese Abspaltung von Kohlendioxyd weniger auf als in der Wärme, wo sie 80% des theoretisch berechneten ausmacht. Das Nitrosit „c" gebe schon bei 80° getrocknet reichlich Kohlendioxyd ab, was darauf hindeute, daß im Nitrosit „c" eine labile Karbonsäure vorliege. Daraufhin habe ich von neuem die Angaben von Gottlob über den Nachweis des Kohlendioxyds bei der Einwirkung der salpetrigen Säure auf Kautschuklösungen nachgeprüft und sie wieder bestätigt gefunden. Die Höchstausbeute von Kohlendioxyd betrug 0,27, die niedrigste 0,24%. Das sind ganz verschwindende Mengen. Es stehen hier also experimentelle Angaben zweier Forscher direkt gegenüber. Die Differenzen sind vielleicht daraus zu erklären, daß Alexander die Temperatur der Lösung beim Einleiten der Gase höher gewählt hat, als wie sie von Harries früher angegeben wurde. Beim Erhitzen des trocknen Nitrosit „c" auf 80° im Wasserstoffstrome wird dagegen etwas mehr Kohlendioxyd abgespalten, nämlich 0,59 bis 0,8%, während die allgemeine Abnahme der getrockneten Substanz hierbei 4,04 und 5,52% beträgt. In den beim Erhitzen des Nitrosit „c" sich entwickelnden Gasen ist also nur ein kleiner Prozentsatz Kohlendioxyd enthalten, das übrige scheinen Stick-

[1]) Gum.Ztg. **25**, H. 1, 2, 3 [1910].
[2]) Z. f. ang. Chem. **24**, 680 [1911].

stoff, bzw. Stickstoffverbindungen zu sein. Daraus ergibt sich aber, daß die Methode von Korneck — Trocknen des Nitrosits bei 80° — zu Fehlerquellen Anlaß bietet. Die Zahlenreihen, welche er veröffentlicht hat, unter Zugrundelegung dieser Trockenmethode, müssen deshalb revidiert werden.

Ob sich die Nitrositmethode zur quantitativen Bestimmung des Kautschuks eignet, ist noch nicht entgültig entschieden. Jedenfalls hat sie sich nicht so einfach gestalten lassen, wie es zuerst den Anschein hatte. Sie wird zur Zeit in der Praxis wohl wenig benutzt.

Kapitel V.

Verhalten des Kautschuks gegen Reduktionsmittel.

Der Kautschuk verhält sich gegenüber Brom, Halogenwasserstoffsäuren und Ozon wie eine aliphatische ungesättigte Verbindung. Es war daher auch zu erwarten, daß er nach den Methoden von Paal, Skita und Willstätter sich hydrieren lassen würde. Da man durch Depolymerisierung ätherische Lösungen des Kautschuk, z. B. durch Kochen desselben mit Eisessig und darauf folgende Behandlung des mit Wasser vom Eisessig befreiten Produktes mit Äther herstellen kann, so ist es möglich, solche Lösungen mit Platinmohr oder Palladium und Wasserstoff zu behandeln[1]). Der Kautschuk bleibt aber hierbei unverändert. Diese Erscheinung wurde von Hinrichsen[2]) bestätigt. Es wäre sehr wichtig, die Reduktion zu realisieren, weil der Hydrokautschuk sich wahrscheinlich unzersetzt im Hochvakuum destillieren und daraus seine Konstitution leicht einwandsfrei beweisen lassen würde.

Kapitel VI.

Verhalten des Kautschuks gegen Oxydationsmittel.

1. Oxydation des Kautschuks mit Salpetersäure.

Salpetersäure greift Kautschuk sehr energisch unter Entwicklung roter Dämpfe an, wobei der Kautschuk in Lösung geht. Gießt man nachher die Reaktionsmasse in Wasser, so scheidet sich ein gelbes flockiges Produkt ab, welches in Essigester löslich ist und nach R. Ditmar[3]) die Zusammensetzung $C_{10}H_{12}N_2O_6$ hat. Es ist möglich, daß darin ein Dinitroderivat einer Dihydro- oder Tetrahydrokuminsäure

---

[1]) Vortrag Wien [1910].

[2]) Hinrichsen u. Kempf, Ber. **46**, 1283 [1913].

[3]) Ber. **35**, 1401 [1902].

$$\begin{array}{c} CO_2H \\ \cdot \\ H_2\diagup\diagdown\cdot NO_2 \\ H_2\diagdown\diagup\cdot NO_2 \\ \cdot \\ CH_3CHCH_3 \end{array}$$

enthalten ist. Harries, der diese Reaktion ebenfalls[1]) untersucht hat, schreibt darüber folgendes:

Bereits vor der Veröffentlichung Ditmars habe ich diese Reaktion untersucht, seine Angaben kann ich bestätigen; sowohl Elementarzusammensetzung wie Molekulargröße des wasserunlöslichen Produkts deuten auf die Formel $C_{10}H_{12}N_2O_6$ hin. Dieser Körper bildet aber nur den kleineren Teil der bei der Einwirkung von konz. Salpetersäure auf Kautschuk entstehenden Substanzen. Dampft man die Mutterlaugen und Waschwässer vom Körper $C_{10}H_{12}N_2O_6$ vorsichtig im Vakuum ein, so erhält man als Rückstand das Hauptprodukt, ein hellgelbes Öl, aus welchem Oxalsäure herauskristallisiert. Letztere kann man durch Essigester von dem Öl quantitativ trennen. Die Menge der Oxalsäure beträgt etwa soviel, wie zwei oxydierten Kohlenstoffatomen auf das Molekül $C_{10}H_{16}$ entspricht. Das Öl ist dünnflüssig, löst sich mit brauner Farbe in Alkalien und ist, wenn die Salpetersäure möglichst entfernt wurde, in kaltem Wasser schwer löslich. Dieses Produkt lieferte, mit Ammoniak vorsichtig neutralisiert und durch Silbernitrat fraktioniert gefällt, schöne, schwer lösliche, gelbe Silbersalze. Die einzelnen Fraktionen zeigen aber nicht wesentlich verschiedene Zusammensetzung.

Es wurde gefunden:

Fraktion II. Ag 42,72, C 23,67, H 2,60, N 4,6.
„ III. „ 43,15, „ 24,05, „ 2,27, „ 4,99.

Aus den Silbersalzen lassen sich beim Neutralisieren mit Salzsäure die entsprechenden Öle wiedergewinnen. Ich beabsichtige, diese Silbersalze, die ungefähr die Formel $C_6H_8NO_5Ag$ besitzen, weiter zu untersuchen.

2. Autoxydation.

E. Herbst[2]) hat zuerst die Autoxydation des Kautschuks einer Untersuchung unterworfen. Zu dem Ende wurde eine Auflösung von Kautschuk in aromatischen Kohlenwasserstoffen mit Luft oder Sauerstoff längere Zeit behandelt, nachher eingedampft und der Rückstand untersucht. Er fand darin zwei Produkte $C_{10}H_{16}O$ und $C_{10}H_{16}O_3$. Un-

[1]) Ber. **39**, 3265 [1902].

[2]) Herbst, Ber. **39**, 523 [1906].

tersuchungen von Kirchhof über denselben Gegenstand haben ergeben, daß sich bei der Autoxydation in erster Linie Peroxyde bilden[1]). Eine Beobachtung von Peachy[2]) sei noch mitgeteilt, die zeigt, daß Kautschuk, der durch Extraktion mit Azeton von Harz befreit war, viel schneller oxydiert wird als nichtentharzter Kautschuk. Mein Schüler Dr. Weil[3]) fand, daß Rohballen von Kautschuk, wenn man sie in geeigneter Weise mit Wasser behandelt, auf ihrer Oberfläche Lävulinaldehyd nachweisen lassen, wie vermittels der Pyrrolprobe gezeigt werden konnte, es ist deshalb wahrscheinlich, daß bei der Autoxydation auch Lävulinaldehyd bzw. Lävulinsäure entstehen.

3. Verhalten von Kautschuklösungen gegen Permanganat.

Der Kautschuk verhält sich gegen Permanganat sehr beständig. Harries[4]) hat darüber zuerst folgende Angaben gemacht:

Zur Oxydation des Parakautschuks mit Permanganat wurde eine Benzollösung desselben (2 g in 200 ccm) mit einer wässerigen Lösung von Permanganat (3,1 g $KMnO_4$ in 150 g Wasser) 30 Stunden geschüttelt. Alsdann war alles Permanganat verbraucht. Die abgehobene Benzollösung hinterläßt beim Verdunsten einen farblosen, dicken Sirup, der die Löslichkeitsverhältnisse des Kautschuks nicht mehr besitzt. Die Analyse weist aber noch auf die unveränderte Formel $C_{10}H_{16}$ hin. Aus der alkalischen Mutterlauge wurde durch Ansäuern und Ausäthern eine geringe Menge einer Fettsäure erhalten. Anscheinend hat der Kautschuk durch Behandlung mit Permanganat seine Molekulargröße geändert, ist also depolymerisiert worden.

Diese Angaben sind von van Rossem[5]) kürzlich bestätigt worden. In einer zweiten Fußnote hat Harries[6]) nach Versuchen von Herrn Nicolai mitgeteilt, daß auf der Walze häufig gekneteter, ätherlöslich gewordener Kautschuk durch Permanganat leicht angegriffen wird.

Später in Gemeinschaft mit Herrn Dr. Adam angestellte Versuche haben diese letztere Beobachtung insofern modifiziert, als zwar solcher häufig ausgewalzter Kautschuk in benzolischer Lösung von einer 2,5proz. Permanganatlösung beim Schütteln leicht angegriffen wird, daß aber die Menge des verbrauchten Permanganats gering bleibt. Als Oxydationsprodukt erhält man nach dem Eindampfen den oben beschriebenen Sirup, der zunächst in Äther leicht löslich ist, aber nach

[1]) Kirchhoff, Koll.Z. **13**, 40 [1916].
[2]) Peachy, India Rubber Journ. **45**, 361 [1913].
[3]) R. Weil, Hannover, Privatmitteilung [1907].
[4]) Ber. **37**, 2708, Anm. [1904].
[5]) Van Rossem u. van Heurn, Koll.B. **10**, 9 [1918].
[6]) Lieb. Ann. **406**, 198 (1914].

wenigen Tagen Stehens bereits wieder schwer löslich und zähe wird, sich also polymerisiert. Durch Viscositätsbestimmungen, wie sie van Rossem vorgeschlagen hat, könnte man wahrscheinlich den Polymerisationsvorgang verfolgen.

Der oxydierte Kautschuk muß eine starke Veränderung erlitten haben, denn er liefert bei der Behandlung mit Ozon ein dünnflüssiges Ozonid, welches nach der Spaltung zwar noch die Pyrrolprobe, aber nicht mehr so stark anzeigt.

Das frisch aus der Benzollösung durch Eindampfen im Vakuum erhaltene Produkt wurde im Hochvakuum der Destillation unterworfen, um zu sehen, ob es destillierbar ist. Es ergab sich aber, daß es sich sehr ähnlich wie der gewöhnliche Kautschuk verhält, nämlich dabei zersetzt wird. Der durch Oxydation depolymerisierte Kautschuk soll noch weiter untersucht werden.

4. Verhalten des Kautschuks bzw. seiner Umwandlungsprodukte gegen Ozon.

Das beste schnell und glatt wirkende Oxydationsmittel ist bis jetzt im Ozon gefunden worden. Man braucht für die Behandlung des Kautschuks mit Ozon denselben nur in einem Lösungsmittel, welches von Ozon nicht oder nur wenig angegriffen wird, aufquellen zu lassen.

Nach längeren Untersuchungen hat es sich ergeben, daß es hierbei nicht gleichgültig ist, welche Konzentration das Ozon besitzt. Reines, schwachprozentiges Ozon, das man durch Waschen mit Natronlauge und Schwefelsäure von Oxozon befreit hat, liefert ein Ozonid, welches auf die Formel $C_{10}H_{16}O_6$ stimmende Werte liefert, während starkes, über 12proz. Ozon zu einem Ozonid der Formel $C_{10}H_{16}O_8$ führt. Auch das Lösungsmittel ist hierbei von Wichtigkeit. Will man schnell arbeiten, so wählt man Chloroform, welches aber selbst von Ozon unter Bildung von Karbonylchlorid und Chlorwasserstoffsäure bzw. Chlor, wenn auch nicht bedeutend, angegriffen wird. Auch mit Essigester übergossen, läßt sich der Kautschuk ozonisieren. Diese Operation dauert indessen viel länger, dabei wird das Ozonid zum größten Teil in Oxozonid durch den Überschuß des Ozons umgewandelt.

Normales Kautschukdiozonid $(C_{10}H_{16}O_6)_x$[1] $(C_{25}H_{40}O_{15})$?

Zur Einwirkung des Ozons übergießt man 10 g Kautschuk mit 120 ccm Chloroform, läßt 24 Stunden stehen und leitet dann in die dickliche Masse unter Kühlung einen ca. 6proz. Ozonstrom, der mit

[1]) Ber. **37**, 2708 [1904]; Ber. **38**, 1199 [1905]; Ber. **45**, 936 [1912]. — Harries u. Hagedorn, Lieb. Ann. **395**, 232 [1913].

Natronlauge und Schwefelsäure von Oxozon befreit wurde, ein. Gewöhnlich beansprucht 1 g Kautschuk eine Stunde Einleiten von Ozon. Das Ende der Reaktion erkennt man, wenn eine herausgenommene Probe eine Lösung von Brom in Chloroform nicht mehr entfärbt. Danach wird die Chloroformlösung im Vakuum zur Sirupkonsistenz eingedampft, wobei die Temperatur des Wasserbades nicht über 20° steigen darf, weil sonst heftige Explosionen eintreten können.

Die Ausbeute an nicht umgelöstem Produkt ist quantitativ, berechnet für den Eintritt von 2 Mol. O_3 in das Mol. $C_{10}H_{16}$; der Rückstand wird dann mit 2 Volumen Essigester aufgenommen und durch niedrigsiedenden Petroläther (ca. 20 Vol.) gefällt. Mit dem abgeschiedenen farblosen dicken Öl wiederholt man diese Operation des Umlösens noch mindestens zweimal. Ausbeute aus 15 g Kautschuk 21 g Ozonid, während die Theorie 25,6 g verlangt. Das Diozonid besitzt also geringe Löslichkeit in Petroläther. Im Vakuumexsikkator erstarrt dann das Öl bisweilen glasig. Schmelzpunkt ca. 50°. In diesem Zustande ist es explosiv, es zeigt die gewöhnlichen Reaktionen der Ozonide an. Die Elementaranalysen ergeben auf die Formel $C_{10}H_{16}O_6$ stimmende Werte.

0,124 g Sbst.: 0,3070 g CO_2, 0,1112 g H_2O. — 0,1504 g Sbst.: 0,2853 g CO_2, 0,1021 g H_2O. — 0,1526 g Sbst.: 0,2920 g CO_2, 0,0977 g H_2O.

$C_{10}H_{16}O_6$. Ber. C 51,72, H 6,90,
Gef. „ 51,56, 51,73, 52,19, „ 7,66, 7,59, 7,16.

Sehr wichtig war es wegen der Beziehungen zur Konstitution des Kautschuks, das Molekulargewicht dieses Ozonids zu bestimmen. Hier wurden sehr verschiedene Resultate erhalten, je nachdem man Eisessig oder Benzol bei der Gefrierpunktserniedrigung anwandte.

Molbestimmung nach der Gefriermethode im Beckmannschen Apparat.

a) Eisessig.

I. 0,2045 g Sbst.: 23,9 g Eisessig: $\Delta = 0{,}147$. — II. 0,3037 g Sbst.: 27,06 g Eisessig: $\Delta = 0{,}195$. — III. 0,1453 g Sbst.: 28,35 g Eisessig: $\Delta = 0{,}081$.

Mol.-Gew. Ber. 232. Gef. Mol.-Gew. I. 227, II. 224,5, III. 246,8.

b) Benzol[1]).

0,2131 g Sbst.: 22,56 g Benzol: $\Delta = 0{,}09$.

Mol.-Gew. Ber. einfach 232. Gef. Mol.-Gew. 535 (früher 526)[2]), doppelt 464.

Molbestimmung nach der Siedemethode im Landsberger-Riiberschen Apparat.

---

[1]) Hagedorn, Lieb. Ann. **395**, 232 [1913].

[2]) Ber. **37**, 2709 [1904].

0,1597 g Sbst.: 22,73 g Methylazetat: 0,06 Erhöhung.
Mol.-Gew. Ber. 232. Gef. 241,2.

Während man also in Eisessig das einfache Molgewicht immer wieder bestätigen kann, erhält man im Benzol Werte, die höher liegen, als sich für das doppelte Molekül berechnen. Hierauf kann jetzt wohl folgende Erklärung gegeben werden. Das Kautschukozonid ist in kleineren Mengen in Eisessig leicht spaltbar, zur vollkommenen Spaltung muß es allerdings erwärmt werden. Dasselbe gilt für das Erhitzen in Essigsäure-Methylester. Durch die geringe Spaltung wird die Depression beim Eisessig herabgesetzt und die Siedepunktserhöhung beim Methylazetat heraufgedrückt, da ja dabei Körper mit niedrigerem Molgewicht entstehen. Das hohe Molgewicht, welches man in Benzol erhält, erscheint wahrscheinlich, da es auch mit der später S. 71 entwickelten Theorie für die Formel

$$C_{25}H_{40}O_{15} = 580$$

übereinstimmt[1]).

Spaltungsgeschwindigkeit des Ozonids in Wasser.

Um den Nachweis der Identität von natürlichem und künstlichem Kautschuk zu führen, habe ich mich früher[2]) darauf beschränkt, die Derivate beider Körper, wie Nitrosit, Bromid und Diozonid, darzustellen und zu vergleichen.

Ich habe aber schon darauf hingewiesen, welche Schwierigkeiten bei dem Versuch entstehen, solche Kolloide selbst, bzw. ihre Derivate miteinander zu identifizieren, da sie amorph oder ölig sind. Bei den Bromiden gelingt es oft nicht einmal, aus ein und demselben Präparat übereinstimmende Werte bei der Analyse zu erhalten. Bei den Nitrositen liegen die Verhältnisse etwas günstiger, sind jedoch auch noch nicht geklärt. Ich habe infolgedessen die Versuche, mit Hilfe dieser Verbindungen das gewünschte Ziel zu erreichen, aufgegeben, ohne jedoch auf ihre Darstellung und Charakterisierung ganz Verzicht zu leisten.

Nur bei den Diozoniden erhielt ich im allgemeinen Resultate, die befriedigten; die Quantitäten der Spaltungsprodukte der Diozonide an Lävulinaldehyd bzw. Säure und Peroxyd waren ähnliche. In dem Bestreben, den Identitätsnachweis noch weiter möglichst zu sichern, habe ich dann die schon angeführte Methode der Bestimmung der Zersetzungsgeschwindigkeit der Diozonide und Dioxozonide ausgearbeitet, die mir im Verein mit der quantitativen Ermittlung der Spaltungs-

---

[1]) Harries, Lieb. Ann. **406**, 187 [1914].
[2]) Vgl. Vortrag Wien.

produkte eine etwas genauere Handhabe hierfür zu bieten scheint. Die Art der Ausführung besteht darin[1]), daß man molekulare Mengen der Ozonide — gewöhnlich $^1/_{20}$ Mol., also beim Kautschukdiozonid = $\frac{232}{20}$ = 11,6 g — in 100 g Wasser suspendiert, in einem Glyzerinbad in einem Rundkolben von 250 ccm am Rückflußkühler auf 120—125° erhitzt und, je nach der Zersetzlichkeit, je einviertelstundenweise oder einhalbstündig gewichtsanalytisch bestimmt, wieviel von dem Ozonid zersetzt worden ist. Man führt dies so aus, daß man je nach einer gemessenen Zeit abkühlt, durch Schütteln das unzersetzte Ozonid an den Wandungen des Gefäßes zusammenballt und dann einfach die darüberstehende klare Flüssigkeit dekantiert[2]).

Das Gefäß wird dann einige Stunden im Vakuum getrocknet, gewogen und die dekantierte Flüssigkeit von neuem aufgefüllt, wieder erhitzt usw.

Zweckmäßig ist es, für vergleichende Bestimmungen stets dasselbe Kölbchen zu benutzen. Ich habe auch andere Methoden für die Spaltungsgeschwindigkeit ausprobiert, wie z. B. die gebildete Menge Säure zu titrieren. Indessen ist dies nicht genau, weil Aldehyd und Peroxyd entstehen, von denen ersterer sehr veränderlich ist. Ich bin darum wieder zur gewichtsanalytischen Methode zurückgekehrt. Bei einiger Übung erhält man übereinstimmende Werte, und die Kurven, welche mit ihrer Hilfe sich herstellen lassen, fallen zusammen.

Spaltungsgeschwindigkeit: 11,6 g in 100 ccm H_2O bei 120 bis 125°,

nach 15′ sind gespalten 11,15 g,
nach 30′ sind gespalten 11,40 g (vgl. Kurve S. 222, Fig. 9).

Kautschukdioxozonid $(C_{10}H_{16}O_8)_x$[3]) $(C_{25}H_{40}O_{20})$?

Diese Verbindung entsteht, wenn Kautschuk mit hochprozentigem und nicht durch Schwefelsäure und Natronlauge gewaschenen Ozon in derselben Weise, wie beim Diozonid beschrieben, behandelt wird. Die Reinigung erfolgt genau wie vorher. Die Ausbeute aus dem ozonisierten dreimal umgefüllten Körper ist geringer als diejenige beim normalen Ozonid, weil er leichter in Petroläther löslich ist. Man erhält nur etwa 65—70%. Die Verbindung ist ein dicker Sirup, leichter löslich in allen Lösungsmitteln als das Diozonid. Auch war sie bisher nicht

---

[1]) Vgl. C. Harries u. von Splava Neyman, Ber. **41**, 3553 [1908].

[2]) Den ersten Punkt bei der Bestimmung der Zersetzungsgeschwindigkeit nehmen wir gewöhnlich dann, wenn die Substanz zu schäumen beginnt, bei den Kautschukozoniden tritt dies in der Regel ein, wenn das Heizbad eine Temperatur von 120° hat.

[3]) Harries u. Hagedorn, Ber. **45**, 943 [1912]; Lieb. Ann. **395**, 233 [1912].

zum Erstarren zu bringen wie das Diozonid. Sonst ist sie diesem aber sehr ähnlich.

Merkwürdigerweise ist sie viel weniger explosiv trotz des Mehrgehalts an Sauerstoff.

Die Analysen I und II zeigen noch einen etwas zu hohen Prozentgehalt an Kohlenstoff und Wasserstoff an. Dieser Befund deutete darauf hin, daß noch ein Gemisch von $C_{10}H_{16}O_8$ mit etwas $C_{10}H_{16}O_6$ vorlag. Deshalb wurden die anderen Präparate einige Zeit länger mit starkem Ozon behandelt. Die Analyse III weist dann in der Tat sehr gute Übereinstimmung der gefundenen mit den berechneten Werten auf.

I. 0,1539 g Sbst.: 0,2643 g CO_2 und 0,0909 g H_2O. — II. 0,1528 g Sbst.: 0,2617 g CO_2 und 0,0898 g H_2O. — III. 0,1248 g Sbst.: 0,2091 g CO_2 und 0,0682 g H_2O.

$C_{10}H_{16}O_8$. Ber. C 45,45. H 6,06.
Gef. „ I. 46,84, II. 46,71, III. 45,70, „ I. 6,61, II. 6,58, III. 6,12.

Molbestimmung kryoskopisch nach Raoult im Beckmannschen Apparat Analyse III.

I. 0,2883 g Sbst.: 34,58 g Eisessig: $\Delta = 0,161$.
Mol.-Gew. Ber. 264. Gef. 202.

II. 0,2169 g Sbst.: 27,07 g Benzol: $\Delta = 0,110$.
Mol.-Gew. Ber. 264. Gef. 371.

Auch hier finden sich wieder erhebliche Abweichungen zwischen Eisessig und Benzol als Lösungsmittel. Die Resultate sind im übrigen nicht einwandsfrei, da das Oxozonid sehr zersetzlich ist.

Spaltungsgeschwindigkeit: 13,2 g (Analyse III) in 100 ccm H_2O,

in 15′ sind gespalten 12,8 g,
in 30′ sind gespalten 12,9 g (vgl. Kurve S. 222, Fig. 9).

Die beiden Ozonide verhalten sich demnach sehr ähnlich.

Spaltung der Ozonide und Verarbeitung der Spaltungsprodukte.

In den ersten Mitteilungen[1]) wurde gezeigt, daß man das Ozonid nur in einem Kolben mit etwas Wasser übergießen und dann so lange mit überhitztem Wasserdampf behandeln muß, bis die übergehenden Destillate nicht mehr mit Phenylhydrazin einen Niederschlag ergeben. Später wurde das Ozonid mit wenig Wasser am Rückflußkühler gekocht, bis nur wenig Harz als Rückstand zu beobachten war. Darauf wurde die klare farblose Lösung filtriert und im Vakuum eingedampft, wobei die aldehydischen Anteile mit dem Wasserdampf übergingen und die Säure im Rückstand verblieb.

[1]) Ber. **37**, 2710 [1904]; **38**, 1200 [1905].

Lävulinaldehyd. Der Aldehyd zeichnet sich durch starkes Reduktionsvermögen für Fehlingsche Lösung aus und färbt beim Kochen mit etwas Ammoniak und Essigsäure einen mit Salzsäure befeuchteten Fichtenspan kirschrot (sog. Knorrsche Pyrrolprobe, auf Stellung zweier Karbonylgruppen in 1—4). Die wässerige Lösung des Aldehyds liefert mit essigsaurem Phenylhydrazin und wenig Salzsäure versetzt einen hellgelben Niederschlag von Phenylmethyldihydropyridazin, das für den Lävulinaldehyd $CH_3 . CO . CH_2 . CH_2 . CHO$ charakteristisch ist. Dieser Aldehyd war früher bei der Aufspaltung des α-Methylfurans[1]) mit geringprozentiger methylalkoholischer Salzsäure erhalten worden und daher in seinen Eigenschaften gut bekannt. Diese ältere Arbeit erleichterte die Charakterisierung des Lävulinaldehyds bei der Spaltung des Kautschukozonids außerordentlich. Wegen des Nachweises kleiner Mengen von Ameisensäure und Bernsteinsäure bei dieser Spaltung vergleiche S. 64.

```
        CH
   H2C/ \\N
      |   |
    HC\\ /NC6H5
        C . CH3 .
```

Das Phenylmethyldihydropyridazin

kristallisiert aus Alkohol in schönen, fast weißen Nadeln vom Schmelzpunkt 197°. Ein Vergleich desselben mit einem auf gleiche Weise bereiteten Präparat aus α-Methylfuran zeigte völlige Identität. Eine Analyse betätigte die Zusammensetzung

0,1158 g Sbst.: 0,3266 g CO_2, 0,0766 g H_2O. — 0,1571 g Sbst.: 21,9 ccm N (19°, 761 mm).

$C_{11}H_{12}N_2$. Ber. C 76,74, H 6,99, N 16,27.
Gef. „ 76,92, „ 7,40, „ 16,10.

Oxim. Behandelt man das wässerige Destillat mit Hydroxylaminchlorhydrat und Natriumkarbonat, dampft nachher im Vakuum zur Trockene ein und nimmt den Rückstand mit Äther auf, so erhält man beim Eindunsten des Äthers das schön kristallisierende Dioxim des Lävulinaldehyds vom Schmelzpunkt 67—68°, das sich aus Benzol schwierig umkristallisieren läßt und hernach bei ca. 74° schmilzt.

0,1495 g Sbst.: 28,3 ccm N (19°, 766,8 mm).

$C_5H_{10}N_2O_2$. Ber. N 21,53. Gef. N 21,95.

Schließlich habe ich auch noch den freien Lävulinaldehyd isoliert und seinen Siedepunkt zu 66—68° unter 10 mm Druck bestätigt gefunden. Hierzu muß man das Kautschukozonid mit möglichst wenig

[1]) Harries, Ber. **31**, 37 [1898].

Wasser unter Rückfluß kochen, weil der Aldehyd sich nur aus konz. Lösung durch Kaliumkarbonat aussalzen und in Äther aufnehmen läßt.

$D^{21,5}_{21,5} = 1,016$; $n^{21,5}_{d} = 1,42695$.

2 C : O. Mol.-Refr.: Ber. 25,49 (Brühl). Gef. 26,032[1]).

Zu bemerken ist, daß die Wasserdampfdestillate auch immer etwas Wasserstoffsuperoxyd, von der Spaltung des Ozonides herrührend, enthalten.

Verarbeitung des Rückstandes von der Wasserdampfdestillation.

Lävulinsäure. Wenn die Behandlung des Ozonids mit Wasserdampf so weit getrieben wird, daß das übergehende Destillat keine Pyrrolprobe mehr gibt, so enthält der Rückstand der Wasserdampfdestillation fast nur Lävulinsäure. Zu deren Gewinnung braucht man nur den Rückstand im Vakuum einzudampfen und den zurückbleibenden Sirup zu destillieren. Bei ca. 135—145° unter 10 mm Druck siedet die Lävulinsäure über. Die Ausbeute beträgt bei vielen Versuchen durchschnittlich nur ca. 35% der Theorie. Die genaue Identifizierung geschah durch Analyse des schön kristallisierenden Phenylhydrazons (Schmelzpunkt 108°).

0,1409 g Sbst.: 0,3285 g CO_2, 0,0937 g H_2O. — 0,1370 g Sbst.: 16,2 ccm N (21°, 760 mm).

$C_{11}H_{14}N_2O_2$.	Ber.	C 64,02,	H 6,84,	N 13,62.
	Gef.	„ 63,59,	„ 7,44,	„ 13,53.

Lävulinaldehyddiperoxyd. Läßt man auf das Kautschukozonid den Wasserdampf nur kurze Zeit einwirken und die entstandene Lösung erkalten, so scheiden sich reichliche Kristalle ab, die, abgepreßt und aus Wasser umkristallisiert, bei 197° unter Zersetzung schmelzen. Aus ca. 6 g Ozonid werden 2,5 g Peroxyd erhalten. Unter dem Mikroskop bieten sich lange, breite Blättchen dar. Das Peroxyd läßt sich aus den gewöhnlichen Lösungsmitteln schwer, am besten noch aus Wasser umkristallisieren. Zu dem Zweck suspendiert man es in Wasser und leitet so lange Wasserdampf ein, bis alles gelöst ist; beim Erkalten scheidet es sich dann in langen Nadeln ab. Leitet man länger Wasserdampf ein, so tritt vollständige Spaltung zu Lävulinaldehyd bzw. -säure ein.

0,1130 g Sbst.: 0,1897 g CO_2, 0,0638 g H_2O. — 0,1289 g Sbst.: 0,2142 g CO_2, 0,0764 g H_2O.

$C_5H_8O_4$.	Ber.	C 45,45,	H 6,06.
	Gef.	„ 45,42, 45,32,	„ 6,26, 6,63.

---

1) Vgl. Harries u. Boegemann, Ber. 42, 439 [1909].

Der Körper besitzt die Eigenschaften eines Peroxyds, indem er aus Jodkalium Jod frei macht, verdünnte Kaliumpermanganat- und Indigolösung entfärbt, ammoniakalische Silberlösung schwach reduziert, beim schnellen Erhitzen verpufft, die Fehlingsche und die Pyrrolprobe zwar nicht direkt, wohl aber nach längerem Erhitzen mit Wasser liefert, weil nämlich hierbei freier Lävulinaldehyd gebildet wird. Von Chloroform, Benzol, Petroläther, Äther wird er nicht, von Alkohol, Essigester und Wasser beim Erwärmen aufgenommen. Der Körper besitzt die Eigenschaften einer Säure, er löst sich leicht in Natronlauge und liefert ein schwerlösliches Silbersalz. Nach der Titration mit $^1/_{10}$ n-Natronlauge besitzt er ein saures Wasserstoffatom.

Molekulargewichtsbestimmung nach der Gefriermethode:

0,2940 g Sbst., 21,8 g Eisessig: $\Delta = 0{,}4247$ g.

Mol. Ber. $C_5H_8O_4$ 132. Gef. $C_5H_8O_4$ 123,8.

Nach diesen Resultaten ist es sehr wahrscheinlich, daß ein normales Peroxyd des Lävulinaldehyds vorliegt der Formel

O : C(CH$_3$) . CH$_2$. CH$_2$. CH : O
O ═══════════════ O

oder

CH$_3$. C . CH$_2$. CH$_2$. CH
O—O O—O .

Beide Karbonyle müssen peroxydartige Gruppen enthalten, da es nicht möglich war, ein Phenylhydrazon zu gewinnen. Die sauren Eigenschaften besitzt wohl das Wasserstoffatom an dem Aldehydkarbonyl, welches durch die Peroxydgruppe azidifiziert wird. Aus Lävulinaldehyd und Wasserstoffsuperoxyd entsteht das Peroxyd nicht.

Das Superoxyd scheidet sich auch bisweilen aus der ozonisierten wasserfreien Chloroformlösung ab, und zwar erhält man so aus 10 g Parakautschuk ca. 1 g davon; es verdankt seine Entstehung einer direkten Spaltung des Ozonids ohne Wasser, wie schon auseinandergesetzt wurde, und in dem Rohozonid ist dann freier Lävulinaldehyd enthalten.

Methylierung des Lävulinaldehyddiperoxyds[1].

Das Diperoxyd läßt sich vermittelst des Silbersalzes methylieren. Zu dem Zweck werden 3 g in heißem Wasser gelöst mit 3,9 g $AgNO_3$ und so viel Ammoniak versetzt, daß alles ausfällt. Der Niederschlag wird mit Alkoholäther gewaschen, er ist in trocknem Zustand explosiv. In abs. Äther suspendiert und mit Jodmethyl unter Rückfluß 2 Stunden gekocht, setzt er sich leicht um. Nach dem Filtrieren des AgJ und Verdunsten des Äthers verbleibt ein dickes Öl, welches sofort erstarrt. Auf Ton abgepreßt und aus 1 Vol. Äther und 3 Vol. Petroläther um-

[1]) Bisher unveröffentlichte Mitteilung.

kristallisiert, entstehen weiße Nadeln, die bei 102,5° schmelzen. Der Körper ist in heißem Wasser, in Alkohol, Äther, Benzol, Azeton, Essigester, Chloroform leicht, nicht in Petroläther löslich. Es gibt beim längeren Kochen keine Wasserstoffsuperoxydreaktion.

0,1254 g Sbst. (im Vakuum getrocknet): 0,2257 g CO_2, 0,0786 g H_2O.

$C_6H_{10}O_4$. Ber. C 49,32, H 6,85.
Gef. „ 48,99, „ 6,98.

Die Verbindung muß folgendermaßen entstanden sein und ist als Diperoxyd des Azetonylazeton anzusehen

$$CH_3 \cdot CO_2 \cdot CH_2 \cdot CH_2 \cdot CO_2Ag + JCH_3$$

$$= CH_3 \cdot \underset{O-O}{\overset{}{C}} \cdot CH_2 \cdot CH_2 \cdot \underset{O-O}{\overset{}{C}} \cdot CH_3 + AgJ$$

Damit stimmt auch die Eigenschaft, mit Wasserdampf flüchtig zu sein, überein.

Merkwürdig ist ihre Beständigkeit gegen Reduktionsmittel. Am besten gelang die Reduktion mit 2,5proz. Natriumamalgam in methylalkoholischer Lösung, die schwach sauer gehalten wurde. Der Methylalkohol wurde im Vakuum vorsichtig entfernt und der Rückstand mit essigsaurem Phenylhydrazin versetzt. Es entstand ein gut kristallisierendes Hydrazon, das wahrscheinlich mit dem Paalschen Diazetonylbishydrazon identisch war. Wegen Materialmangels konnte dies nicht genauer festgestellt werden. Die wässerige Lösung des Reduktionsprodukts lieferte intensiv die Pyrrolprobe.

Nachweis, daß keine anderen flüchtigen Aldehyde oder Ketone bei der Spaltung des Ozonids entstehen. Zu diesem Zwecke wurden 20 g Kautschukozonid in 500 g Wasser so lange am Rückflußkühler gekocht, bis alles in Lösung gegangen war. Danach wurde die Lösung in eine Kupferblase gegeben und mit einer 15kugligen Le Bel-Kolonne destilliert. Wäre Azeton oder ein niedrig siedender Aldehyd zugegen gewesen, so hätte man in den ersten übergehenden Tropfen diese Körper beobachten müssen bzw. durch Semikarbazid isolieren können. Indessen zeigte es sich, daß die Temperatur der übersiedenden Anteile sofort über 100° stieg, und daß die ersten Tropfen eine reine, wässerige Lösung von Lävulinaldehyd darstellten. Mithin konnte auf diesem Wege die vollständige Abwesenheit anderer Stoffe neben den schon beschriebenen festgestellt werden (vgl. a. S. 69 und 116).

Quantitative Bestimmung der bei der Spaltung des Ozonids entstehenden Produkte. Zur Spaltung des Ozonids mit Wasser wurden 5 g desselben abgewogen und mit Wasserdampf behandelt. Der aus dem Destillat mit essigsaurem Phenylhydrazin entstehende Niederschlag an Pyridazin wog fast 4 g, was 2,3 g Lävulinaldehyd entspricht. Der Rückstand von der Wasserdampfdestillation wurde im Vakuum zur Sirupkonsistenz eingedampft und dann destilliert; hierbei ging 1 g Lävulinsäure über; der nicht destillierbare, zum Teil zersetzte Rückstand wog 0,7 g und bestand zum Teil aus Superoxyd und zum Teil aus Verharzungsprodukten. Unverändertes Ozonid blieb im Kolben 0,5 g zurück. Ein anderer Versuch II bestätigte die zuerst gewonnenen Resultate. Also je 5 g Ozonid gaben:

bei I.	2,3 g	Aldehyd	bei II.	2,0 g	Aldehyd
	1,0 „	Säure		1,5 „	Säure
	0,7 „	Superoxyd und Harz		0,2 „	Superoxyd
	0,5 „	unverändertes Ozonid		0,5 „	unverändertes Ozonid
Summa:	4,5 g		Summa:	4,2 g	

5 g Ozonid müssen bei der Zerlegung mit Wasser theoretisch 4,3 g Aldehyd und 0,7 g Wasserstoffsuperoxyd geben oder 5 g Lävulinsäure. Da der Lävulinaldehyd mit Hilfe des Phenylhydrazins nachgewiesen wurde und diese Methode auf ca. 80—90% genau ist, so sieht man, daß diese Zahlen recht befriedigend stimmen.

Das normale Ozonid $C_{10}H_{16}O_6$ und das Oxozonid $C_{10}H_{16}O_8$ verhalten sich bei der Spaltung sehr ähnlich.

Ein Vergleich der beiden Verbindungen gab bei der vorbeschriebenen Spaltungsanalyse folgende Werte[1]:

	$C_{10}H_{16}O_6$	$C_{10}H_{16}O_8$
Lävulinaldehyd	4,0 g	2,8 g
Lävulinsäure, im Vakuum destilliert	3,0 „	4,0 „
Peroxyd und Harze	2,2 „	2,2 „
Summa:	9,2 g	9,0 g
angewandt	11,6 „	12,9 „
zuzüglich Verlust an Sauerstoff durch Bildung von Aldehyd usw. berechnet	1,2 „	2,1 „
ergibt Gesamtverlust	1,2 g	1,8 g

Man ersieht daraus, daß bei dem Diozonid mehr Aldehyd als Säure, beim Dioxozonid aber bedeutend mehr Säure als Aldehyd entsteht. Je reiner beide Verbindungen sind, desto mehr wird in dem ersten Fall Aldehyd und im zweiten Fall Säure geliefert. Dies steht durchaus im Einklang mit Untersuchungen auf anderen Gebieten, wo allgemein dieselben Verhältnisse beobachtet wurden[2].

[1] Harries u. Hagedorn, s. a. a. O.

[2] Harries u. Evers, Lieb. Ann. **383**, 238 [1912].

Die afrikanischen Kautschukarten [1]).

Gottlob hat in einer Untersuchung *über die Ozonisation von afrikanischen Kautschukarten* gezeigt [2]), daß eine Anzahl derselben bei der Zersetzung ganz ähnliche Mengen von Aldehyd und Säure wie der Parakautschuk ergeben, andere dagegen wieder mehr mit den Befunden, die damals bei der Guttapercha ermittelt worden waren, übereinstimmten. Natürlich lag die Annahme nahe, daß Gottlob auch in solchen Fällen Gemenge von Diozoniden und Dioxozoniden, in denen letztere überwiegen, zersetzt und ihre Spaltungsprodukte quantitativ festgestellt hatte.

Bei der Wiederaufnahme dieser Versuche sind mehrere Kautschukarten ausgewählt, die besonders starke Abweichungen nach Gottlob zeigten, es sind dies die Kongoarten, und es wurde großer Wert auf die Reindarstellung von deren Diozoniden gelegt. Merkwürdigerweise ergab sich aber, daß sich auch diese fast reinen Diozonide in der Quantität der Spaltungsprodukte von denen des Parakautschuks, des künstlichen Isoprenkautschuks und der Guttapercha (neue Untersuchung) deutlich unterscheiden. Es wurden fast genau die gleichen Werte, wie seinerzeit von Gottlob, wiedergewonnen. Es wurde ferner festgestellt, daß die Kongoarten sich viel schwerer als Para- und Isoprenkautschuk zu Oxozoniden durch Ozon weiteroxydieren lassen. *Danach könnte man annehmen, daß es tatsächlich verschiedene Naturkautschuke gibt, die auch zu Lävulinaldehyd und Lävulinsäure oxydiert werden können.*

Nach meiner gegenwärtigen Anschauung von der Struktur der Moleküle des Kautschuks führe ich diese Anomalie auf das Vorhandensein von sterischen Verschiedenheiten zurück.

Allerdings muß man auch berücksichtigen, daß die Differenzen nicht sehr groß sind, und daß man die Ursache für das abweichende Verhalten der Ozonide bei der Spaltung auch auf Beimengungen in den Kautschuken selbst zurückführen könnte, die irgendwelche katalysatorischen Einfüsse ausüben.

Unter den von Gottlob seinerzeit untersuchten Kautschukarten weichen drei besonders von dem Parakautschuk ab. Das sind *Kongo 1, Kongo 4, schwarzer Kassae,* und *Kongo 5, Loanda Sankuru.* Zufällig waren die Proben, die Gottlob untersucht hatte, noch in hinreichender Quantität vorhanden, um die Untersuchung unter dem neuen Gesichtspunkte zu wiederholen. Alle drei Rohstoffe wurden sorgfältig gereinigt und in Chloroform mit 5—6 proz. gewaschenem Ozon behandelt, um das Diozonid in möglichster Reinheit zu gewinnen. Dagegen wurde nur

---

[1]) Harries u. Hagedorn, Lieb. Ann. **395**, 259 [1913].

[2]) Gum.Ztg. **22**, Nr. 12 [1907].

in einem Falle ein Dioxozonid dargestellt, um zu sehen, ob diese Kautschukarten überhaupt auch befähigt sind, solche Verbindungen zu bilden. Dabei wurde ermittelt, daß zu ihrer Bereitung sehr viel mehr Zeit als beim Parakautschuk gebraucht wird.

I. *Kongo 1.* Der Kautschuk wurde viermal umgefällt und zweimal mit Azeton extrahiert. Das Ozonid wurde dreimal umgefällt. Eigenschaften und Ausbeute wie unter A (Analyse I).

II. *Kongo 4, schwarzer Kassae.* Der Kautschuk wurde dreimal umgefällt und zweimal mit Azeton extrahiert. Ozonid wie vorher.

III. *Kongo 5, Loanda Sankuru.* Der Kautschuk wurde dreimal umgefällt, Ozonid wie vorher.

I. 0,1336 g Sbst.: 0,2516 g CO_2, 0,0808 g H_2O. — II. 0,1236 g Sbst.: 0,2306 g CO_2, 0,0755 g H_2O. — III. 0,1282 g Sbst.: 0,2325 g CO_2, 0,0789 g H_2O.

$C_{10}H_{16}O_6$.	Ber.	C 51,72,	H 6,90.
	Gef. I.	„ 51,36,	„ 6,77.
	„ II.	„ 50,88,	„ 6,83.
	„ III.	„ 49,46,	„ 6,88.

		jetzt gefunden		Gottlob gefunden umgerechnet auf 11,6 g I	II
Spaltung I:	Aldehyd	2,1 g		2,1 g	2,3 g
	Säure	2,8 „	5,4 g	5,1 „	5,8 „
	Peroxyd	2,6 „			
	unzersetzt	0,6 „		0,7 „	0,5 „
	Sauerstoff	1,2 „		—	—
		9,3 g			
	Verlust	2,3 „			
Spaltung II:	Aldehyd	2,4 g		2,3 g	
	Säure	2,3 „	5,3 g	6,1 „	
	Peroxyd	3,0 „		0,7 „	
	unzersetzt	0,4 „		0,7 „	
	Sauerstoff	1,3 „		—	
		9,4 g			
	Verlust	2,2 „			
Spaltung III:	Aldehyd	2,7 g		2,9 g	
	Säure	2,6 „	5,3 g	6,7 „	
	Peroxyd	2,7 „		0,5 „	
	unzersetzt	0,3 „		0,3 „	
	Sauerstoff	1,2 „			
		9,5 g			
	Verlust	2,1 „			

Man sieht aus diesen Resultaten, daß die Gottlobschen Zahlen im wesentlichen bestätigt werden, obwohl die jetzigen sich von relativ reinem normalen Diozonid herleiten. Die Kongoarten nehmen demnach eine Ausnahmestellung ein.

Spaltungsgeschwindigkeit III: 9,5 g Ozonid in 82 ccm H_2O.
in 15′ werden gespalten 8,8 g,
in 30′ werden gespalten 9,2 g.
Umgerechnet auf 11,6 g und 100 ccm H_2O:
in 15′ werden gespalten 10,7 g,
in 30′ werden gespalten 11,2 g.

Die daraus konstruierte Kurve weicht nur wenig von der des Parakautschuks ab (vgl. S. 222).

Dioxozonid von III. Darstellung wie früher. Dauer der Überozonisation etwa 12 Stunden mit 18proz. Ozon.

0,1230 g Sbst.: 0,1989 g CO_2, 0,0592 g H_2O.
$C_{10}H_{16}O_8$. Ber. C 45,45, H 6,06.
Gef. „ 44,10, „ 5,39.

Verfeinerte Methode der Spaltung.

Später, als es sich notwendig erwies, die Spaltungsstücke der verschiedenen Kautschukarten zu vergleichen und möglichst alle Einzelheiten zu studieren, hat man die Zersetzungsprodukte der Ozonide nicht so einfach verarbeitet wie eben beschrieben, sondern eine feinere Methode ausgearbeitet. Sie besteht darin, daß man zunächst den Kühler des Gefäßes, in dem die Spaltung vorgenommen wird, durch eine oben angebrachte Rohrleitung mit Adsorptionsgefäßen verbindet, indem man sich entwickelnde und entweichende Gase auffangen kann. Meistens bildet sich bei der Zersetzung etwas Kohlendioxyd und Kohlenoxyd, auch Sauerstoff und Wasserstoff, denen immer etwas Azetaldehyd beigemischt ist, wenn die Ozonisierung des Kautschuks in Essigätherlösung vorgenommen wurde. Die wässerige Lösung enthält bei den Kautschukarten stets etwas Wasserstoffsuperoxyd, doch ist die Menge nur gering, gewöhnlich nur 1—2%. Die von harzigen Bestandteilen filtrierte wässerige Lösung, welche die Spaltungsprodukte der Ozonide enthält, ist meistens farblos und wird zur Trennung von den Säuren zunächst unter Turbinieren mit gefälltem, feinpulverisiertem Kalziumkarbonat sorgfältig neutralisiert. Darnach wird filtriert und im Vakuum bei etwa 50—70° Heizbadtemperatur aus einem Porzellanapparat mit abnehmbarer Glashaube abdestilliert, bis der Rückstand fest wird. Man kann ihn dann gut aus dem Porzellanuntersatz herauskratzen, zerkleinern und im Soxhlet zur vollkommenen Trennung der Aldehyde bzw. Ketone von den Kalziumsalzen mit Äther behandeln. Die Extraktion wird so lange wiederholt, bis die Kalziumsalze nach dem Pulverisieren sich durch ein Haarsieb sieben lassen und nur noch ganz schwach die Pyrrolprobe liefern. Das wässerige Destillat wird mit Kochsalz gesättigt und 10—20 mal ausgeäthert und dieser Anteil mit der durch

Extraktion der Kalziumsalze gewonnenen ätherischen Lösung vereint. Darauf wird er mit langem Glasdephlegmator von Äther möglichst vollkommen befreit und der Rückstand mit Magnesiumsulfat getrocknet. Dieses Aldehyd- und Ketongemisch wird dann im Vakuum sorgfältig rektifiziert. Beim natürlichen Kautschuk erweist es sich als reiner Lävulinaldehyd[1]). Den Rest des in dem mit Kochsalzlösung gesättigten wässerigen Destillat verbliebenen Lävulinaldehyds kann man mit Wasserdampf übertreiben und mit essigsaurem Phenylhydrazin und etwas Salszäure als Phenylmethyldihydropyridazin fällen.

In den Kalziumsalzen wird zunächst der Gehalt des Kalziums quantitativ ermittelt, durchschnittlich beträgt derselbe beim Kautschuk 19% Kalzium. Darauf wird die gesamte Menge in Wasser zur Lösung gebracht und unter sehr guter Kühlung mit einer auf Kalzium berechneten Menge eiskalt gehaltener Schwefelsäure (30%) versetzt. Hierbei erstarrt die ganze Masse zu einem Brei von Kalziumsulfat. Derselbe wird zuerst in einer weithalsigen Flasche mit Äther wiederholt durchgeschüttelt, darauf wird der Gips auf der Nutsche abgesaugt, mit wenig Wasser ausgekocht, die wässerigen Filtrate damit vereint, mit Magnesiumsulfat gesättigt und etwa 12 mal ausgeäthert. Die ätherischen Lösungen werden nun vereint mit Hilfe des Dephlegmators eingedampft. Man erhält dann die größte Menge der Säuren im Rückstand.

Beim Rohkautschuk (vgl. S. 115) wurde auf diese Weise nur Lävulinaldehyd, Lävulinsäure, gewisse Mengen von Ameisensäure und ganz wenig Bernsteinsäure gefunden. Das vorhin beschriebene Lävulinaldehyddiperoxyd tritt wie erwähnt nur unter bestimmten Bedingungen auf und braucht deshalb für die Konstitutionsermittelung nur nebenher berücksichtigt werden.

Versuche zur Regenerierung des Kohlenwasserstoffs aus dem Kautschukozonid.

Meine weiteren Untersuchungen richteten sich auch auf die Regenerierung des zugehörigen Kohlenwasserstoffes aus dem Ozonid $(C_{10}H_{16}O_6)_x$. Wäre dies gelungen, so hätte man vielleicht den endgültigen Beweis für die Konstitution des Kautschuks liefern können. Denn wahrscheinlich ließe sich der Kohlenwasserstoff $(C_{10}H_{16})_x$ im Hochvakuum unzersetzt destillieren, ohne sich sofort umzuwandeln. Allein diese Versuche sind bisher trotz der verschiedenartigsten Variationen negativ verlaufen. Wie man es auch anstellt, immer treten Spaltungen auf, und als Endprodukt dieser Spaltungen sind nur Lävulinaldehyd oder

[1]) Harries u. Fonrobert, Ber. 49, 1397 [1916].

Lävulinsäure bzw. ihre Substitutionsprodukte zu fassen. Einiges will ich kurz erwähnen. Läßt man auf das Diozonid in Äther Aluminiumamalgam einwirken, so erhält man je nach den Bedingungen Lävulinaldehyd, Azetylpropionalkohol und 1,4-Pentandiol, andere Reduktionsmittel wirken ähnlich. Mit Zinkstaub in methylalkoholischer Lösung dagegen wurde neben sehr wenig Lävulinaldehyd das Zinksalz der Lävulinsäure gewonnen, ein sehr merkwürdiges Reduktionsergebnis. Zinkmethyl in ätherischer Lösung addiert sich unter heftiger Reaktion zu einem weißen Körper, welcher sich mit Wasser unter Gasentwicklung zum Zinksalz der Lävulinsäure zersetzt. Grignards Reagens wirkt ähnlich[1]).

Trotz dieser Mißerfolge erscheint es mir nicht ausgeschlossen, daß man noch ein Reduktionsmittel findet, welches in geeigneter Weise angewandt, zu dem erwünschten Ziele führen wird.

Verhalten des normalen Kautschukozonids gegen Brom.

Auch bei dieser Reaktion tritt Spaltung des Moleküls ein und man erhält Tri-Brom-Lävulinaldehyd oder Dibromlävulinsäure je nach den Bedingungen.

Dibromlävulinsäure[2]). Zur Bromierung wird das Ozonid mit einem Überschuß an Brom beides in Chloroform gelöst, in der Kälte zusammengebracht und während 24 Stunden sich selbst überlassen. Nach dieser Zeit schied sich eine reichliche Menge derber Kristalle aus, die abgepreßt wurden. Dieselben sind in Alkohol, Äther, Essigäther, Schwefelkohlenstoff, Benzol in der Wärme löslich, werden aber von Petroläther nicht aufgenommen. Zweimal aus Benzol umkristallisiert erhielt man lange Spieße, die manchmal sternförmig angeordnet sind, sie schmelzen bei 114°. Mit essigsaurem Phenylhydrazin erhält man ein öliges Hydrazon, das mit etwas Chlorwasserstoffsäure verrieben, fest wird und sich bei 232° ohne zu schmelzen zersetzt. Die Säure reduziert Fehling stark.

0,1259 g Sbst.: 0,1052 g CO_2, 0,0287 g H_2O. — 0,2028 g Sbst.: 0,2732 g AgBr.

$C_5H_6O_3Br_2$. Ber. C 21,9, H 2,19, Br 58,39.
Gef. „ 22,79, „ 2,55, „ 58,04.

Diese Dibromlävulinsäure ist schon früher von Ciamician und Angeli[3]) und von Wolff[4]) dargestellt worden. Nach Wolff ist es noch nicht einwandfrei erwiesen, ob sie die Formel $CH_3.CO.CBr_2.CH_2.COOH$ oder $CH_2Br.CO.CHBr.CH_2.CO_2H$ besitzt.

[1]) Vortrag Danzig.

[2]) Bisher unveröffentlichte Mitteilung.

[3]) Ber. **24**, 1347 [1891].

[4]) Lieb. Ann. **229**, 266 (1885]; **260**, 85 [1890].

Tribromlävulinaldehyd. Wenn man 10 g Ozonid mit 40 g Brom unter peinlichem Ausschluß von Feuchtigkeit, beides in Chloroform gelöst unter starker Kühlung zusammengibt und auch stark gekühlt 48 Stunden stehen läßt, scheiden sich keine Kristalle aus. Nach dem Abdunsten des Chloroform erhält man ein rötlichgelbes Öl, welches ganz schwach Fehling reduziert und keine Pyrrolprobe mehr liefert. Das Öl zersetzt sich bei dem Versuch, es im Vakuum bei 9 mm Druck zu destillieren, größtenteils. Daher wurde es zur Analyse mit Äther aufgenommen, mit Bikarbonat und Wasser geschüttelt und nach dem Verdampfen des Äthers im Vakuum über Schwefelsäure getrocknet.

0,2557 g Sbst.: 0,1742 g CO_2, 0,0388 g H_2O. — 0,2534 g Sbst.: 0,4184 g AgBr.

$C_5H_5O_2Br_3$. Ber. C 17,80, H 1,48, Br 70,19.
Gef. „ 18,58, „ 1,69, „ 70,21.

Nach diesen Ergebnissen wurden die Versuche nicht weiter fortgesetzt.

5. Über den Abbau des α-Isokautschuks (Regenerat I) durch Ozon[1].

Es kam nun darauf an, einen Weg zu finden, der gestattete, aus dem gewöhnlichen (natürlichen) Kautschuk andere, und zwar wenn möglich höher molekulare Abbauprodukte als diejenigen zu finden, welche das daraus direkt erhaltene Ozonid — Lävulinaldehyd bzw. -säure — liefert.

Hier habe ich einen glücklichen Griff getan, als ich den Hydrochlorkautschuk[2], der sich sehr leicht beim Sättigen einer chloroformischen Kautschuklösung mit Salzsäuregas bildet, in meine Untersuchungen einbezog.

Durch Pyridin wird der Chlorwasserstoff wieder abgespalten und ein Kautschuk regeneriert. Das erhaltene praktisch chlorfreie Produkt ist der α-Isokautschuk, früher Regenerat I[3]) genannt.

Den α-Isokautschuk habe ich schon vor einer Reihe von Jahren dargestellt, damals aber nicht weiter beachtet, weil er dem Ausgangsmaterial, natürlichem Kautschuk, so ähnlich war, daß ich glaubte, dieser wäre einfach wieder zurückgebildet worden. Erst später, als ich die Zersetzungskurve des Ozonids vom α-Isokautschuk mit derjenigen des Kautschukozonids verglich und erhebliche Abweichungen erhielt, kam ich zu der Erkenntnis, daß derselbe ein Umwandlungsprodukt des natürlichen Kautschuks sein müsse.

---

1) Harries, Lieb. Ann. **406**, 181 [1914].
2) Ber. **46**, 733, 2590 [1913]; **47**, 784 [1914].
3) Ber. **46**, 733 [1913].

Diozonid[1]) wird erhalten, wenn zweimal gewaschenes 18 proz. Ozon (enthält noch 8—10%) in eine Chloroformlösung des regenerierten Kautschuks eingeleitet wird. 10 g beanspruchen bis zur Sättigung mindestens 30 Stunden.

Nach dem Abdampfen des Chloroforms im Vakuum hinterbleibt ein dickes Öl, welches nach dreimaligem Umfällen aus Essigester-Petroläther beim Trocknen zu einer weißen, festen Wasse erstarrt. Das Produkt zeigt ganz die Eigenschaften des später beschriebenen Diozonids des Natrium-Isoprenkautschuks, die S. 218 mitgeteilt werden.

0,1364 g Sbst.: 0,2584 g CO_2, 0,0897 g H_2O.

$C_{10}H_{16}O_6$. Ber. C 51,70 H 6,95.
Gef. „ 51,67, „ 7,36.

Zu bemerken ist, daß wenn man die Chloroformlösung des Kautschukregenerats mit ungewaschenem 18 proz. Ozon behandelt, eine vollständige Absättigung kaum zu erreichen ist. Es ist dies wahrscheinlich so zu erklären, daß sich zuerst eine Monoxozonidverbindung bildet, welche, obwohl sie sich nicht ausscheidet, bei der Weiterbehandlung mit Ozon nicht abzusättigen ist. Ganz ebenso verhält sich der (Natrium)-Isoprenkautschuk. Die Spaltungskurven fallen beinahe zusammen. Die Zersetzungsprodukte liefern aber die Pyrrolprobe.

Später wurde nicht mehr mit Chloroform, sondern in Essigester[2]) ozonisiert. Sodann wurde die wässerige Lösung, die man nach dem Zersetzen des Ozonids mit Wasser erhält, mit Kalziumkarbonat neutralisiert, wodurch es gelingt, Ketone und Aldehyde von den Säuren zu trennen und die Verharzung sehr zurückzudrängen. Endlich wurde zur Destillation der Spaltverbindungen von vornherein nicht mehr gewöhnliches (10 mm), sondern möglichst niederes Vakuum 0,3 mm benutzt. Dann kristallisieren beinahe alle Ketonfraktionen von 80° an und die Verbindungen sind gut zu trennen. Die Säuren wurden teils darauf destilliert, teils vorher verestert und nachher in Fraktionen von 20 zu 20° zerlegt.

Bei dieser Methode haben sich folgende Verbindungen isolieren lassen:

I. *Gasförmig.*

Bei der Zerlegung des Ozonids mit Wasser entweicht ein Gasgemisch, das 1. Kohlendioxyd, 2. Kohlenoxyd, 3. Sauerstoff, 4. Wasserstoff und 5. Azetaldehyd vom Essigester enthält.

---

[1]) Harries u. Fonrobert, Ber. **46**, 733 [1913].

[2]) Hierbei entsteht aber durch Oxydation des Essigesters immer Azetaldehyd und Essigsäure als Nebenprodukte. Man muß daher zur Kontrolle für diese Verbindungen Parallelversuche mit einem anderen Lösungsmittel (Chloroform) anstellen.

II. *Ketongemisch.*

1. Lävulinaldehyd.
2. Diazetylpropan[1]) $C_7H_{12}O_2$, Schmelzpunkt 34°, Siedepunkt 96,5 unter 10 mm.
3. Methylzyklohexenon als Vorlauf des zweiten.
4. Ein Triketon $C_{11}H_{18}O_3$, Schmelzpunkt 93°, Siedepunkt 130 bis 145° unter 0,3 mm.
5. Ein Tetraketon $C_{15}H_{24}O_4$, Schmelzpunkt 123°, Siedepunkt 195 bis 220° unter 0,3 mm. Kristallisiert in kleiner Menge aus einem dicken Öl.
6. Einige Tropfen eines Öles von 220—260° Siedepunkt unter 0,3 mm.
7. Rückstand pechartig.

III. *Säuregemisch.*

1. Ameisensäure in großer Menge.
2. Essigsäure vom Essigester herrührend. Dann
3. Lävulinsäure.
4. Sehr kleine Portionen Bernsteinsäure bzw. Bernsteinsäureanhydrid, aber nicht regelmäßig.
5. Hydrochelidonsäure bzw. ihr Dimethylester.
6. 1-Methylzyklohexen-1-on-3-äthankarbonsäure-2 bzw. ihr Methylester.
7. Mehrere Ester höher siedender reduzierender Säuren, aber nicht identifiziert.
8. Rückstand pechartig.

IV. *Harz, unlöslich in Wasser.*

Wie ich früher[2]) entwickelt habe, ist das Auftreten des Diazetylpropans sehr gut mit der Zyklooktadienformel des Kautschuks (vgl. S. 224, Konstitution des Kautschuks, ältere Formel) in Einklang zu bringen. Man hat nur nötig, eine Doppelbindung um ein Kohlenstoffatom zu verschieben.

· CH_3 · CH_3 → · CH_3 · CH_3 → $CH_2(CO \cdot CH_3)$—CH_2—$CH_2(CO \cdot CH_3)$

Ähnliche Reaktionen sind bei den niederen Terpenkörpern oft aufgefunden worden.

[1]) Ber. 47, 784 [1914].

[2]) Ber. 47, 784 [1914].

Die Bildung eines Triketons der Zusammensetzung $C_{11}H_{18}O_6$ ist aber nicht mehr mit dieser Achtringformel zu vereinen, es muß ein Spaltungsstück eines größeren Ringes sein, ebenso wie das Tetraketon $C_{15}H_{24}O_4$.

Um nun ganz sicher zu sein, daß aus dem Ozonid des natürlichen Kautschuks nicht etwa diese Spaltungsprodukte ebenfalls zu erhalten sind, falls die Verarbeitung nach den neuen Methoden vorgenommen wird, wurden zwei größere Parallelversuche angesetzt. Das eine Mal wurden 55 g Kautschuk in Essigester ozonisiert, wobei das Oxoozonid entstand, dieses wurde mit Wasser gespalten, mit Kalziumkarbonat neutralisiert und ganz so weiter behandelt wie früher beschrieben wurde. — Es konnte hierbei aber nur wieder Lävulinaldehyd und Lävulinsäure, aber auch Ameisensäure und Kohlendioxyd beobachtet werden. Bemerkenswert war, daß bei der Destillation des Aldehyd- und Säureanteils sehr geringe pechartige Rückstände verbleiben, während diese bei dem Regenerat I-Spaltungsgemisch recht beträchtlich sind. — Dieselbe Operation wurde nochmals mit 300 g sorgfältig gereinigtem Kautschuk wiederholt, doch erhielt man nur das gleiche Resultat (vgl. S. 59). Azeton konnte auch nicht in geringen Spuren nachgewiesen werden, ebenso war es unmöglich, das Diazetylpropan oder das Triketon zu isolieren, dagegen wurde bei diesem Versuch etwa 5 g Bernsteinsäure erhalten. Diese Versuche wurden noch einmal in ganz großem Maßstabe wiederholt.

Wenn nun der Kautschuk ein Polymeres eines aliphatischen Di- oder Polyterpens wäre, eine Anschauung, die ich anfänglich — Weber folgend — vertreten habe[1]) und die mir sehr sympathisch wäre, da nach den Untersuchungen von E. Fischer Eiweißstoffe und Gerbstoffe, und nach denen von R. Willstätter das Phytol aus Chlorophyll lange offene Ketten enthalten, so könnten bei der überwiegenden Menge an Lävulinaldehyd und Lävulinsäure, welche bei der Spaltung des Ozonids ermittelt werden, nur etwa folgende Formeln oder vielfache davon, die dieser Bildung Rechnung tragen, in Betracht kommen.

I.

$$\begin{array}{c} \quad\;\; CH_3 \qquad\qquad\qquad\quad\; CH_3 \qquad\qquad\qquad\quad\; CH_3 \qquad\qquad\qquad\quad\; CH_3 \\ CH_2{=}\overset{\cdot}{C}{-}CH_2.CH_2.CH{=}\overset{\cdot}{C}.CH_2.CH_2.CH{=}\overset{\cdot}{C}.CH_2.CH_2.CH{=}\overset{\cdot}{C}.CH{=}CH_2 \end{array}$$

[1]) Ber. **35**, 3256 [1902]. — In dieser Abhandlung habe ich die Polymerisation des Myrcens zu Di- und Polymyrcen durch Hitze beschrieben. Ich folgerte aus dem Verhalten dieser Verbindungen gegen salpetrige Säure, daß Myrcen beim Erhitzen in kautschukähnliche Verbindungen überginge. Später habe ich die zuerst gefundene Übereinstimmung von Dimyrcennitrosit mit Kautschuknitrosit nicht ganz bestätigen können und deswegen die Untersuchung liegen gelassen. Heute erscheint die Überführung des Myrcens in kautschukähnliche Verbindungen in neuem Lichte, allerdings muß man dabei wohl das Eintreten eines Ringschlusses annehmen.

II.

$$\begin{array}{l}\quad CH_3 \qquad\qquad\qquad CH_3 \qquad\qquad\qquad CH_3 \qquad\qquad\qquad\qquad CH_3 \\ CH_2{=}\dot{C}{-}CH_2.CH_2.CH{=}\dot{C}.CH_2.CH_2.CH{=}\dot{C}.CH_2.CH_2.CH{=}CH.\dot{C}{=}CH_2\end{array}$$

Diese Verbindungen besitzen auf das Molekül $C_{20}H_{32}$ fünf, auf $C_{25}H_{40}$ sechs ungesättigte Bindungen, welcher Umstand mit den bisher ermittelten Tatsachen nicht übereinstimmt. Sodann sollten beide außer Ameisensäure Methylglyoxal bzw. Brenztraubensäure liefern. Letztere Verbindungen müßten sich sicher unter den Zersetzungsprodukten auffinden lassen — ich erinnere hier an die Untersuchungen von Encláar[1]) über die Ozonisation von Myrcen und Ocimen —, wäre aber eine der ungesättigten Bindungen um ein Kohlenstoff verschoben,

III.

$$\begin{array}{l}\quad CH_3 \qquad\qquad\qquad CH_3 \qquad\qquad\qquad CH_3 \qquad\qquad\qquad\qquad CH_3 \\ CH_2{=}\dot{C}{-}CH_2.CH_2.CH{=}\dot{C}.CH_2.CH_2.CH{=}\dot{C}.CH_2.CH{=}CH{-}CH_2.C{=}CH_2\end{array}$$

so müßte Azetessigaldehyd bzw. -säure entstehen, welche letztere in Azeton und Kohlendioxyd zerfallen würde. Wanderte diese Doppelbindung noch um ein Kohlenstoffatom weiter, so erhielte man wieder Methylglyoxal. — Eine Formel aber, welche nicht ein Vielfaches von C_5H_8 (Isopren) ist, wird man wohl heute ernsthaft nicht mehr in Betracht ziehen. Nach meinem Dafürhalten muß nach den Resultaten des Abbaus beim Kautschuk auf das Vorhandensein eines Ringes geschlossen werden. Ich habe schon früher auseinandergesetzt[2]), daß beim Zusammentritt von 3 Mol. Isopren ein 12-Kohlenstoffring, bei 4 Mol. ein 16-Kohlenstoffring sich bilden könnte und daß diese Ringsysteme trotz der Differenz in ihrer Gliederzahl prinzipiell gar nicht so verschieden wären, da allen die Gruppe $CH_3.\underset{\parallel}{C}{-}CH_2{-}CH_2{-}CH{=}$ in regelmäßiger Wiederkehr gemeinsam sei, so daß sie bei der Totalspaltung nur Lävulinaldehyd bzw. -säure und keinen anderen Stoff liefern durften. Wenn man daher den 8-Kohlenstoffring durch Einschiebung einer oder mehrerer $CH_3.\underset{\parallel}{C}.CH_2.CH_2.CH{=}$ Gruppen erweitert, so kommt man zu Ringgebilden, die durch Umlagerung über das Hydrochlorid in das Regenerat I Kohlenwasserstoffe ergeben können, welche bei der Ozonspaltung zu Triketonen und Tetraketonen führen müssen. Nach dem Auftreten des Tetraketons $C_{15}H_{24}O_4$ dürfte ein

[1]) Rec. trav. chim. Pays-Bas 27, 422 [1908]. — Vgl. auch Harries u. Haarmann, Ber. 46, 1737 [1913].

[2]) Vortrag Freiburg.

12-Kohlenstoffring nicht mehr in Erwägung zu ziehen sein, wohl aber ein 16-Kohlenstoffring der Formel $C_{20}H_{32}$ oder ein 20-Kohlenstoffring der Formel $C_{25}H_{40}$. Ich neige der letzteren Annahme zu, weil erstens die Molbestimmungen des Kautschukozonids in Benzol die Zahl 535 ergeben haben, während sich für die Formel $C_{25}H_{40}O_{15}$ 580 berechnet, obwohl man auf diese Resultate nicht allzuviel geben darf; zweitens aber die Mengen von Diazetylpropan und Triketon, welche man findet, in einem bestimmten Verhältnis zu stehen scheinen, so daß die Annahme nicht von der Hand zu weisen ist, daß beide Verbindungen bei der Oxydation eines und desselben Ringsystems hervorgehen. Allerdings findet man viel mehr Diazetylpropan als Triketon, wie aber gleich gezeigt werden wird, ist dies auch natürlich, da die Möglichkeit zur Bildung dieses Körpers bevorzugt erscheint. Wollte man noch weiter gehen und auch eine Kombination vom Diazetylpropan und Tetraketon berücksichtigen, so ist allerdings auch der 20-Kohlenstoffring zu verwerfen und man müßte einen 24-Kohlenstoffring konstruieren mit der Bruttoformel $C_{30}H_{48}$. Wollte man alle drei Ketone, Diazetylpropan, Tri- und Tetraketon und Hydrochelidonsäure kombinieren, so würde man einen noch größeren Ring annehmen müssen; doch glaube ich von der Diskussion eines solchen vorläufig absehen zu sollen. Nach diesen Überlegungen kommt man also zu einer Konstitution für den Kohlenwasserstoff des Kautschuks selbst, die hinsichtlich der Zahl des Ringgliedes mit allem Vorbehalt aufgestellt werden muß:

```
       CH3               CH3
       .                 .
H2C—C=CH.CH2.CH2.C=CH.CH2.CH2
 |                            \
H2C                            >C.CH3.
 |                            //
 HC=C.CH2.CH2.CH=C.CH2.CH2.CH
     .                 .
     CH3               CH3
```

Ein solcher Komplex würde natürlich bei der Ozonidspaltung nur Lävulinaldehyd bzw. -säure liefern.

Durch Verschiebung der Doppelbindung um die tertiären Gruppen, sowohl innerhalb des Ringes wie nach außen in die Methyle hinein, kann nun eine große Anzahl von Isomeren entstehen. Hierbei ist wohl die Bildung der ersteren Gruppierung, nämlich $=\dot{C}.CH_3$ bevorzugt. Zu dieser Ansicht gelangt man, wenn man die große Menge Lävulinaldehyd und Lävulinsäure und Diazetylpropan berücksichtigt, welche sich aus dem α-Isokautschuk isolieren läßt. Früher habe ich diesen Befund damit erklärt[1]), daß wahrscheinlich ein großer Teil des natürlichen

[1]) Ber. **46**, 733 [1913].

Kautschuks bei der Abspaltung des Chlorwasserstoffs mit Pyridin zurückgebildet würde. Wenn man aber jetzt die komplizierte Ringformel betrachtet, so kommt man zu dem Schluß, daß die Möglichkeiten zur Rückbildung von Kautschuk recht gering, wenn nicht ganz unwahrscheinlich sind.

Ich will nun hier nur einige der Formeln anführen, die die Bildung des Diazetylpropans, eines Triketons und eines Tetraketon zulassen:

I.

$$\begin{array}{llll}
 & \mathrm{CH_3} & \mathrm{CH_3} & \\
 & \cdot & \cdot & \\
 & \mathrm{C{=}CH\,.\,CH_2\,.\,CH_2\,.} & \mathrm{C{=}CH\,.\,CH_2\,.\,CH} & \\
 & / & & \backslash\backslash \\
\mathrm{(CH_2)_3} & & & \mathrm{C\,.\,CH_3,} \\
 & \backslash & & / \\
 & \mathrm{C{=}CH\,.\,CH_2\,.\,CH_2\,.} & \mathrm{C{=}CH\,.\,CH_2\,.\,CH_2} & \\
 & \cdot & \cdot & \\
 & \mathrm{CH_3} & \mathrm{CH_3} &
\end{array}$$

würde 1 Mol. Diazetylpropan, 3 Mol. Lävulinaldehyd bzw. -säure und 1 Mol. Malondialdehyd bzw. -säure ergeben.

II.

$$\begin{array}{llll}
 & \mathrm{CH_3} & \mathrm{CH_3} & \\
 & \cdot & \Vert & \\
 / & \mathrm{C{=}CH\,.\,CH_2\,.\,CH_2\,.} & \mathrm{C\,.\,CH_3\,.\,CH_2\,.\,CH} & \\
\mathrm{(CH_2)_2} & & & \backslash\backslash \\
\cdot & & & \mathrm{C\,.\,CH_3,} \\
\mathrm{CH} & & & / \\
\backslash\backslash & \mathrm{C\,.\,CH_2\,.\,CH_2\,.\,CH_2\,.} & \mathrm{C{-}CH_2\,.\,CH_2\,.\,CH_2} & \\
 & \cdot & \Vert & \\
 & \mathrm{CH_3} & \mathrm{CH_2} &
\end{array}$$

würde 1 Mol. Lävulinaldehyd bzw. -säure, 1 Mol. *Triketon* und 1 Mol. *Hydrochelidonsäure* ergeben.

III.

$$\begin{array}{llll}
 & \mathrm{CH_3} & \mathrm{CH_3} & \\
 & \cdot & \cdot & \\
 & \mathrm{C{=}CH\,.\,CH_2\,.\,CH{=}} & \mathrm{C{-}CH_2\,.\,CH_2\,.\,CH_2} & \\
 & / & & \backslash \\
\mathrm{(CH_2)_3} & & & \mathrm{C{=}CH_2,} \\
 & \backslash & & / \\
 & \mathrm{C{=}CH\,.\,CH_2\,.\,CH{=}} & \mathrm{C{-}CH_2\,.\,CH_2\,.\,CH_2} & \\
 & \cdot & \cdot & \\
 & \mathrm{CH_3} & \mathrm{CH_3} &
\end{array}$$

würde 1 Mol. Diazetylpropan, 2 Mol. Malondialdehyd und 1 Mol. *Triketon* ergeben.

IV.

```
       CH3                CH3
       .                  .
CH2—C=CH . CH2 . CH=C . CH2 . CH2 . CH2
/                                    \
CH2                                   C=CH2,
\                                    /
CH=C . CH2 . CH2 . CH2 . C . CH2 . CH2 . CH2
   .                    ..
   CH3                  CH2
```

würde 1 Mol. Lävulinaldehyd, 1 Mol. Malondialdehyd und 1 Mol. *Tetraketon* $C_{15}H_{24}O_4$ ergeben.

Man kommt so ohne Zwang für die beiden hochmolekularen schön kristallisierten Ketone $C_{18}H_{10}O_3$ und $C_{15}H_{24}O_4$ zu folgenden Konstitutionsformeln, mit denen auch ihre Eigenschaften vollkommen übereinstimmen:

$$C_{11}H_{18}O_3 = CH_3COCH_2CH_2CH_2COCH_2CH_2CH_2COCH_3$$

und für

$$C_{15}H_{24}O_4 = CH_3COCH_2CH_2CH_2COCH_2CH_2CH_2COCH_2CH_2CH_2COCH_3\,.$$

Nach ihrer empirischen Zusammensetzung und besonders ihrem Wasserstoffgehalt müssen sie Verbindungen mit offener Kette sein. Sie bilden beide schön kristallisierende Oxime, das erste ein Trioxim, das zweite ein Tetroxim. Sie geben nicht die Eisenchloridreaktion, nicht die Pyrrolprobe und erleiden beim Erwärmen mit Alkali leicht Selbstkondensation unter Wasserabspaltung. Das Verhalten gleicht also ganz dem des Diazetylpropans, von dem sie eine Art höherer Analoge sind. Aus dem Triketon wird bei der Kondensation ein *Monoketon* gewonnen, dessen Bildung sich zwanglos folgendermaßen erklären läßt:

```
                                    CH3
                                     .
CH3 . CO CH3                         C   CH2
H2C /  / \ CH2                H2C / \\ / \ CH2
   |  |CH2 |          --->       |    C    |
H2C \  \CO / CO               H2C \   C   / CO  .
     CH2 CH3                       \ // \/
                                    CH2  CH
```

Es stellt diese Kondensation zugleich einen interessanten Übergang eines aliphatischen Ketons in ein hydriertes Naphthalinketon dar.

Die Entstehungsmöglichkeit des Tetraketons erscheint natürlich sehr erschwert, weil sich hierzu je zwei benachbarte tertiäre Gruppen $=\overset{|}{C}—CH_3$ in $>C=CH_2$ umlagern müssen, so erklärt es sich, warum es in viel geringerer Menge als Diazetylpropan und Triketon auftritt.

Bei der Untersuchung des Säuregemenges, welches durch Methylalkohol verestert worden war, erhielten wir[1]) außer Lävulinsäuremethylester und *Hydrochelidonsäuredimethylester* noch einen ungesättigten *Ketonsäureester* $C_{10}H_{14}O_3$, der sich durch schön kristallisierende Derivate auszeichnete.

Der ungesättigte Ketonsäureester muß durch innere Kondensation aus einem Diketonsäureester,

$$CH_3 . CO . CH_2 . CH_2 . CH_2 . CO . CH_2 . CH_2 . COO . CH_3 \rightarrow$$

$$\begin{array}{ccc} & CH_3 & \\ & \cdot & \\ & C & \\ H_2C\diagup & & \diagdown\!\!\diagdown C . CH_2COOCH_3 \\ H_2C\diagdown & & \diagup CO \\ & CH_2 & \end{array} ,$$

entstanden sein.

Seine Bildung dürfte von der Oxydation folgender Gruppierung im Regenerat I abhängen:

$$\begin{array}{l} \overset{CH_3}{\dot{}}\qquad\qquad\qquad\quad \overset{CH_2}{\ddot{}}\qquad\qquad\qquad\quad \overset{CH_3}{\dot{}} \\ =C . CH_2 . CH_2 . CH_2 . C . CH_2 . CH_2 . CH=C \ldots \end{array}$$

Die Hydrochelidonsäure dagegen entsteht durch Oxydation der Gruppierung:

$$\begin{array}{l} \overset{CH_3}{\dot{}}\qquad\qquad\qquad\quad \overset{CH_2}{\ddot{}}\qquad\qquad\qquad\quad \overset{CH_3}{\dot{}} \\ -C=CH . CH_2 . CH_2 . C . CH_2 . CH_2 . CH=C- \quad \rightarrow \\ \qquad\qquad HOOC . CH_2 . CH_2 . CO . CH_2 . CH_2 . COOH . \end{array}$$

Dieser Befund scheint von Bedeutung zu sein, da er die oben entwickelte Formulierung des Triketons $C_{11}H_{18}O_3$ als 2, 6, 10-Undekatrion zu stützen imstande ist. Das Hauptprodukt des Säuregemenges ist außer Ameisensäure Lävulinsäure. Sehr merkwürdig ist, daß die der Hydrochelidonsäure entsprechenden Aldehyde absolut fehlen.

Bei der Bildung des Tri- und Tetraketons wie der Ketonsäuren wird $>C=CH_2$ in Ameisensäure übergeführt, und daraus kann man die Bildung eines Teiles der Ameisensäure herleiten, welche man bei der Spaltung findet. Doch woher kommt die große Menge derselben? Die Beantwortung dieser Frage muß mit der einer anderen verbunden werden, nämlich: was wird aus dem Rest $=CH . CH_2 . CH=$, der in verschiedenen isomeren Formeln des Regenerats wiederkehrt. Hier sind

---

[1]) Harries u. Fonrobert, Lieb. Ann. **406**, 200 [1914].

nun verschiedene Möglichkeiten ins Auge zu fassen. Zunächst müßte $=CH.CH_2.CH=$ normalerweise Malondialdehyd $OCH.CH_2.CHO$ bilden, der dadurch charakteristisch ist, daß er nach Claisen[1]) eine intensive Eisenchloridreaktion liefert. Er ist sehr leicht flüchtig und müßte sich in der Fraktion des Lävulinaldehyds finden. Bisher konnte er aber dort nicht beobachtet werden. Hierbei sei darauf hingewiesen, daß alle Versuche, den Malondialdehyd bei Ozonreaktionen aus irgendwelchen Verbindungen, die die Gruppierung $=CH.CH_2.CH=$ enthalten, zu gewinnen, bisher erfolglos geblieben sind, so daß er wohl auf diesem Wege nicht bereitet werden kann. Auch E. Erdmann, Bedford und Raspe[2]) haben aus der Linolsäure nur den Halbaldehyd der Malonsäure bzw. Malonsäure erhalten können. Auf die Erklärung dieses Umstandes komme ich gleich zurück. — Als *zweites Produkt* sollte sich der Halbaldehyd der Malonsäure $OCH.CH_2.COOH$ bilden; dieser zerfällt aber schon bei 50° in Kohlensäure und Azetaldehyd[3]). Wie schon bemerkt, sind diese beiden Produkte in der Tat beobachtet worden. Da aber bei der Ozonisation des Regenerats I in Chloroform so gut wie kein Azetaldehyd bei der Spaltung des Ozonids auftritt, kann man die Bildung des Azetaldehyds hierfür nicht in Rücksicht ziehen.

Nun muß man aber berücksichtigen, daß sich bei der Ozonidspaltung fast immer Peroxyde bilden, welche dann beim Kochen mit Wasser unter Spaltung des Moleküls in Säuren umgelagert werden. Es sei an das Beispiel des Methylglyoxalperoxyds erinnert, welches hierbei in Ameisensäure und Essigsäure zerfällt[4]).

$$\begin{matrix}O\\|\\O\end{matrix}\!\!>CH.CO.CH_3 + H_2O = HO_2CH + HO_2C.CH_3.$$

So könnten bei der Zersetzung des Ozonids aus dem Rest $=CH.CH_2.CH=$ folgende Peroxyde auftreten:

$$\text{I.}\quad \begin{matrix}O\\|\\O\end{matrix}\!\!>CH.CH_2.CH<\!\!\begin{matrix}O\\|\\O\end{matrix} + O_2H_2 = 3\,CHO_2H.$$

Peroxyd I zerfiele bei Gegenwart von Wasserstoffsuperoxyd, das eigentlich bei der Spaltung des Ozonids in großer Menge entstehen müßte, in 3 Mol. Ameisensäure, welche Erklärung sehr plausibel erscheint. Nach dem Verkochen des Ozonids wurde nur 1,0% H_2O_2 unverändert gefunden.

---

[1]) Ber. **36**, 3664 [1903].

[2]) Ber. **42**, 1334 [1909].

[3]) Wohl u. Emmrich, Ber. **33**, 2760 [1900].

[4]) Harries u. Türk, Lieb. Ann. **374**, 338 [1910].

$$\text{II.}\quad \begin{matrix}O\\|\\O\end{matrix}\!\!>CH\,.\,CH_2\,.\,CO_2H = CO_2 + CH_3\,.\,CO_2H\,.$$

Peroxyd II zerfiele in Kohlendioxyd und Essigsäure. Anhaltspunkte, daß eine solche Reaktion stattfindet, haben sich aber nicht ergeben.

Endlich könnte der Rest $=CH\,.\,CH_2\,.\,CH=$ in Malonsäure $HOOC\,.\,CH_2\,.\,COOH$ normalerweise übergeben. Die Entstehung dieser Säure konnte selbst mit der größten Sorgfalt nicht nachgewiesen werden.

Nach diesem Resultat darf man die Möglichkeit einer Ringspaltung bei der Umwandlung des natürlichen Kautschuks in das Regenerat I über das Hydrochlorid nicht außer acht lassen.

Das Auftreten der Bernsteinsäure glaube ich vorläufig für die Formulierung nicht berücksichtigen zu sollen, denn es ist sehr geringfügig und nicht regelmäßig, auch kann sie sich leicht aus Lävulinsäure durch Oxydation bilden, wie sie ja auch aus natürlichem Kautschuk selbst, ebenfalls nicht regelmäßig, gewonnen worden ist.

Nun entsteht die Frage, ob sich nicht das Triketon bzw. das Tetraketon auch mit der Achtringformel in Beziehung bringen ließe. Selbstverständlich habe ich dies zuerst auch zu realisieren versucht. Wenn es nämlich richtig wäre, daß gemäß meiner früheren Auffassung der Kautschuk aus der Polymerisation mehrerer Zyklooktadienringe hervorgeht, so müßten diese durch Absättigung der Partialvalenzen an den doppelten Bindungen zusammentreten:

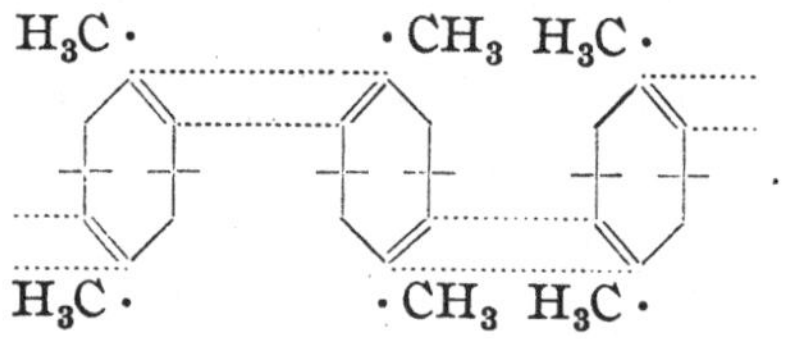

$H_3C\cdot \qquad \cdot CH_3\;\; H_3C\cdot$

$H_3C\cdot \qquad \cdot CH_3\;\; H_3C\cdot$

Das Hydrochlorid könnte dann in ein Produkt folgender Anordnung umgelagert werden:

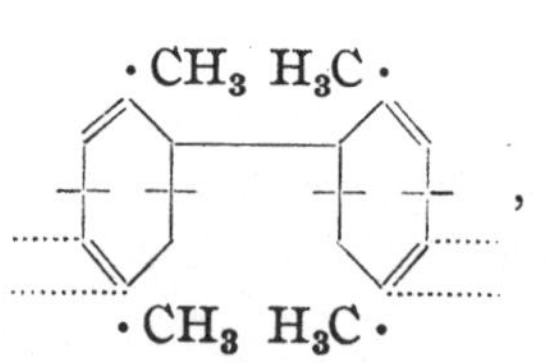

$\cdot CH_3\;\; H_3C\cdot$

$\cdot CH_3\;\; H_3C\cdot$

wobei an Stelle der Partialaffinität eine wirkliche Kohlenstoffbindung eintrete. Bei der Oxydation könnte dann in der Tat ein Tetraketon erzeugt werden der Formel:

```
OC . CH3   H3C . CO
    \         /
    HC———————CH
    |         |
   H2C       CH2
    |         |
   H2C       CH2
    /         \
H3C . CO     OC . CH3
```

und das Triketon könnte sich daraus durch Peroxydumlagerung unter Abspaltung von Essigsäure herleiten:

```
   OC . CH3
      \
      HC——CH2
      |    |
     H2C  CH2      + CH3COOH .
      |    |
     H2C  CH2
      /    \
H3C . CO  OC . CH3
```

Dieses Produkt hätte aber die Zusammensetzung $C_{12}H_{18}O_3$ statt wie gefunden $C_{11}H_{18}O_3$. In letzter Beziehung ist indessen ein Irrtum ausgeschlossen. Ich habe diese Überlegungen wieder fallen lassen, weil sie zu gezwungenen Interpretationen führen, während die erstere trotz der Kompliziertheit des Moleküls außerordentlich einfach und plausibel ist.

Erwähnenswert scheint mir noch folgender Versuch, den ich in Gemeinschaft mit Herrn O. Lichtenberg angestellt habe, zu sein. Der α-Isokautschuk geht bei der Behandlung mit Chlorwasserstoffsäure wieder in ein Hydrochlorid der Zusammensetzung $C_{10}H_{16}2HCl$ über, welches aber nicht identisch mit dem Ausgangskörper, dem normalen Kautschukhydrochlorid, ist. Man erhält durch Abspaltung der Chlorwasserstoffsäure mit Pyridin einen anderen kautschukähnlichen Stoff, der β-Isokautschuk genannt wurde. Dieser liefert zwar noch Lävulinaldehyd bzw. -säure, sodann das Diazetylpropan, aber in geringerer Ausbeute, außerdem soviel mehr höher siedende Stoffe, die sich nicht trennen lassen, daß ganz augenscheinlich durch diese abermalige Regeneration eine wesentliche Veränderung des Moleküls verursacht worden ist.

Darstellung des α-Isokautschuks (Regenerat I) aus natürlichem Kautschuk (Para)[1]) in größerem Maßstabe.

Guter Parakautschuk wird auf der Walze ausgewalzt, die Felle in kleine Stücke zerschnitten und etwa 1,2—1,4 kg davon auf 100 Liter

[1]) Harries u. Fonrobert, Lieb. Ann. **406**, 200 [1914].

Benzol verteilt. Man läßt sechs Wochen unter häufigem Umschütteln stehen, hebert nachher die klare überstehende Flüssigkeit ab. Aus dem gelatinösen Rückstand kann man durch Zentrifugieren oder Pressen noch den Rest der Benzollösung gewinnen. Darauf wird die Lösung in das gleiche Volumen gewöhnlichen Alkohol unter starkem Rühren mit einem dicken Glasstab eingegossen, wobei sich der Kautschuk um den letzteren zusammenballt und leicht herausgenommen werden kann. Der Kautschuk wird gut abgepreßt und oberflächlich getrocknet, in Chloroform suspendiert — 1000 g benötigen etwa 20 Liter — und mit Salzsäuregas unter Kühlung gesättigt. Das Produkt wird in das gleiche Volumen Alkohol gegossen, wobei der Hydrochlorkautschuk als weiße bröcklige Masse ausfällt. Gut gewaschen und getrocknet beträgt die Ausbeute etwa 90—95%.

Nunmehr wird der Hydrochlorkautschuk in nußgroßen Stücken in einen kupfernen Autoklaven mit Rührwerk gebracht, mit *wasserfreiem* Pyridin — 1 kg braucht etwa 7 kg Pyridin — übergossen, gut durchgerührt und darin während 24 Stunden auf 125—145° im Ölbad erhitzt. Der Druck steigt im Innern des Autoklaven auf etwa 4—5 Atmosphären. Öffnet man denselben, so findet man das Regenerat als dunkle zähflüssige Masse oben abgesetzt, welche leicht mechanisch vom Pyridin getrennt werden kann. Es ist nötig, das eingeschlossene Pyridin bzw. Pyridinhydrochlorid sorgfältig abzuscheiden, dazu wird das Regenerat zuerst mit Wasser gewaschen, dann mit dem dreifachen Volumen 60proz. Essigsäure etwa eine Stunde am Rückflußkühler gekocht, wobei es eine hellbraune Farbe und festere Konsistenz annimmt. Nachher wird es auf die Walze gebracht, durchgeknetet, dabei mit Wasser tüchtig gewaschen und nachher im Vakuumexsikkator über Schwefelsäure mehrere Wochen getrocknet. Die Ausbeute beträgt mindestens 50% des angewandten Kautschuks. Die ausgewalzten, gut getrockneten Felle besitzen hellbraune Farbe und sind nur für den Kenner von denen eines guten Parakautschuks zu unterscheiden. Die Zähigkeit ist nicht ganz dieselbe. Vulkanisierproben haben gezeigt, daß das Präparat sehr begierig Schwefel aufnimmt, das Vulkanisat aber nur geringe Zugfertigkeit etwa wie dasjenige des technischen Alkaliregenerats aufweist, so daß es in dieser Form wenigstens praktischen Wert nicht besitzt[1]).

Wie schon früher gezeigt wurde[2]), liefert dies so bereitete Regenerat bei der Elementaranalyse Werte, die recht gut auf die Formel $C_{10}H_{16}$ stimmen, der Chlorgehalt beträgt gewöhnlich 0,3 bis höchstens 1%, so daß es praktisch als chlorfrei anzusehen ist. Will man das Chlor

[1]) D. R. P. 267 277, 267 993.

[2]) Harries u. Fonrobert, s. a. a. O.

noch weiter entfernen, so muß man das Regenerat durch Lösen in Benzol und Fällen mit Alkohol reinigen, wobei allerdings nicht unerhebliche Verluste entstehen, denn das Regenerat wird nicht mehr so vollständig wie der Kautschuk selbst durch Alkohol ausgefällt. Für die Zwecke der Ozonisierung erschien dies aber nicht nötig. Andere Eigenschaften dieses Stoffes sind schon früher mitgeteilt worden[1]).

Ozonisierung des α-Isokautschuks.

Zu diesem Zwecke wird das Präparat zu je 40 g[2]) in kleine Stücke zerschnitten, in 800 ccm trocknem Essigester suspendiert und so lange mit durch 5proz. Natronlauge gewaschenem und durch konz. Schwefelsäure getrocknetem Ozon behandelt, welches noch eine Konzentration von 10—14% aufweist, bis eine herausgenommene Probe Brom-Eisessig nicht mehr entfärbt. Die Dauer der Operation beträgt etwa pro Gramm 3 Stunden, wobei mindestens 7—8 Liter Sauerstoff-Ozongemisch pro Stunde durchgeleitet werden. Danach ist fast alles bis auf einen bräunlichen amorphen Rückstand in Lösung gegangen, der aber nach dem Trocknen nur wenige Gramm beträgt. Von diesem wird filtriert und die farblose Flüssigkeit im *Vakuum bei 20° Temperatur* des Wasserbades zur Sirupkonsistenz eingedampft. Das Ozonid, welches einer weiteren Reinigung nicht mehr unterworfen wurde, muß alsbald mit Wasser zersetzt werden, weil es sich sonst manchmal explosionsartig spontan zersetzt. Zur Spaltung wird die Menge Ozonid, welche man von 40 g Regenerat in fast quantitativer Ausbeute, berechnet für $C_{10}H_{16}O_6$, erhält, mit 400 g Wasser am Rückflußkühler im Ölbade auf etwa 125° etwa 1 Stunde erhitzt. Hierbei entsteht unter Gasentwicklung eine schwach gelblich gefärbte Lösung, während ein *harzartiger Bestandteil* ungelöst zurückbleibt. Von diesem wird dekantiert bzw. filtriert, er beträgt etwa 30% des angewandten Regenerats.

Es sind auch Versuche gemacht worden, das Ozonid in der Kälte durch Schütteln mit Wasser auf der Maschine zu zersetzen. Das Ozonid blieb aber ganz unverändert. Hierdurch unterscheiden sich die Ozonide der Kautschukarten von denen der aliphatischen Terpenkörper wie Myrcen und Ocimen[3]). Es ist auch versucht worden, die Natur des ungelösten Harzes aufzuklären. Es ist von hellgelber Farbe, bröcklich, fest, in Alkohol leicht löslich, läßt sich aber selbst im hohen Vakuum nicht ohne starke Zersetzung destillieren. Es besitzt reduzierende Eigenschaften, schwach saure Natur und ähnelt sehr dem harzartigen

[1]) S. 67.
[2]) Im ganzen wurden etwa 2 kg Regenerat I ozonisiert.
[3]) Enclaar, Rec. trav. chim. Pays-Bas. **27**, 422 [1908].

Rückstand, welchen man bei der Zerlegung des Natrium-Isoprenkautschukozonids erhält. Beim Kautschuk selbst hinterbleibt nur sehr wenig Harz ungelöst. Weitere Untersuchungen sind darüber vorläufig nicht angestellt worden.

Untersuchung der Spaltungsprodukte des Ozonids vom α-Isokautschuk.

I. Gasförmige Bestandteile.

Bei der Zersetzung des Ozonids mit Wasser findet starkes Aufschäumen statt, die entweichenden Gase ließen sich als ein Gemenge von CO_2, CO, O_2 und H_2 identifizieren, denen wegen seiner Flüchtigkeit stets Azetaldehyd beigemischt ist, während *Formaldehyd* sich nicht nachweisen ließ. Das ist um so merkwürdiger, als im Säureanteil sehr viel Ameisensäure enthalten ist. Diese muß ihre Entstehung wenigstens zum Teil der Existenz der Gruppierung $>C{=}CH_2$ im Regenerat verdanken, denn sonst läßt sich die Bildung eines Triketons $C_{11}H_{18}O_3$ nicht erklären. Die größere Menge muß aber von der Zertrümmerung eines anderen Komplexes herrühren, wie vorher auseinandergesetzt wurde; es ist am wahrscheinlichsten, daß sie von der Oxydation und Umlagerung des Komplexes

$$=CH-CH_2-CH= \rightarrow \begin{matrix} O \\ | \\ O \end{matrix}\!\!>CH-CH_2\,.\,CH\!\!<\!\!\begin{matrix} O \\ | \\ O \end{matrix} + O_2H_2 \rightarrow 3\,HCOOH$$

herstammt. Sonst wäre es gar nicht zu verstehen, daß man bei einer Ausbeute von etwa 180 g Ameisensäure aus 1000 g Regenerat keine Spur Formaldehyd nachweisen kann.

Um die gasförmigen Produkte zu isolieren, wurden verschiedene Portionen von Ozonid in einem mit Rückflußkühler versehenen Kolben erhitzt, der oben mit einem gebogenen Rohr versehen war, welches zunächst in eine mit Kohlensäureäther gekühlte Vorlage zur Verdichtung von kondensierbaren Substanzen mündete. An diese Vorlage war dann eine zweite mit Kalilauge vorgeschaltet, zwischen denen sich noch ein Chlorkalziumrohr befand. Der ganze Apparat war so eingerichtet, daß durch ihn zur Verdrängung seines gasförmigen Inhalts entweder ein Strom von Wasserstoff (für CO_2) oder Kohlendioxyd (für CO, O_2 und H_2) geleitet werden konnte.

Azetaldehyd.

Bei der Zerlegung von 150 g Ozonid enthielt die mit Kohlensäureäther gekühlte Vorlage etwa 1,5 g einer wasserklaren, stechend riechenden Flüssigkeit von niedrigem Siedepunkt, die keinen Beschlag von Trioxymethylen absetzte und sich in Wasser klar löste. Mit essigsaurem p-Nitrophenylhydrazin erhielt man daraus einen Niederschlag, der sich aus Alkohol leicht kristallisieren ließ und den Schmelzpunkt des Azetaldehyd-p-nitrophenylhydrazins 128,5[1]) hatte. — Trotzdem das unzersetzte Ozonid auch bei 24stündigem Schütteln mit Wasser keine Spur einer fuchsinschweflige Säure rötenden Substanz an das Wasser abgibt, muß die Gesamtmenge Azetaldehyd aus dem Essigester entstehen, da bei der Ozonisation in Chloroformlösung fast nichts davon gebildet wird.

Kohlendioxyd.

a) qualitativ. Leitet man das dem Kühler entströmende Gas durch Barytlauge, so erhält man sofort einen starken Niederschlag von Bariumkarbonat, deshalb wurde für die quantitative Bestimmung nur eine kleine Menge Ozonid verwendet.

b) quantitativ. 2,438 g Ozonid wurden im eben beschriebenen Apparat zersetzt, die Gase durch Wasserstoff in einen Geislerschen Kaliapparat gedrängt. Gefunden wurde 11,8 mg CO_2 oder 7,3 g aus 150 g.

Kohlenoxyd, Sauerstoff, Wasserstoff

wurden in einem Versuch nebeneinander bestimmt.

5,671 g Ozonid wurden im Kohlensäurestrom mit Wasser verkocht und die Gase nach dem Passieren der vorhin beschriebenen Vorlage in einer Bürette über Kalilauge aufgefangen. Es resultierten im ganzen 25,2 ccm Gasgemisch bei 19° und 745 mm. Dieses Gemisch wurde in eine Hempelsche Pipette über Phosphor gebracht, wobei eine Abnahme von 1,8 ccm eintrat, die als Sauerstoff anzusprechen sind. Die übriggebliebenen 23,4 ccm wurden 1 Tag über frisch bereiteter ammoniakalischer Kupferlösung stehen gelassen, wodurch eine weitere Abnahme von 5,4 ccm stattfand, dieselbe ist als Betrag für das Kohlenoxyd anzurechnen. Die noch verbleibenden 18 ccm sind fast reiner *Wasserstoff*, sie verbrannten mit O_2 gemischt mit einem leichten Knall vollständig. — In Prozenten ausgedrückt entstehen also ungefähr 0,044% H, 0,18% CO, 0,07% O.

Wasserstoffsuperoxyd

war in der verkochten Lösung des Ozonids leicht nachzuweisen. Die titrimetrische Bestimmung ergab etwa 1,04% H_2O_2.

II. *Isolierung und Trennung des Gemisches der Aldehyde und Ketone.*

Die vom Harz abfiltrierte wässerige Lösung, welche die Zersetzungsprodukte des Regeneratozonids enthält, ist schwach gelb gefärbt, sie

[1]) Kurt Oppenheim, Zur Kenntnis der aliphatischen Aldehyde. Inaug.-Diss. Kiel 1911.

reduziert stark Fehlingsche Lösung, liefert stark die Pyrrolprobe, gibt aber keine Reaktion mit Eisenchlorid, woraus die Abwesenheit von Malondialdehyd hervorgeht.

Zur Trennung von den Säuren wird zunächst unter Turbinieren mit Kalziumkarbonat sorgfältig neutralisiert, dabei fällt ein flockiger Niederschlag aus, der abfiltriert und besonders untersucht worden ist (vgl. S. 93). Nach dem Neutralisieren wird filtriert und im Vakuum bei etwa 50—70° Heizbadtemperatur aus einem Porzellanapparat mit abnehmbarer Glashaube abdestilliert, bis der Rückstand fest wird. Man kann ihn dann gut aus dem Porzellanuntersatz herauskratzen, zerkleinern und im Soxhlet zur vollkommenen Trennung der Ketone von den Kalziumsalzen mit Äther behandeln. Die Extraktion wird so lange wiederholt (fünfmal), bis die Kalziumsalze weiß geworden sind und sich nach dem Pulvern durch ein Haarsieb sieben lassen. Sie sollen dann nur mehr ganz schwach die Pyrrolprobe liefern. Aus der ätherischen Lösung kristallisiert häufig ein weißer, fester Körper in kleinen Mengen aus, der roh bei 114° schmilzt, wahrscheinlich ist es das S. 91 beschriebene Tetraketon, das bei 123° schmilzt. Das wässerige Destillat wird mit Kochsalz gesättigt und 10—20mal ausgeäthert und dieser Anteil mit der durch Extraktion der Kalziumsalze direkt gewonnenen ätherischen Lösung vereint. Darauf wird mit langem Glasdephlegmator[1]) vom Äther möglichst vollkommen befreit und der Rückstand mit Magnesiumsulfat getrocknet. Dieses Aldehydketongemisch ist eine helle, schwach bräunlich gefärbte, dickliche Flüssigkeit, die sich erst bei höherer Temperatur dunkler färbt. Sie enthält außer den Ketonen noch immer kleine Mengen von Ameisensäure und wahrscheinlich eines Peroxyds des Lävulinaldehyds, welches sich beim Erhitzen in Lävulinsäure umlagert. Vom Lävulinaldehyd verbleibt ein großer Teil in dem mit Kochsalz zersetzten wässerigen Destillat, da er sich nur schwer ausäthern läßt. Deshalb wird dieser mit Wasserdampf behandelt, bis die übergehende Flüssigkeit nur noch wenig Fehlingsche Lösung reduziert, darauf mit essigsaurem Phenylhydrazin und einigen Kubikzentimetern Salszäure versetzt, wobei sich das *Phenylmethyldihydropyridazin* sofort als hellgelber Kristallbrei sehr rein abscheidet. Man erhielt so etwa 94 g Pyridazin aus 1000 g Regenerat I, welche etwa 55 g Lävulinaldehyd entsprechen, dazu kommt noch der Anteil, der durch Destillation aus dem Ketongemisch gewonnen wurde.

Aus 1700 g rohem Ozonid aus etwa 1000 g Regenerat erhielt man insgesamt 350 g Aldehydketongemisch, außer den eben erwähnten 55 g

[1]) Wir benutzten die neue Form Birektifikator, s. Katalog Nr. 158 (13/14). 5516 der Vereinigten Fabriken für Laboratoriumsbedarf, Berlin, die ausgezeichnet wirken.

Lävulinaldehyd, also im ganzen 405 g. Den Azetaldehyd ziehen wir nicht in Rechnung.

Das Aldehydketongemisch wird nun bei niedrigstem Vakuum[1]) zunächst mittels Aufsatz — 4kuglige Kolonne mit evakuiertem Glasmantel — fraktioniert, die Vorlagen werden bei den Fraktionen bis 80° mit Kohlensäureäther, später mit Eiskochsalz gekühlt. Man trägt auch von Anfang an Sorge, einen Destillierkolben mit weitem Ableitungsrohr zu nehmen, weil die späteren Fraktionen beim Übergehen kristallisieren und dasselbe leicht verstopfen. Wenn man die Fraktionierung nicht im Hochvakuum, sondern bei 10 mm Druck vornimmt, erhält man viel mehr pechartigen Rückstand, und die höheren Fraktionen kristallisieren viel schwerer.

Zwischen Vorlage und Pumpe wird noch ein mit flüssiger Luft gekühltes Gefäß geschaltet, welches die Tension herabsetzen soll.

Man erhält so folgende Hauptfraktionen bei 0,3—0,5 mm Druck.

I. —100° etwa 120 g mit Aufsatz destilliert.

II. 100—130° etwa 40 g ohne Aufsatz destilliert.

III. 130—150° etwa 65 g kristallisiert.

IV. 150—250° etwa 50 g kristallisiert. Der Druck steigt beim Destillieren gewöhnlich auf 1—2 mm, da Zersetzung eintritt.

V. Rückstand pechartig etwa 92 g.

Hauptfraktion I.

Nachdem dieselbe von den höheren Fraktionen abgetrennt ist, kann die weitere Verarbeitung mit Aufsatz *bei 10—12 mm Druck* an der Wasserstrahlluftpumpe vorgenommen werden.

Sie zerfällt in folgende Unterfraktionen:

Ia. —95 enthält hauptsächlich Lävulinaldehyd, einen Körper, der Brom entfärbt, und noch etwas Ameisensäure.

Bei nochmaligem Fraktionieren erhält man

Ia_1. 30—55° Ameisensäure und Lävulinaldehydvorlauf.

Ia_2. 75—85 fast reinen Lävulinaldehyd,

Ia_3. 85—95 entfärbt Brom, liefert eine kleine Menge eines schwer löslichen Semikarbazons vom Schmelzpunkt 204° und ist wahrscheinlich Methylzyklohexenon. Der Rückstand hiervon wurde zu Ia gegeben.

Ib. 95—125° farblose Flüssigkeit, kristallisiert leicht zu weißen, strahligen Gebilden, die am besten abgepreßt werden. Dieselben sind als Diazetylpropan[2]) erkannt worden.

---

[1]) Ich benutze jetzt hierzu nicht mehr die Geryk-Ölpumpe, sondern die viel schneller wirkende Kapselpumpe von Leybold Nachf., Köln a. Rh. Dieselbe ist zudem auch nicht unwesentlich billiger.

[2]) Ber. 47, 784 [1914].

Diazetylpropan.

Die Fraktion III, welche von 90—110° im Vakuum siedet, wird mit Eiskochsalzmischung abgekühlt und die erstarrte Masse in einem kalten Raume auf der Nutsche abgepreßt. Man bringt die abgepreßte weiße Masse darauf zum Schmelzen und durch Einstellen in Kältemischung wieder zum Erstarren und preßt nochmals auf der Nutsche ab. Dann wird die Masse zweimal aus heißem Petroläther umkristallisiert, schließlich im Vakuum destilliert und abermals aus Petroläther umkristallisiert. Man erhält so eine prächtig in weißen, perlmutterglänzenden Schuppen kristallisierende Substanz, deren Schmelzpunkt bei 33—34° liegt. Solange man nicht die letzten Spuren von Verunreinigungen entfernt hat, ist die Substanz nicht haltbar, sie sintert bald zusammen und wird gelblich-opak. Nach dem angegebenen Reinigungsverfahren bereitet, läßt sie sich aber lange Zeit unverändert aufbewahren. Es sind so aus 1500 g Diozonid etwa 70 g des reinen Körpers gewonnen worden.

Der Siedepunkt liegt bei 764 mm Druck bei 221—222° (Naphthalin siedet unter gleichen Bedingungen bei 219,8°). Er ist nicht ganz konstant, wohl infolge einer kleinen Zersetzung. Unter 10—11 mm Druck siedet der Körper völlig konstant bei 96,5—97° (Naphthalin 97,5°).

Analyse der im Vakuum über Schwefelsäure getrockneten Substanz.

0,1280 g Sbst.: 0,3076 g CO_2, 0,1099 g H_2O.

$C_7H_{12}O_2$. Ber. C 65,6, H 9,4.
Gef. „ 65,54, „ 9,61.

Molbestimmung nach Beckmann.

0,2297 g Sbst., 24,78 g Benzol, Depr. 0,35°.
Ber. 128. Gef. 132.

Molrefraktion und Dispersion (im geschmolzenen Zustand): $D_4^{37} = 0,94986$, $n_d^{37} = 1,42767$, $n_\alpha = 1,42610$, $n_\beta = 1,43430$.

Mol.-Ref. d. ber. für 2 Karbonyle 34,55, Gef. 34,68.
M_β—M_α Ber. = 0,56, Gef. 0,56.

Die γ-Linie war nicht zu bestimmen, da die Substanz augenscheinlich ein starkes Absorptionsvermögen für violettes Licht besitzt.

Das Diazetylpropan ist fast geruchlos und entfärbt nicht Brom in Eisessig. Es löst sich spielend leicht in Wasser, Alkohol, Äther, Benzol, Essigester, etwas schwerer in Hexan. Es ist mit Wasserdampf flüchtig und läßt sich aus der wässerigen, mit Kochsalz abgesättigten Lösung durch Äther ausschütteln. Mit Kaliumkarbonat ebenso Ammoniumsulfat versetzt, scheidet es sich zwar ab, die ölige Schicht bräunt sich aber. Der Körper reduziert beim Erhitzen Fehlingsche und ammoniakalische Silberlösung, liefert nicht die Pyrrolprobe und mit Eisenchlorid keine Färbung.

Derivate des Diazetylpropans.

Von ihnen ist das Dioxim am schönsten ausgebildet. Das Bisphenylhydrazon konnte nicht zum Kristallisieren gebracht werden. Ein reines Bisnitrophenylhydrazon erhielt man nur, wenn das Keton mit freiem Nitrophenylhydrazin in alkoholischer Lösung versetzt wurde. Das Disemikarbazon konnte nicht rein gewonnen werden, wahrscheinlich weil Semikarbazid basisch ist.

2,6-Dioximinoheptan.

Man bereitet diesen Körper am besten, indem man die Lösung des Diazetylpropans in Wasser mit der berechneten Menge Hydroxylaminchlorhydrat (2 Mol.), ebenfalls in Wasser gelöst und vorher mit Natriumbikarbonat neutralisiert, versetzt und dann 24 Stunden stehen läßt. Nach dieser Zeit wird das Oxim durch gesättigte Kaliumkarbonatlösung vollständig abgeschieden und in Äther aufgenommen. Es erstarrt beim Stehen im Exsikkator allmählich zu großen, strahligen Gebilden, die aus Essigester, Petroläther, nach dreimaligem Umkristallisieren, in dicken, glasglänzenden Prismen anschließen und bei 87° schmelzen.

I. 0,1226 g Sbst. (im Vakuum bei 50° getrocknet): 0,2378 g CO_2, 0,0956 g H_2O. — 0,1254 g Sbst.: 19,1 ccm N (11°, 747,6 mm). — II. 0,1236 g Sbst.: 0,2431 g CO_2, 0,1017 g H_2O. — 0,1205 g Sbst.: 18,5 ccm N (20°, 764 mm).

$C_7H_{14}O_2N_2$.	Ber.	C 53,2,	H 8,8,	N 17,7.
	Gef. I.	„ 52,9,	„ 8,72,	„ 17,86.
	„ II.	„ 53,64,	„ 9,2,	„ 17,64.

Das Disemikarbazon, nach Bouveault[1]) in wässeriger Lösung bereitet, scheidet sich als weißes, undeutlich kristallinisches Pulver ab und ist sehr schwer löslich in heißem, abs. Alkohol. Der Schmelzpunkt konnte nach häufigem Umkristallisieren aus 70 proz. Sprit bis 214° hinaufgetrieben werden. (Das erste Mal wurde nach fünfmaligem Umkristallisieren aus Wasser der Schmelzpunkt 185,5° gefunden.) Aber auch hier ist der Schmelzpunkt noch unscharf. Die Analyse lieferte keine stimmenden Werte.

0,1364 g Sbst. (im Vakuum bei 100° getrocknet): 0,2356 g CO_2, 0,1011 g H_2O. — 0,1164 g Sbst.: 34,2 ccm N (20°, 764,4 mm).

$C_9H_{18}O_2N_6$.	Ber.	C 44,6,	H 7,44,	N 34,7.
	Gef.	„ 47,11,	„ 8,29,	„ 33,78.

---

[1]) Bouveault u. Locquin, Bull. [3] **33**, 162 [1905].

Das Disemikarbazon ist sehr oft dargestellt und analysiert worden.

Bisnitrophenylhydrazon. Diese Verbindung fällt sofort kristallinisch aus, wenn man alkoholische Lösungen des Ketons und Nitrophenylhydrazins vermischt. Dreimal aus abs. Alkohol umkristallisiert bildet es goldgelbe, büschelförmig zusammenstehende Nädelchen, die bei 182—183° schmelzen.

0,1180 g Sbst. (im Vakuum bei 100° getrocknet): 0,2493 g CO_2, 0,0612 g H_2O. — 0,1221 g Sbst.: 22,2 ccm N (22°, 776,8 mm). — 0,1173 g Sbst.: 21,5 ccm N (20°, 772 mm).

$C_{19}H_{22}N_6O_4$. Ber. C 57,3, H 5,5, N 21,1.
Gef. „ 57,62, „ 5,8, „ 21,0, 21,32.

Überführung des Diazetylpropans in 1-Methylzyklohexen-(1)-on-(3).

Hierzu löst man das Diazetylpropan etwa in 3 Teilen Wasser, fügt einige Tropfen 40proz. Natronlauge hinzu und erwärmt gelinde auf 30—40°. Hierbei trübt sich die Lösung plötzlich und scheidet an der Oberfläche ein gelbliches Öl von dem charakteristischen Geruch des Methylzyklohexenons ab, welches in Äther aufgenommen und nach dem Absieden des letzteren direkt fast rein erhalten wird.

Zum genauen Vergleich wurde ein Präparat von Methylzyklohexenon nach dem Verfahren von Knoevenagel[1]) aus Methylendiazetessigester durch Verseifen mit Schwefelsäure dargestellt. Der Siedepunkt des aus dem Diketon erhaltenen Öles lag direkt bei 194 bis 196°, während das Vergleichspräparat bei 198—200° sott.

Das erstere besaß $D_4^{21} = 0{,}9738$, n_d 21° = 1,49299, $n_\alpha = 1{,}48909$, $n_\beta = 1{,}50360$, $n_\gamma = 1{,}51320$.
Mol.-Ref. Ber. 31,85. Gef. 32,86.

Das Vergleichspräparat besaß $D_4^{21} = 0{,}9721$, n_d = 21° 1,49395, $n_\alpha = 1{,}49005$, $n_\beta = 1{,}50455$, $n_\gamma = 1{,}51415$.
Mol.-Ref. Ber. 31,85. Gef. 32,97.

Rabe[2]) hat sehr ähnliche Daten für die α-Verbindung angegeben, während Auwers[3]) etwas höhere Werte findet.

Zur weiteren Identifizierung wurde das Semikarbazon[4]) dargestellt und verglichen. Aus beiden Präparaten erhielt man weiße Produkte, die, aus Alkohol umkristallisiert, bei 199—200° schmolzen; der Mischschmelzpunkt ergab keine Depression. Schließlich wurde das nach der neuen Methode bereitete Semikarbazon noch analysiert.

---

[1]) Knoevenagel u. Klages, Lieb. Ann. **281**, 94 [1894].
[2]) Ber. **40**, 2486 [1907].
[3]) J. f. pr. Chem. [2] **84**, 18 [1911].
[4]) Vorländer u. Gaertner, Lieb. Ann. **304**, 23 [1898].

0,1328 g Sbst. (im Vakuum bei 100° getrocknet): 0,2820 g CO_2, 0,0964 g H_2O. — 0,1172 g Sbst.: 25 ccm N (17°, 763,5 mm).

$C_8H_{13}N_3O$. Ber. C 57,5, H 7,80, N 25,10.
Gef. „ 57,91, „ 7,97, „ 24,89.

Zu bemerken ist, daß auch beim Aufkochen des Diazetylpropans mit Ammoniak mit und ohne Essigsäure in der Hauptsache Methylzyklohexenon entsteht, nur zum Teil wird hierbei, wie es scheint, eine Base gebildet.

Ich beabsichtige, die Untersuchung über das Diazetylpropan fortzusetzen und zu versuchen, ob man es nun, nachdem man seine Eigenschaften genau kennt, nicht auf einfacherem Wege darstellen kann.

Folgendes ist nachzutragen. Es ist uns entgangen, daß einerseits von Baeyer und Piccard[1]) schon ein Methyldiazetylpropan

$$CH_3 . CO . CH_2 . \underset{\displaystyle CH_3}{CH} . CH_2 . CO . CH_3$$

kurz beschrieben worden ist, andererseits Perkin jr.[2]) das Diazetylpropan selbst auf synthetischem Wege bereitet hat. Da letztere Veröffentlichung ohne Angabe von Analysen erfolgte, ist sie nicht im Zentralblatt referiert worden. Perkin gibt als Schmelzpunkt 31° an, während wir 33—34° fanden.

Es sei ferner erwähnt, daß die abgepreßten Öle beim Einstellen in Eiskochsalz wieder erstarren und man durch mehrfache Wiederholung noch eine ganze Portion, aber nicht alles, Diazetylpropan abtrennen kann. Fraktioniert man nämlich wieder im Vakuum, so erhält man von neuem die Fraktion 95—125°, die schön kristallisiert usw. Schließlich wurden hierbei insgesamt etwa 87 g des reinen Diazetylpropans isoliert, das ist ungefähr ebensoviel, wie man Lävulinaldehyd gewinnt, allerdings ist diesem noch die Lävulinsäure hinzuzusetzen. Der Siedepunkt des reinen Diazetylpropans liegt bei 221—222° bei 764 mm und bei 96,5—97° unter 10—11 mm, im Hochvakuum 0,3 mm siedet es bedeutend niedriger, etwa um 70°.

Ic. Untersuchung des vom Diazetylpropan abgepreßten Öles.

Dieses Öl läßt sich beim Destillieren bei 0,4 mm Druck in mehrere Fraktionen zerlegen.

1. 75—92°, wenig Vorlauf, enthielt noch etwas Lävulinaldehyd und Methylzyklohexenon.

---

[1]) Lieb. Ann. **384**, 222 [1911].

[2]) R. G. Fargher u. W. H. Perkin jr., Proc. chem. Soc. **29**, 73 [1913]; vgl. a. d. kürzlich erschienene Mitteilung, Journ. chem. Soc. **105**, 1353 [1914].

2. 92—100° (92—94°), gibt fast quantitativ ein weißes beständiges Silbersalz, welches aus heißem Wasser umkristallisiert in strahligen Gebilden anschießt. Bei der Analyse der im Vakuum über Schwefelsäure getrockneten Substanz stellte sich heraus, daß fast reines lävulinsaures Silber vorlag.

0,1206 g Sbst.: 0,1213 g CO_2, 0,0349 g H_2O. — 0,2551 g Sbst.: 0,160 g AgCl.

$C_5H_7O_3Ag$. Ber. C 27,53, H 3,16, Ag 48,4.
Gef. „ 27,43, „ 3,23, „ 47,2.

Zur weiteren Identifizierung wurde das Silbersalz in Wasser aufgenommen und Schwefelwasserstoff eingeleitet. Das Filtrat vom Silbersulfid wurde im Vakuum eingedampft und destilliert. Das Öl sott konstant bei 138° unter 8—9 mm Druck und erwies sich als reine *Lävulinsäure* vom Schmelzpunkt 33—34°. Das daraus bereitete Phenylhydrazon schmolz nach einmaligem Umkristallisieren bei 106—107° (108° nach E. Fischer).

Id. Rückstand kristallisiert, wurde mit der Hauptfraktion III vereint.

Hauptfraktion II.

100—130°, unter 0,3 mm ergab bei der weiteren Fraktionierung folgende Bestandteile:

IIa. 114—118°, unter 1 mm. Größter Anteil besteht geradeso wie die Fraktion Ic_2 hauptsächlich aus *Lävulinsäure*, da sie das schon beschriebene Silbersalz liefert. Es wurde hieraus noch das Semikarbazon hergestellt und der Schmelzpunkt 185—186° gefunden, während Blaise 187° angibt.

An dieser Stelle ist es angebracht, die Frage nach der Herkunft der Lävulinsäure in den Fraktionen Ic_2 und IIa zu erörtern. Da diese Säure gefälltes Kalziumkarbonat leicht und quantitativ unter Bildung ihrer Kalziumsalze zersetzt, so ist es ausgeschlossen, daß der in diesen Fraktionen vorhandene Anteil schon vor der Neutralisation als freie Lävulinsäure vorhanden gewesen ist. Es muß vielmehr in der wässerigen Lösung zunächst in einer anderen Form von nicht so sauerem Charakter enthalten sein, welche sich erst nachher beim Erhitzen während des Destillationsprozesses in freie Lävulinsäure umlagert. Da während dieser Destillation bei den Temperaturen von 80—120° andauernd der Druck schwankt und der Kolbeninhalt sich verfärbt, einmal sogar eine heftige Explosion eintrat, so muß hier eine Zersetzung stattfinden. Diese Befunde wären am besten dahin zu deuten, daß bei der Zerlegung des Ozonids durch Wasser ein Teil des Restes

$$=\underset{\displaystyle CH_3}{C} \cdot CH_2 \cdot CH_2 \cdot CH=$$

als *Monoperoxyd* herausgespalten wird, welches sich dann beim langsamen Erhitzen in Lävulinsäure umlagert. Alle Versuche, das Peroxyd

$$CH_3 . CO . CH_2 . CH_2 . CH\langle{}^{O}_{O}|$$

selbst zu fassen, sind fehlgeschlagen.

Das früher erwähnte Diperoxyd verhält sich beim Erhitzen in anderer Weise. — Übrigens wurden ganz analoge Beobachtungen bei dem Studium der Zersetzungsprodukte des normalen Kautschukozonids gemacht.

IIb. Nach 118° steigt der Siedepunkt schnell auf 130°, wobei ein schön kristallisierender Körper übergeht. Deswegen wurde der gesamte über 118° siedende Rückstand mit der Hauptfraktion III vereint.

Hauptfraktion III.

Undekatrion.

130—150°, erstarrt ganz und gar in schönen, großen, strahligen Blättern. Zur Isolierung dieses Körpers, des Undekatrions, wird die gesamte Masse mit Alkohol angerührt, wobei eine ölige Beimischung in Lösung geht, während der kristallisierte Bestandteil abgepreßt werden kann. Viermal aus heißem Alkohol umkristallisiert, erhält man ihn in Form weißer, loser, sehr leichter Kristallblätter vom Schmelzpunkt 93—94°. Wie erhielten insgesamt ungefähr 20 g rein.

I. 0,1254 gSbst.: 0,3079 g CO_2, 0,1045 g H_2O. — II. 0,1275 g Sbst.: 0,3147 g CO_2, 0,1062 g H_2O. — III. 0,1182 g Sbst.: 0,2905 g CO_2, 0,0987 g H_2O. — IV. 0,1213 g Sbst.: 0,2466 g CO_2, 0,1004 g H_2O.

I. war über konz. H_2SO_4 im Vakuum getrocknet. — II. u. III. über P_2O_5 im Vakuum bei 60° getrocknet. — IV. war im Vakuum destilliert, 0,6 mm, 110 bis 145°, sublimiert stark.

		C	H
$C_{11}H_{18}O_3$.	Ber.	C 66,7,	H 9,1.
I.	Gef.	„ 66,96,	„ 9,33.
II.	„	„ 67,32,	„ 9,32.
III.	„	„ 67,03,	„ 9,34.
IV.	„	„ 66,69,	„ 9,26.

Molbestimmung nach Raoult im Beckmannschen Apparat.

I. Benzol 25,51 g, 0,2003 g Sbst., $\Delta = 0,200$. — II. Eisessig 26,726 g, 0,1635 g Sbst., $\Delta = 0,125$.

Ber. M 196. Gef. I. 196, II. 197,7.

Nach diesen Resultaten liegt zweifellos eine Verbindung der Formel $C_{11}H_{18}O_3$ vor. Der Körper ist in wenig Äther schwer löslich, ebenso in Petroläther und wird in Alkohol, Benzol, Essigester etwas leichter aufgenommen. Von Wasser wird er in der Siedehitze glatt gelöst und kristallisiert beim Erkalten daraus besonders schön. Er reduziert schwach Fehlingsche Lösung und ammoniakalische Silberlösung, gibt mit Eisenchlorid keine Reaktion und entfärbt nicht Brom in Eisessig.

Die wässerige Lösung scheidet auf Zusatz einiger Tropfen Natronlauge beim schwachen Erwärmen ein Öl ab, welches aromatisch riecht. Kurz, der Körper zeigt alle Reaktionen wie das Diazetylpropan und muß demnach eine ähnliche Konstitution wie dieses besitzen.

Er ist ein Triketon, denn er liefert mit Hydroxylamin ein *Trioxim*, mit Semikarbazid ein *Trisemikarbazon* und mit p-Nitrophenylhydrazin ein Hydrazon.

Undekatrioxim wird erhalten durch Eintragen einer alkoholischen Lösung molekularer Mengen des Ketons in eine durch Natriumkarbonat neutralisierte wässerige Lösung von Hydroxylaminchlorhydrat. Aus der Reaktionsmasse scheidet sich das Oxim nach 24stündigem Stehen in langen Nadeln in fast quantitativer Ausbeute ab, welche zweimal aus Essigester und Petroläther umkristallisiert bei 123—124° schmelzen. Fügt man umgekehrt die Hydroxylaminlösung zum Triketon, so erhält man ein Gemisch von Tri- und Dioxim[1]).

0,1306 g Sbst. (im Vakuum bei 100° getrocknet): 0,2592 g CO_2, 0,1020 g H_2O. — 0,1230 g Sbst.: 18,8 ccm Stickgas bei 20° und 762,5 mm Druck.

$C_{11}H_{21}O_3N_3$.	Ber.	C 54,3,	H 8,6,	N 17,3.
	Gef.	„ 54,13,	„ 8,73,	„ 17,55.

Undekatrisemikarbazon bildet eine weiße, undeutlich kristallisierende Masse, welche nach dreimaligem Umkristallisieren aus verdünntem Alkohol bei 205—206° schmilzt. Trotz der darauf verwandten Mühe konnte ein ganz reines Präparat nicht erhalten werden. Das Triketon verhält sich also bei der Behandlung mit Semikarbazid nach der v. Baeyer-Thieleschen Methode ähnlich wie das Diazetylpropan[2]). Immerhin zeigen die Analysenwerte einwandfrei an, daß ein Trisemikarbazon vorliegt.

0,1266 g Sbst.: 0,2076 g CO_2, 0,0852 g H_2O. — 0,1354 g Sbst.: 38,7 ccm Stickgas bei 20° und 764,5 mm Druck.

$C_{14}H_{27}O_3N_9$.	Ber.	C 45,49,	H 7,37,	N 34,14.
	Gef.	„ 44,72,	„ 7,53,	„ 32,87.

Innere Kondensation des Undekatrions.

Zu diesem Zweck wurden 2,7 g des kristallisierenden Triketon in 200 ccm Alkohol gelöst und mit etwa 0,27 g Natrium in 750 ccm Al-

[1]) Vgl. das Verhalten von Azetylazeton gegen Hydroxylamin, Harries u. Haga, Ber. 32, 1192 [1899].

[2]) S. a. a. O.

kohol vermischt. Die Flüssigkeit färbt sich dunkelrot. Nach 24stündigem Stehen wird Kohlendioxyd eingeleitet, der Alkohol im Vakuum abgedampft und der Rückstand mit Äther ausgeschüttelt. Nach dessen Verdunstung hinterbleibt ein dunkelbraunes Öl, welches bei 130—140° unter 0,6 mm Druck mit hellgelber Farbe siedet. Da das Destillat nicht erstarrt, wurde es mit Semikarbazid nach Baeyer-Thiele angesetzt, wobei sofort das Semikarbazon als weiße, kristallisierende Masse ausfällt. Dreimal aus verdünntem Alkohol umkristallisiert, schmolz das Präparat bei 210°. Nach den Resultaten der Analyse liegt ein Monosemikarbazon vor, so daß eine doppelte Kondensation bei dem Triketon eingetreten sein muß (vgl. Einleitung S. 73). Das Kondensationsprodukt entfärbt nicht Brom in Eisessig, ein Moment, welches ebenfalls für die früher gegebene Konstitution spricht.

0,0928 g Sbst.: 15,9 ccm Stickgas bei 21° und 759,9 mm Druck.

$C_{11}H_{17}N_3O$. Ber. N 19,2. Gef. N 19,5.

Die *Mutterlauge* vom abgepreßten Triketon enthält ein dickes, gelbes Öl, welches bei der Destillation im Hochvakuum unter 0,3 mm bei 130—150° destilliert und bisher nicht zum Erstarren gebracht werden konnte. Feste Derivate konnten daraus nicht erhalten werden, doch scheint es noch Ketoneigenschaften zu besitzen, da es Fehlingsche Lösung beim Erwärmen schwach reduziert. Es wäre nicht ausgeschlossen, daß es ein Anhydrisierungsprodukt des Triketons ist. Der bei der Destillation verbleibende Rückstand, über 150° siedend, wurde zur Hauptfraktion IV gegeben.

Hauptfraktion IV. 150—250°.

Nach 150° steigt das Thermometer schnell auf 185—195°, wo man einen Stillstand beobachtet. Es gehen dicke, gelbe Öle über, die zum Teil kristallinisch erstarren.

Es wurden davon folgende Unterfraktionen genommen:

IV¹. 150—185°, 0,5 mm, wenig. Kristallisiert nach einiger Zeit, die Kristalle sind noch etwas Triketon.

Pentadekatetron.

IV². 185—210, 0,5 mm, Hauptanteil, kristallisiert langsam, die Kristalle werden dadurch abgeschieden, daß man die Fraktion in wenig Essigester löst und mit viel abs. Äther fällt. Hierbei kristallisiert in feinen weißen Blättchen ein Körper, das Pentadekatetron, welches abgepreßt und aus Alkohol umkristallisiert wird. Der Schmelzpunkt liegt bei 123°.

Die Ausbeute ist gering.

0,1389 g Sbst. (im Vakuum getrocknet): 0,3395 g CO_2, 0,1100 g H_2O.

$C_{15}H_{24}O_4$. Ber. C 67,1, H 8,90.
Gef. „ 66,66, „ 8,86.

Molbestimmung nach Raoult im Beckmannschen Apparat:

Eisessig 20,4 g, 0,1495 g Sbst., $\Delta = 0,110$.

Ber. M 268,2. Gef. M 269,2.

Der Körper zeigt ganz dieselben Eigenschaften gegenüber Fehlingscher Lösung, Silberlösung, Eisenchlorid und Brom in Eisessig wie das Triketon, nur ist er in allen Lösungsmitteln schwerer löslich, er wird aber noch von heißem Wasser aufgenommen und kristallisiert daraus ganz ebenso wie der erstere beim Erkalten wieder heraus.

Er ist ein Tetraketon, wie aus seinem Verhalten gegen Hydroxylamin hervorgeht. Nach der dort angegebenen Methode bereitet, erhält man ein in undeutlichen Aggregaten kristallisierendes Oxim, welches aus heißem Eisessig umkristallisiert bei 112—113° unter Aufschäumen schmilzt.

0,1083 g Sbst.: 0,2170 g CO_2, 0,0834 g H_2O. — 0,0858 g Sbst.: 12,6 ccm Stickgas bei 18° und 749 mm Druck.

$C_{15}H_{28}O_4N_4$. Ber. C 54,8, H 8,6, N 17,07.
Gef. „ 54,65, „ 8,61, „ 16,74.

Nach diesem Resultat muß ein *Tetroxim* vorliegen, da sich für ein Trioxim 13% N berechnen.

Da das kristallisierende Tetraketon nur in geringer Menge entsteht, konnten vorläufig keine weiteren Versuche damit angestellt werden. Seine Existenz erscheint aber als bewiesen.

Die aus der Essigesteräthermutterlauge durch Abdampfen erhältlichen Öle wurden im Hochvakuum fraktioniert, wobei sie wieder denselben Siedepunkt anzeigten. Sie besitzen Ketoneigenschaften, feste Derivate konnten aber bisher daraus nicht erhalten werden.

Zu bemerken ist, daß über 210° bei 0,5 mm nur wenige Tropfen eines sehr dicken braunen Öles übergehen, die darauf hinweisen könnten, daß das Tetraketon noch nicht das letzte, hohe, kettenförmige Keton ist, welches beim Abbau des Regenerats I entsteht. Nach unserer Meinung sind aber diese dicken Öle nur Kondensationsprodukte des Tetraketons bzw. Triketons. In der mit flüssiger Luft gekühlten Vorlage sammelt sich nämlich immer bei der Destillation der höher siedenden Fraktionen (von 130° an) eine nicht unbeträchtliche Menge Wasser an, woraus man darauf schließen kann, daß bei derselben eine teilweise Anhydrisierung erfolgt.

Der pechartige Rückstand ist auch Gegenstand der eingehenden Untersuchung gewesen; da bei den Destillationsversuchen stets starke

Zersetzungserscheinungen auftraten, machten wir den Versuch durch Nebeneinanderschaltung zweier Vakuumpumpen, Kapsel- und Geryk-Ölpumpe, diesem vorzubeugen und ein möglichst niedriges Vakuum einzuhalten. Indes ohne Erfolg.

Verarbeitung der Kalziumsalze der Säuren.

Die Kalziumsalze bilden eine feste, weiße bis gelbe, fein pulverige Masse, die nicht hygroskopisch ist. Man erhält aus 1000 g Regenerat 1500 g lösliche Kalziumsalze[1]) mit einem Gehalt von etwa 15% Ca. Beim Lösen in Wasser scheiden sich geringe Mengen einer harzartigen Substanz ab, von denen man bei der Verarbeitung abfiltriert.

A. Der schwer lösliche Anteil.

Wie S. 82 erwähnt wurde, entsteht beim Neutralisieren der wässerigen Lösung, welche man bei der Ozonidspaltung erhält, mit Kalziumkarbonat ein schwer löslicher Niederschlag, der ein Gemenge von verschiedenen Salzen von Säuren enthält. Unter diesen ist eine Spur *Oxalsäure* nachweisbar. Malonsäure fehlt vollständig; das übrige sind leicht verharzende, hochmolekulare Säuren, deren Natur nicht weiter aufgeklärt werden konnte. Da dieser Anteil nur gering ist, so haben wir uns nicht eingehender damit beschäftigt.

B. Direkte Fraktionierung des Säuregemisches.

Zur Isolierung der Säuren wurden 500 g Kalziumsalze mit 500 g Wasser unter Erwärmen auf dem Wasserbade zur Lösung gebracht, dann unter guter Kühlung mit einem eiskalt gehaltenen Gemisch von 800 g Wasser und 400 g konz. H_2SO_4 zersetzt. Hierbei erstarrt die ganze Masse zu einem Brei von Kalziumsulfat. Es ist nicht leicht, aus diesem Magma die Säuren durch Äther zu isolieren. Eingehende Untersuchungen haben aber ergeben, daß dies immerhin noch die beste Methode ist. Setzt man nämlich die Säuren durch Chlorwasserstoffsäure in Freiheit, so erleidet man sehr große Verluste, insofern ein großer Teil der Säuren verharzt. Die ganze Masse wird schwarzbraun. Bei der angegebenen Art und Weise der Neutralisierung findet keine Verharzung statt.

Der Brei von Kalziumsulfat wird zuerst in einer großen weithalsigen Pulverflasche mit Äther wiederholt durchgeschüttelt, darauf wird der Gips in mehreren Portionen auf der Nutsche abgesaugt, mit wenig Wasser ausgekocht, die wässerigen Filtrate damit vereint, mit Magnesiumsulfat gesättigt und etwa zwölfmal ausgeäthert. Die ätherischen Lösungen wurden nun sorgfältig an dem vorher beschriebenen De-

[1]) Von diesen sind 540 g Kalziumazetat abzuziehen, die von der Oxydation des Essigesters (20 kg) herrühren.

phlegmator eingedampft, der gelbbraune, ölige mit Magnesiumsulfat getrocknete Rückstand wog 246 g. Dies entspricht, wenn man aus der isolierten Menge Ameisensäure und Lävulinsäure das Kalziumsalz berechnet, nur etwa 400 g davon.

Das Säuregemisch wurde nun zuerst bei 8—12 mm Druck aus dem Ölbad, Heiztemperatur bis 110°, destilliert.

Hauptfraktion I, bis 60°, betrug 106 g und bestand aus einem Gemisch von Ameisensäure und Essigsäure. Die Fraktion wurde bei gewöhnlichem Druck mit einem Dephlegmator rektifiziert und ging bei 105—108° über. Die quantitative Bestimmung der Ameisensäure und Essigsäure wurde in einem besonderen Versuch (siehe diesen) ausgeführt.

Hauptfraktion II, 0,5—1 mm, beginnt bei 70° zu destillieren, das Thermometer steigt schnell bis 110°. Während der Destillation finden wieder Druckschwankungen statt, es entwickelt sich Kohlendioxyd, und Essigsäure entweicht. Beide Substanzen kondensieren sich in der mit flüssiger Luft gekühlten zweiten Vorlage und konnten dort identifiziert werden. Nachdem diese Temperatur überschritten ist, hören die Druckschwankungen und Zersetzungserscheinungen auf, bis das Thermometer über 160° steigt. Der in der ersten Vorlage sich kondensierende Anteil betrug etwa 25 g und erwies sich beim nochmaligen Rektifizieren als fast reine Lävulinsäure. Siedepunkt 102—108° bei 0,5—0,7 mm Druck, erstarrt in Eis und liefert sofort ein weißes, festes Phenylhydrazon, Schmelzpunkt 107—108°.

Hauptfraktion III. Siedepunkt 125—130° unter 0,5—1 mm. Auch diese Fraktion sott bei nochmaligem Rektifizieren unter 0,5—0,7 mm größtenteils bei 102—108°, doch schien diese *Lävulinsäure*, obwohl sie auch sofort ein festes Phenylhydrazon ergab, nicht mehr ganz so rein zu sein.

Ein geringer Nachlauf sott bei 120—130° unter 0,5 mm, im ganzen 30 g.

Hauptfraktion IV. Dickes Öl, 10 g, welches zum Teil erstarrt. Die Kristalle wurden abgesaugt, auf Ton gestrichen zeigten sie zunächst den Schmelzpunkt 115—118°, aus heißem Essigester umkristallisiert stieg der Schmelzpunkt auf 118—120°. — Die Ausbeute war minimal. — Nach der Analyse und dem Schmelzpunkt und Eigenschaften liegt *Bernsteinsäureanhydrid* vor:

0,1235 g Sbst.: 0,2184 g CO_2, 0,0455 g H_2O.

$C_4H_4O_3$. Ber. C 48,00, H 4,00.
Gef. „ 48,21, „ 4,12.

Hauptfraktion V. Siedepunkt 150—180°, 0,5 mm.

Dickes Öl, 10 g, läßt sich schwer destillieren und beginnt sich zu zersetzen. Daraus konnte bisher kein kristallisierender Körper isoliert werden.

Rückstand VI. 30 g. Dunkle, harzartige Masse, in Alkohol löslich. Es wurden erhalten:

	etwa 106 g	Ameisensäure und Essigsäure
	„ 50 „	Lävulinsäure
	„ 25 „	höher siedende Öle
	„ 30 „	Rückstand
Summa:	etwa 205 g.	

Bei der Destillation war also wieder ein Verlust von etwa 40 g entstanden.

C. Direkte Bestimmung der flüchtigen Fettsäuren.

Zu diesem Zwecke wurden die Kalziumsalze mit überschüssiger verdünnter Schwefelsäure versetzt und mit Wasserdampf so lange behandelt, bis das Übergehende nur noch schwach sauer reagierte. Hierbei sei bemerkt, daß diese Operation sehr lange dauert, gerade als wenn ein Teil der höher molekularen Säuren sich unter Abgabe von niederen Fettsäuren zersetzte, auch geringe Mengen Kohlendioxyd wurden hierbei gebildet. 5 g Ca-Salz wurden mit Schwefelsäure zersetzt und mit Wasserdampf behandelt, das Destillat auf 500 ccm aufgefüllt und mit $^1/_{10}$ norm. KOH titriert, die gesamte flüchtige Säuremenge betrug, da 10 ccm 7,3 ccm KOH verbrauchten, 32,12% der in den Kalziumsalzen enthaltenen Säuren, auf Ameisensäure berechnet. Zur Ermittlung der Ameisensäure und Essigsäure wurden 25 ccm des Destillats nunmehr mit Quecksilberoxyd gekocht, das Filtrat mit Schwefelsäure angesäuert und wieder mit Wasserdampf destilliert und auf 250 ccm aufgefüllt. Von diesen verbrauchten 10 ccm nunmehr nur 0,45 ccm $^1/_{10}$ norm. KOH. Daraus berechnet sich, daß 12,32% Ameisensäure und 27% Essigsäure in den Kalziumsalzen vorhanden sind. Die letztere rührt von der Oxydation des als Lösungsmittel bei der Ozonisation gebrauchten Essigesters her, da in Chloroform ozonisiertes Regenerat I keine Essigsäure liefert, wie ein Kontrollversuch erwies. Wir ziehen infolgedessen die Essigsäure für die Beurteilung der Spaltungsprodukte nicht weiter in Betracht.

D. Veresterung des Säuregemisches.

Da die direkte Verarbeitung der Säuren keine besonders befriedigenden Resultate ergeben hatte, indem sich ein großer Anteil derselben bei der Destillation zersetzte, schritten wir dazu, die Säuren zu verestern[1]). Wie wählten Methylalkohol, um den Siedepunkt mög-

[1]) Die Methode der Veresterung von bei Spaltungen komplizierter Körper entstandenen Säuren hat wohl zuerst Bredt bei seiner klassischen Untersuchung über die Konstitution des Kampfers angewandt.

lichst herabzudrücken. Da die Ameisensäure und Essigsäure in einem besonderen Versuch in hinreichender Genauigkeit bestimmt war, haben wir des weiteren nur auf die Identifizierung der höher siedenden Anteile Gewicht gelegt. Wir haben die Veresterung in vier größeren Versuchen, von je 400—500 g Kalziumsalzen ausgehend, durchgeführt. Wir wollen hier nur diejenige Methode wiedergeben, die sich zuletzt im allgemeinen als die zweckmäßigste erwiesen hat. Die Schwierigkeit besteht darin, daß sich ein Teil der Säureester aus wässeriger Lösung nur unvollkommen durch Äther ausschütteln läßt. Um dies zu umgehen, wurde wie folgt verfahren. Zunächst wurde der Gehalt der Kalziumsalze an Kalzium analytisch bestimmt, um genau die zur Neutralisierung nötige Menge Schwefelsäure berechnen zu können. Sie enthielten etwa 15% Ca.

420 g Kalziumsalze wurden dann mit der berechneten Menge konz. Schwefelsäure, 160 g, in 320 g Wasser unter starker Kühlung verrührt; der ausgeschiedene Gips abgesaugt, mit 500 g Wasser ausgekocht und nachgewaschen. Die Filtrate wurden im Vakuum eingeengt und nochmals mit Schwefelsäure bzw. Bariumkarbonat ganz genau nach der Kapillarmethode neutralisiert, dann wieder filtriert und vollständig zur Sirupkonsistenz im Vakuum eingedampft. Hierbei gehen nur Ameisensäure und Essigsäure in das wässerige Destillat, die übrigen Säuren sind nicht mit Wasserdampf flüchtig. Sie sind nur in Essigester vollkommen löslich und werden jetzt in dem sechsfachen Volumen Methylalkohol aufgenommen und mit so viel methylalkoholischer Salzsäure versetzt, daß das Ganze eine 3proz. Lösung bildet. Dann läßt man etwa 3 Tage bei gewöhnlicher Temperatur stehen. Da es große Schwierigkeiten macht, die Ester nachher von der Salszäure zu befreien (wir fanden im Silberoxyd nicht das beste Mittel), haben wir das folgende Verfahren angewandt. Zur weiteren Verarbeitung wird der größte Teil des Methylalkohols im Vakuum abgedampft, dann mit frisch gefälltem, feuchtem Bariumkarbonat geschüttelt, filtriert, vollends im Vakuum zur Sirupkonsistenz eingeengt und der Rückstand mit Essigester aufgenommen, um auf diese Weise vom Bariumchlorid zu trennen. Beim Trocknen des Estergemisches mit Salzen, besonders mit Kaliumkarbonat, machten wir so schlechte Erfahrungen, daß wir in der Folge lieber darauf verzichteten und direkt das Wasser im Vakuum durch Destillieren entfernten. Es gehen hierbei nur geringe Mengen von Estern, hauptsächlich Lävulinsäureester mit Wasser über, so daß man jedenfalls hierdurch keine erheblichen Verluste erleidet. Der Rückstand wurde der Destillation im Hochvakuum bei 0,3—0,5 mm unterworfen.

Hierbei wurden folgende *Hauptfraktionen* erhalten:

I. 100° Hauptanteil, farblos, leicht beweglich;
II. 100—130° hellgelb, erstarrt in Kältemischung.
III. 150—160° hellgelb
IV. 160—210° gelbes dickes Öl wenig } nicht identifiziert.
V. 260—270° geringe Menge braun }
VI. Rückstand braunes Harz }

Hauptfraktion I wurde darauf bei 12—13 mm fraktioniert. Man erhielt zwei Unterfraktionen:

Ia. 80—95°. Dieser Anteil bestand aus fast reinem Lävulinsäuremethylester. Um zu prüfen, ob etwa darin Malonsäuredimethylester, der in denselben Graden siedet, enthalten sei, wurde die Gesamtmenge in Alkohol gelöst und mittels essigsauren Phenylhydrazins in das Phenylhydrazon übergeführt, welches sofort kristallinisch ausfiel. Aus 13 g erhielten wir 15 g Rohprodukt. — Das noch nicht beschriebene *Phenylhydrazon des Lävulinsäuremethylesters* kristallisiert aus abs. Alkohol, von dem es bei Siedehitze leicht aufgenommen wird, in schönen, weißgelben Blättern, die sich an der Luft leicht färben. Sie schmelzen nach viermaligem Umkristallisieren bei 105—106°.

0,1282 g Sbst. (im Vakuum bei 50° getrocknet): 0,3078 g CO_2, 0,0822 g H_2O. — 0,1275 g Sbst.: 13,8 ccm Stickgas bei 15° und 774 mm Druck.

$C_{12}H_{16}N_2O_2$.	Ber.	C 65,5,	H 7,3,	N 12,7.
	Gef.	„ 65,48,	„ 7,17,	„ 12,9.

Die Mutterlauge von dem Phenylhydrazon hätte den Malonester enthalten müssen. Um ihn zu isolieren, wurde der Alkohol im Vakuum abgedampft, der Rückstand mit sehr verdünnter Salzsäure zur Entfernung von überschüssigem Phenylhydrazin behandelt, mit Äther ausgeschüttelt, mit Natriumkarbonat neutralisiert und der Äther eingedunstet. Es hinterblieben bei mehreren Versuchen nur ganz geringe Mengen eines Öles, die keinen Malonester enthielten.

Ib. 95—125°, war nur sehr gering und wurde daher nicht weiter untersucht. Der Rückstand wurde zu II gegeben.

Hydrochelidonsäuremethylester.

Hauptfraktion II, welche zu einem festen Kristallbrei erstarrt war, wurde auf der Nutsche abgepreßt. Wir erhielten als Filterrückstand eine weiße Kristallmasse, die aus Petroläther umkristallisiert den Schmelzpunkt 56° aufwies. Hiernach, sowie nach den Resultaten der Elementaranalyse ergab sich, daß reiner Hydrochelidonsäuredimethylester vorlag. Das Produkt lieferte ein schön kristallisierendes Phenylhydrazon vom Schmelzpunkt 88°, welcher mit dem hierfür von Volhard[1]) angegebenen Schmelzpunkt übereinstimmt. Zur wei-

[1]) Volhard, Lieb. Ann. **253**, 220 [1889].

teren Identifizierung wurde nach Volhard[1]) aus Azetondikarbonester und Chloressigester Hydrochelidonsäure dargestellt, verestert und verglichen, wobei sich völlige Übereinstimmung ergab.

0,1222 g Sbst.: 0,2385 g CO_2, 0,0748 g H_2O.

$C_9H_{14}O_5$. Ber. C 53,5, H 6,9.
Gef. „ 53,23, „ 6,85.

Das von dem Hydrochelidonsäureester abgepreßte Öl wurde dann bei 12—13 mm fraktioniert.

IIa. 140—150°, hellgelb, entfärbt Brom.
IIb. 150—160°, desgleichen.

Methylzyklohexen-1-on-2-äthankarbonsäureester-(3).

Beide Fraktionen enthalten in der Hauptsache denselben Körper, denn sie geben, in alkoholischer Lösung mit essigsaurem Phenylhydrazin versetzt, in gleicher Menge sofort einen in weißen langen Nadeln kristallisierenden Niederschlag, der zweimal aus abs. Alkohol umkristallisiert bei 184—185° schmolz. Nach der Analyse ergibt sich, daß ein Phenylhydrazon eines zyklischen Ketonesters, des *Methylzyklohexen-1-on-2-äthankarbonsäureesters-(3)*, vorliegt. Nach den S. 74 mitgeteilten Ausführungen geben wir ihm folgende Formel:

$$\begin{array}{ccc} & C\cdot CH_3 & \\ H_2C & & C\cdot CH_2\cdot COOCH_3 \\ H_2C & & C{=}N\cdot NHC_6H_5 \\ & CH_2 & \end{array}$$

0,1268 g Sbst. (bei 100° im Vakuum getrocknet): 0,3292 g CO_2, 0,0812 g H_2O. — 0,1237 g Sbst.: 11,2 ccm Stickgas bei 17° und 772,6 mm Druck.

$C_{16}H_{20}O_2N_2$. Ber. C 70,6, H 7,3, N 10,3.
Gef. „ 70,81, „ 7,2, „ 10,68.

Das *Semikarbazon* schmilzt bei 182°.

Um zu sehen, ob der Ester, wie die Formel verlangt, eine ungesättigte Bindung in α, β-Stellung zum Karbonyl enthält, versuchten wir, ihn in das Oxaminoxim überzuführen. Nach dem ehedem oft benutzten Verfahren[2]) wurde er mit der für 2 Mol. berechneten Menge freiem Hydroxylamin in Methylalkohol zersetzt und drei Tage bei gewöhnlicher Temperatur sich selbst überlassen. Hierbei schieden sich harte kleine, weiße Kristalle ab, die abgepreßt roh bei 183° schmolzen und von allen Lösungsmitteln so gut wie nicht aufgenommen wurden. Sie wurden daher zur Analyse nur mit abs. Alkohol ausgekocht und mit Äther gewaschen. Die Analysenresultate zeigen an, daß 3 Mol. Hydroxylamin in Reaktion getreten sind, daß also auch die Estergruppe

[1]) Volhard, Lieb. Ann. **267**, 104 [1892].
[2]) Vgl. Harries u. Matfus, Ber. **32**, 1340 [1899].

in die *Hydroxamsäure* übergeführt worden ist. Diese Beobachtung ist nicht neu, da von früher ähnliche Beobachtungen vorliegen[1]).

0,1274 g Sbst. (bei 100° im Vakuum getrocknet): 0,2196 g CO_2, 0,0854 g H_2O. — 0,0877 g Sbst.: 13,9 ccm Stickgas bei 20° und 764 mm Druck.

$C_9H_{17}N_3O_4$. Ber. C 46,8, H 7,3, N 18,2.
Gef. „ 47,01, „ 7,5, „ 18,14.

Der Körper ist dadurch als Oxaminoxim charakterisiert, daß er schon in der Kälte Fehlingsche Lösung reduziert und in Säuren und Alkalien leicht aufgenommen wird. Wir glauben, ihm folgende Formel zuweisen zu dürfen:

```
           CH3
           ·
           C—NHOH
      H2C/  \CH2 . CH2 . COH : NOH .
      H2C\  /C=NOH
           CH2
```

Aus den höher siedenden Hauptfraktionen erhielten wir keinerlei kristallisierende Verbindungen. Wir gaben auch die Untersuchung derselben auf, da wir der Meinung waren, daß eine wesentliche Änderung der theoretischen Vorstellungen hierdurch nicht veranlaßt werden würde.

Übersicht über die Spaltungsprodukte aus α-Isokautschuk (Regenerat I) in quantitativer Beziehung.

1000 g Regenerat = 1706 g Ozonid.

	%		%
a) *Gasförmige Stoffe*		d) *Säuren*, insgesamt 88,5% aus den Kalziumsalzen berechnet:	
Sauerstoff	0,068	Ameisensäure . . . ca.	18,3
Kohlendioxyd.	0,845	Oxalsäure	—
Kohlenoxyd	0,183	Lävulinsäure ca. . . .	12,0
Wasserstoff	0,044	Bernsteinsäure (unregelmäßig auftretend) . .	1,5
b) Wasserstoffsuperoxyd .	1,04	Hydrochelidonsäure . .	1,7
c) *Aldehyde und Ketone* insgesamt 35,25%		Methylzyklohexenonkarbonsäureester . . .	1,7
Lävulinaldehyd ca. . .	9,00	Undefinierte Fraktionen	20,0
Methylzyklohexenon .	—	Säurerückstand (Harz) .	6,4
Diazetylpropan	8,7	Verlust.	26,9
Undekatrion	0,9	e) Harzrückstand von der Ozonidspaltung . . .	31,0
Pentadekatetron . . .	0,06		157,63
Undefinierte Fraktionen	8,29		
Ketonrückstand (Harz).	9,3		

[1]) Vgl. Harries u. Haarmann, Ber. 37, 252 [1904].

Hierbei sind die Essigsäure und der Azetaldehyd, als von der Oxydation des als Lösungsmittel angewandten Essigester herstammend, nicht in Rechnung gezogen worden.

6. Über den Abbau des β-Isokautschuks (Regenerat II) durch Ozon[1]).

Der β-Isokautschuk wurde dadurch erhalten, daß man aus dem α-Isokautschuk (Regenerat I) das Hydrochlorid darstellte und dieses wieder mit Pyridin zersetzte (vgl. S. 23).

Ozonid. Dieser Körper mit gewaschenem, starkem Ozon in Essigesterlösung bereitet, bildet ein goldgelbes, dickes Öl, welches man in quantitativer Ausbeute erhält.

0,1572 g Sbst. (im Vakuum über P_2O_5 getrocknet): 0,2868 g CO_2, 0,0986 g H_2O.
$C_{10}H_{16}O_6$. Ber. C 51,70, H 7,01.
Gef. „ 49,75, „ 6,95.

Die Spaltungskurve dieses Ozonids weicht etwas von derjenigen des Regenerats I ab[1]).

Spaltungsversuche mit dem Ozonid.

Zu diesen Versuchen wurden 120 g Regenerat II benutzt, in Essigester ozonisiert und nach dem Abdampfen desselben im Vakuum etwa 194 g Ozonid erhalten. Diese wurden mit 1700 ccm Wasser verkocht, wobei 29,2 g eines dicken, braunen Öles als unlöslicher Rückstand hinterblieben. Die dekantierte Lösung wurde mit Kalziumkarbonat in der angegebenen Weise neutralisiert, filtriert und das Filtrat im Vakuum eingedampft.

Die weitere Bearbeitung durch Extraktion der Kalziumsalze und des mit Kochsalz zersetzten wässerigen Destillats mit Äther war dieselbe wie früher geschildert. Man erhielt so ein braunes Öl, etwa 16 g, das Aldehydketongemisch, welches bei 18 mm Druck fraktioniert wurde.

I.	Fraktion	—100°	4,1 g	Lävulinaldehyd.
II.	„	100—110°	2,8 g	Diazetylpropan (verunreinigt).
III.	„	110—145°	1,3 g	Lävulinsäure.
IV.	„	149—200°	3,1 g	nicht identifiziert, kristallisiert nicht.
V.	„		4,2 g	Rückstand.

Die Kalziumsalze ergaben 92,7 g eines dicken Öles, welches in folgende Fraktionen zerlegt wurde:

I. Fraktion 100—125° unter Atmosphärendruck betrug etwa 41 g, bestand hauptsächlich aus Ameisensäure und etwas Essigsäure.

[1]) Vgl. Inaug.-Diss. Lichtenberg.

II. Fraktion 80—155°, im Vakuum der Wasserstrahlpumpe, betrug etwa 8 g und enthielt die Lävulinsäure.

III. Rückstand 42 g.

Dieser Rückstand wurde im Hochvakuum bei 0,3—0,4 mm Druck destilliert und dabei folgende Fraktionen gewonnen:

III_1. 163° 3,5 g, honiggelb.
III_2. 163—170° 3,2 g, „
III_3. 170—210° 4,7 g, braungelb.
III_4. Rückstand 30 g.

Aus Fraktion III_2 kristallisierte eine Säure heraus, welche, durch Behandlung mit Essigester vom Öl getrennt, bei 171° schmolz und mit p-Nitrophenylhydrazin einen geringen, öligen Niederschlag lieferte.

0,1215 g Sbst.: 0,1793 g CO_2, 0,0534 g H_2O.

$C_4H_6O_4$. Ber. C 40,67, H 5,08.
Gef. „ 40,52, „ 4,95.

Nach diesem Befunde ist es wahrscheinlich, daß hier nur Bernsteinsäure vorgelegen hat.

7. Versuche zur analytischen Bestimmung des Harzgehalts im Rohkautschuk vermittelst Ozon.

Bemerkenswert ist noch eine Reihe von Versuchen, die C. Korneck[1]) zur analytischen Bestimmung der Harze in Rohkautschukarten ausgeführt hat. Die wissenschaftliche Begründung derselben lag in der Beobachtung, daß nach früheren Versuchen von E. Paulsen[2]) die Harze sämtlich so gut wie quantitativ in in Tetrachlorkohlenstoff schwerlösliche Ozonidkörper übergeführt werden, während die Ozonide der Kautschukarten, welche sich beim Ozonisieren gleichzeitig bilden, gelöst bleiben. Man kann nun diese Harzozonide entweder direkt abfiltrieren und aus dem Gewicht Rückschlüsse auf ihre Menge ziehen, oder aber, wenn sie ölig sein sollten, die gesamte Ozonidmasse mit Wasserdampf behandeln. Auch hierbei wird das Kautschukozonid in in Wasser leicht lösliche Verbindungen übergeführt, während die Harzozonide unter Abspaltung ganz geringer Mengen aliphatischer Aldehyde und Säuren in feste weiße Körper übergehen, die sich dann bequem abfiltrieren, trocknen und bestimmen lassen. Indem die Gewichtsmenge des abfiltrierten Produkts empirisch gleich Harzmenge gesetzt wurde, ließen sich bei dieser Methode ganz brauchbare Werte für den Harzgehalt der Kautschukarten errechnen. In betreff der näheren Ausführung sei auf die Originalmitteilung verwiesen.

[1]) Gum.Ztg. 25, Nr. 3 [1910]; Inaug.-Diss. Kiel 1910.

[2]) Harries, Über die Einwirkung des Ozons auf organische Verbindungen. Berlin, J. Springer 1916. S. 671.

Kapitel VII.

Vulkanisation.

Die Vulkanisation kann in gewissem Grade der Autoxydation und der Oxydation mit Ozon als Analogon an die Seite gestellt werden. Praktisch ist sie für die technische Verarbeitung des Kautschuks von höchster Wichtigkeit. Goodyear hat im Jahre 1839 zuerst die Vulkanisation, d. h. die Aufnahmefähigkeit des Schwefels in der Hitze durch Kautschuk und ihre Bedeutung für die Praxis entdeckt. Man unterscheidet zwischen Heiß- und Kaltvulkanisation. Die Heißvulkanisation ist die wichtigere. Sie besteht darin, daß man Schwefelblumen oder Goldschwefel Sb_2S_5 mit Kautschuk verwalzt, wobei Zusätze wie von Bleioxyd und anderen Metalloxyden gemacht werden, welche die Vulkanisation erleichtern bzw. beschleunigen, und dann bei 3—4 Atm. Druck bei ca. 145° kürzere oder längere Zeit erhitzt. Je nach der Dauer der Vulkanisation bekommt man verschiedene Produkte: leicht biegsame und dehnbare, die sog. „schwimmende Ware", wozu Autoschläuche gehören, oder aber bei längerem Erhitzen dunklere bis schwarze harte Produkte, erstere sind der sog. „Vollgummi", letztere der „Hartgummi."

Als Katalysatoren für die Beschleunigung der Vulkanisation sind auch viel organische Basen geeignet, welche eine höhere Dissoziationskonstante als 10^{-8} besitzen. Ihre Anwendung ist durch Patente geschützt. Hier seien Piperidin[1]), Hexamethylentetramin (Urotropin), p-Phenylendiamin[2]), Nitrosodimethylanilin[3]) genannt.

Die Kaltvulkanisation geschieht in der Weise, daß man eine Form in eine benzolische Kautschuklösung taucht und wieder herauszieht, das Lösungsmittel verdunsten läßt, dies öfter wiederholt, bis man eine genügend starke Schicht auf der Oberfläche der Form erzeugt hat. Diese Schicht wird dann in eine Schwefelchlorür-Schwefelkohlenstofflösung eingetaucht, wobei Vulkanisation eintritt. So werden z. B. Gummihandschuhe gemacht.

Über das Problem der Vulkanisation des Kautschuks und seiner Regeneration aus Vulkanisaten ist schon so lange gearbeitet worden, als man die praktische Verwendung dieses wichtigen Rohstoffes kennt. Man kann zwei Richtungen in den Anschauungen unterscheiden[4]). Die ältere ist die rein chemische; sie nimmt an, daß der Schwefel beim Vul-

[1]) D. R. P. 265 221, 280 198, 266 618, Kl. 39b. 1. (16. XI. 12.)

[2]) Gottlob, Gum.Ztg. **33**, 87 [1918].

[3]) Peachy, Journ. Soc. Chem. Ind. **36**, 950 [1917]; — Twis, ebenda **36**, 1072 [1917].

[4]) Harries, Ber. **49**, 1196 [1916]; vgl. auch Koll.Z. **19**, H. 1 [1916].

kanisationsprozeß infolge der Hitze vom Kautschukmolekül gebunden wird. Hugo Erdmann stellte später die Hypothese vom Thiozon auf und glaubte, daß die Doppelbindungen des Kautschuks in analoger Weise wie das Ozon O_3 das Thiozon S_3 addieren können. Bei dieser Annahme war es verständlich, warum der vulkanisierte Kautschuk sich so schwer wieder revulkanisieren ließ. Auch Spence und Scott[1]) ziehen aus ihrem umfangreichen experimentellen Material den Schluß, daß eine chemische Bindung des Schwefels bei der Vulkanisation erfolgt, wobei allerdings Adsorption des Schwefels als Reaktionsvorläuferin angenommen wird.

Im Gegensatz hierzu steht die physikalisch-chemische Richtung, die in der Schwefelaufnahme nur einen Adsorptionsvorgang als Folge der kolloidalen Natur des Kautschuks erblickt. Diese hat besonders in Wolfgang Ostwald[2]) und in Bysow[3]) ihre Verfechter gefunden.

Natürlich haben sich auch vermittelnde Stimmen geltend gemacht. So habe ich früher den vulkanisierten Kautschuk, „wenigstens zum Teil, für eine ‚feste' Lösung im Sinne von van't Hoff" definiert[4]). Die Gründe für diese Stellungnahme beruhten entsprechend dem damaligen Stand der Forschung darauf, daß dem vulkanisierten Kautschuk zwar durch Extraktionsmittel ein großer Teil des Schwefels entzogen werden kann, ein anderer aber, ca. 2—4%, hartnäckig festgehalten wird, und, was sehr wichtig erscheint, nach Axelrod[5]) und Alexander[6]) in chemische Umsetzungsprodukte wie Tetrabromid oder Nitrosit übergeht. Hinrichsen und Kindscher fanden ferner 1910[7]), daß bei der Kaltvulkanisation, d. h. bei der Behandlung von in Benzol gelöstem Kautschuk mit Schwefelchlorür, eine Verbindung entsteht, die eine ganz bestimmte Zusammensetzung zu haben scheint[8]). Trotzdem hat W. Ostwald[9]) seine Hypothese, daß auch hier ein Absorptionsvorgang vorliege, aufrechterhalten. Man muß W. Ostwald hierin recht geben, denn die Untersuchung von Hinrichsen und

[1]) Koll.Z. **8**, 304 [1911].

[2]) Koll.Z. **6**, 136 [1910].

[3]) Koll.Z. **6**, 281 [1910]; **7**, 160 [1910].

[4]) Vortrag Wien 1910; Gum.Ztg. **24**. —Es ist möglich, daß die zünftigen Kolloidchemiker diesen Ausdruck als unkorrekt beanstanden, jedoch wurde er im Sinne der Ostwaldschen Hypothese gebraucht.

[5]) Chem. Ztg. **21**, 1229 [1907].

[6]) Chem. Ztg. **34**, 784 [1910].

[7]) Koll.Z. **6**, 202 [1910]; Gum.Ztg. **24**, 1258 [1910].

[8]) R. Ditmar warnt in der Einleitung zu seinem Buche „Der Kautschuk, eine kolloidchemische Monographie", Berlin 1912, Julius Springer, ausdrücklich vor einer einseitig kolloidchemischen Kautschukforschung, da in der Natur neben kolloidchemischen Reaktionen stets rein chemische nebenher laufen.

[9]) Koll.Z. **7**, 45 [1910].

Kindscher ist mit sog. gereinigtem Kautschuk ausgeführt, das heißt mit einem durch mehrfaches Umfällen und Extrahieren nach meiner Vorschrift gewonnenen Präparat. Ich habe mich aber überzeugt, daß solcher umgefällter Kautschuk mit Naturkautschuk nur noch in chemischer, nicht aber in kolloidchemischer Beziehung verglichen werden darf, da der umgefällte Kautschuk sich in dieser Richtung außerordentlich gegen den Naturkautschuk verändert[1]).

Auf dieses Verhalten ist bisher niemals öffentlich mit genügender Schärfe hingewiesen worden. Manche Kautschukchemiker aus der Praxis haben mich allerdings persönlich schon vor langer Zeit auf dasselbe aufmerksam gemacht. Da ich zunächst aber den chemischen Bau des Kautschukmoleküls bearbeitete, so kam es mir auf diesen feineren kolloidchemischen Unterschied noch nicht an. Ich bin der Ansicht, daß die Versuche Hinrichsens mit nicht umgefälltem Naturkautschuk wiederholt werden sollten. Im folgenden beschäftige ich mich vorläufig nur mit der Heißvulkanisation.

Auch hier muß man noch weitere scharfe Unterscheidungen machen, nämlich gewöhnliche Vulkanisation mit ca. 10% Schwefel, Erhitzen auf 145° bis 3 Atm. ca. 30 Minuten, wie sie zur Herstellung vieler wichtiger Gummiwaren, z. B. Autoschläuchen, benutzt wird, und erschöpfende Vulkanisation, z. B. bei den Vollgummireifen. Letzterer Vorgang soll diesmal nur kurz gestreift werden.

Bei der gewöhnlichen Vulkanisation sind dann noch zwei Vorgänge zu beachten: Primärvulkanisation und Nachvulkanisation. Der Übergang von der ersteren in letztere tritt ein beim längeren Lagern an warmen Orten oder beim Gebrauch, z. B. bei Autoschläuchen, infolge von Erhitzung beim schnellen Laufen. Diesen Umständen hat schon Hinrichsen[2]) eingehende Untersuchungen gewidmet. Ferner kann sie nach Seidl[3]) durch katalytisch wirkende Zusätze wie Bleioxyd beschleunigt werden.

Will man Klarheit erlangen, so muß zuerst die Primärvulkanisation an frisch vulkanisierten Kautschukproben untersucht werden, denen kein Beschleuniger zugesetzt und deren Nachvulkanisation auch durch Anwendung von niedrigen Temperaturen bei der Extraktion des Schwefels möglichst vermieden wurde. Hier hat sich folgendes eindeutige Resultat ergeben:

---

[1]) So gleicht auch der künstliche Isoprenkautschuk nur dem umgefällten Kautschuk, nicht aber dem Naturkautschuk. Ein künstlicher Kautschuk, der dem letzteren in kolloidchemischer Hinsicht völlig ähnlich wäre, soll erst noch erfunden werden.

[2]) Koll.Z. 8, 245 [1911].

[3]) Gum.Ztg. 25, 710, 748 [1911].

I. Die Primärvulkanisation ist ein Adsorptionsvorgang, denn der Schwefel läßt sich mit Azeton auch ohne Zusatz von Metallen praktisch quantitativ[1]) extrahieren. Diese Beobachtung steht in Übereinstimmung mit Erfahrungen, die die Chemiker der Continental-Kautschuk-Compagnie in Hannover schon vor längerer Zeit gemacht haben[2]).

II. Der Schwefel geht bei primärvulkanisiertem Kautschuk nicht in die Derivate über. Sättigt man nämlich ein solches Präparat, welches in Chloroform aufgequollen wurde, mit Chlorwasserstoff, so gewinnt man ein Hydrochlorid, in welchem sich, obwohl es ganz unlöslich bleibt, nur geringe Mengen von Schwefel nachweisen lassen. Der Schwefel wird bei diesem Vorgang vom Chloroform herausgelöst. Auch daraus geht, wie aus der direkten Extraktion, hervor, daß der Schwefel nicht chemisch gebunden ist.

Anders verhält sich ein vulkanisierter Kautschuk, der Nachvulkanisation erlitten hat. Dieser geht bei der Behandlung mit Salzsäure in ein unlösliches Hydrochlorid über, in dem je nach der Dauer der Erhitzung mehr oder weniger Schwefel vorhanden ist. Hier besteht also Übereinstimmung mit den Befunden von Alexander und Axelrod.

III. Der Naturkautschuk ist die metastabile Form. Er wird durch die Vulkanisation in eine andere, dichtere[3]), träger reagierende Modifikation, das Vulkanisat, die stabile[4]) Form, umgewandelt. Die Vulkanisation sollte sich daher auch durch andere Stoffe als Schwefel bewerkstelligen lassen.

Wo. Ostwald hält die Schwefelaufnahme des Kautschuks als eine Folge der gegenseitigen Adsorption zweier disperser Phasen, des emulsoiden Kautschuks und des in ihm in irgendeiner dispersen Form verteilten Kautschuks. Diese Interpretation kommt der Wahrheit nahe, ist aber nicht erschöpfend, weil der Übergang der metastabilen in die stabile Form von einer chemischen Veränderung der Eigenschaften begleitet ist. Die Hydrochloride sind nämlich nicht identisch. Das Hydrochlorid des gefällten und nichtumgefällten Naturkautschuks

---

[1]) Vgl. dazu die Untersuchung von Hinrichsen und Kindscher, welche die Entschwefelung mittels Natronlauge und Metallen realisiert haben wollen. Die Entgegnung von Alexander, der die Möglichkeit bestreitet, hat wohl durch meine Ausführungen ihre Lösung gefunden.

[2]) Persönliche Mitteilung des Herrn Direktors Gerlach, Hannover. Auch J. B. Höhn soll diese quantitative Extraktion schon bewirkt haben.

[3]) Der Ausdruck „dichtere" bezieht sich hier nicht auf eine Änderung des spez. Gewichts, obwohl dieselbe wahrscheinlich ist.

[4]) Nicht zu verwechseln mit der sog. unlöslichen Form B des Kautschuks. Innerhalb der metastabilen Grenze gibt es noch drei verschiedene Formen.

wird von Chloroform aufgenommen, dasjenige des entschwefelten Vulkanisates ist darin vollkommen unlöslich. Die elementare Zusammensetzung beider ist die gleiche, ihre Zersetzungspunkte aber verschieden.

In strukturchemischer Beziehung ist bei beiden Formen ein Unterschied nicht erkennbar, wie durch Oxydation mit Ozon nachgewiesen werden konnte; indessen wird die stabile Form viel schwerer von Ozon angegriffen.

Die Löslichkeitsverhältnisse der metastabilen und der stabilen Form sind sehr verschieden. Man kann hierfür eine charakteristische Probe anführen, die in der Industrie auch wohl schon lange gebraucht wird. Überschichtet man eine kleine Menge dünn ausgewalzten Naturkautschuks, ca. 1 g, mit einigen Kubikzentimetern Schwefelkohlenstoff, so zergeht derselbe sofort und liefert beim Durchrühren eine dicke, fadenziehende, leimige Lösung. Das entschwefelte ausgewalzte Vulkanisationsprodukt verhält sich anders, es quillt auch stark auf, bleibt aber zusammenhängend flockig, nicht schleimige Fäden ziehend.

Sehr merkwürdig erschien früher, daß das durch Azeton entschwefelte Vulkanisationsprodukt sich nicht wieder heiß vulkanisieren läßt. Man gewinnt immer blasige oder spröde Produkte. Früher habe ich die Vermutung ausgesprochen, daß dem entschwefelten Vulkanisat bei der Extraktion durch Azeton ein Stoff entzogen werde, der die Vulkanisation begünstige. Setzt man aber den von Azeton und Schwefel sorgfältig befreiten Extraktionsrückstand (eine geringe Menge eines braunen Sirups) dem entschwefelten Vulkanisat wieder zu, so gelingt es auch dann nicht, die Wiedervulkanisation herbeizuführen. Etwas anderes ist es, wenn der Schwefel durch Schütteln mit Schwefelammonium entfernt wird, was aber nur unvollkommen gelingt; diese Proben lassen sich besser wiedervulkanisieren. Wahrscheinlich liegt dann aber der Grund darin, daß durch das alkalische Schwefelammonium auch eine teilweise Rückverwandlung des Vulkanisats in den metastabilen Zustand (Regenerierung) erfolgt ist. Die mechanische Prüfung zeigt indessen, daß man keine wahre Neuvulkanisierung erzielt hat. Elastizität, Dehnbarkeit, Zerreißfestigkeit und Belastungsfähigkeit sind viel geringer als bei einem frisch vulkanisierten Präparat.

Man kann jetzt folgende Erklärung für diese Tatsache geben. Nur die metastabile Form des Kautschuks hat diejenige kolloidale Beschaffenheit, nach Wo. Ostwald „emulsoide Form“, welche den Schwefel adsorbiert, wobei das Vulkanisationsprodukt solche Zähigkeit und Elastizität erlangt, die allgemein technisch als Norm angesehen werden.

Die Lösung des Problems, die Regeneration des Kautschuks aus vulkanisiertem Kautschuk zu ermöglichen, beruht deshalb in erster Linie darauf, die stabile in die metastabile Form zurückzuverwandeln. Die Entfernung des Schwefels tritt theoretisch eigentlich in zweite Linie, obwohl man praktisch auf die Herauslösung des kolloid gebundenen Schwefels zuerst Rücksicht nehmen muß. Bei allen Regenerationsverfahren spielt nämlich die Anwendung der Wärme eine große Rolle. Aus der früheren Auseinandersetzung geht aber hervor, daß, wenn der kolloid adsorbierte Schwefel aus dem Vulkanisat nicht vorher entfernt wird, durch die Wärme Nachvulkanisation stattfindet. Nach meiner jetzigen Erfahrung ist zwar die Rückumwandlung der stabilen in die metastabile Form in mehr oder minder vollkommenem Grade möglich. Die Schwierigkeir besteht hauptsächlich darin, die dem natürlichen Kautschuk innewohnenden kolloidalen Eigenschaften wieder zu erzeugen[1]).

Die Entfernung des durch Nachvulkanisation gebundenen Schwefels ist sehr schwer. Da es sich aber hierbei nur um einige Prozente (2—4 %) handelt, erscheint dieser Punkt nicht von solcher Wichtigkeit. Ich habe berechnet, daß bei einem Molekül von 3 $(C_{25}H_{40}) = 1020$ ein Atom Schwefel 3% betragen würde. Es kann deshalb keine reguläre Verbindung vorliegen. Auf die Einzelheiten der sehr umfangreichen und kostspieligen Untersuchungen, welche nach den angeführten Gesichtspunkten die technische Regeneration des vulkanisierten Altkautschuks erzielen wollten, will ich hier nicht näher eingehen, weil sie noch weiter verfolgt werden sollen. Ich möchte aber nicht verfehlen, hervorzuheben, daß die Continental-Kautschuk- und Guttapercha-Compagnie, Hannover, insbesondere Hr. Direktor Dr. Gerlach, meine Arbeiten nach den verschiedensten Richtungen mit Rat und Tat gefördert hat. Auch gab sie meinem Mitarbeiter, Dr. Ewald Fonrobert, Gelegenheit, in monatelanger Arbeit in ihren Fabrikanlagen die Laboratoriumsresultate im größeren Betriebe praktisch auszuprobieren und die Regenerate den genauen mechanischen Prüfungsmethoden zu unterziehen. Hierfür spreche ich auch an dieser Stelle meinen herzlichen Dank aus.

Heißvulkanisation von Naturkautschuk[2]).

Der Kautschuk (bester Parakautschuk) wurde zunächst ausgewalzt und dabei ausgiebig mit Wasser gewaschen; darauf wurden die

[1]) Etwas Ähnliches scheint schon Ditmar vorgeschwebt zu haben, als er in seinem vorher zitierten Buch erklärte, daß die mechanische Beanspruchung der bestimmende Faktor der Regeneration sei, welche ein Wiederbeleben unter Berücksichtigung der Dispersion des Systems sein müsse. Sehr klar ist aber die Sache nicht ausgedrückt.

[2]) Harries u. Fonrobert, Ber. **49**, 1390 [1916].

Felle, wie in der Technik üblich, durch Aufhängen an der Luft getrocknet. Diese Felle wurden dann wieder auf der Walze mit 10 Gewichtsprozent Schwefelblumen durch Haarsieb zur möglichst gleichmäßigen Verteilung bestreut und durchgemischt. Darauf wurde die Vulkanisation der Mischung bei ca. 145° unter 3 Atm. Druck im Dampfvulkanisator 30 Minuten in kleinen Ringscheiben von ca. 6 cm Durchmesser vorgenommen. Die Ringscheiben wurden mechanisch geprüft, sie zeigten die normalen Zahlen für guten Parakautschuk. Die erhaltenen Platten wurden wieder möglichst dünn ausgewalzt und davon 500 g in einem Extraktor mit Azeton behandelt. Der Extraktor, dem Soxhlet nachgebildet, wurde für diese großen Mengen besonders konstruiert, er besteht aus einer ca. 2 Liter enthaltenden unten tubulierten Flasche, welche bis nahe zur Höhe des Überlaufs zur Erhaltung einer gleichmäßigen Temperatur in ein Sandbad gesteckt wird. Die Pfropfen müssen vergipst sein, weil sie sonst bei der langen Versuchsdauer undicht werden. Das Azeton wird in einer Metallblase zum Sieden erhitzt, es muß von Zeit zu Zeit nachgefüllt werden (siehe nebenstehende Figur). Der vulkanisierte Kautschuk sintert allmählich bei der fortschreitenden Extraktion zusammen und bildet eine dicke, zähe Masse. Er wurde nach 30 Tagen herausgenommen und ausgewalzt, um neue Angriffsflächen zu bieten.

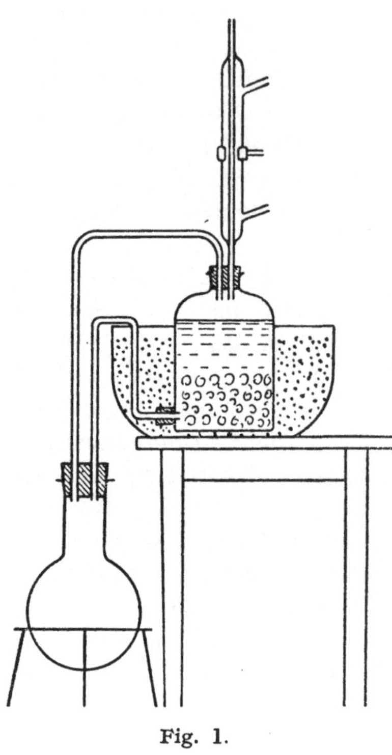

Fig. 1.

Probe 1 nach 12 Tagen: 0,2181 g Sbst.: 0,0188 g $BaSO_4$. — Probe 2 nach 30 Tagen: 0,2363 g Sbst.: 0,0081 g $BaSO_4$. — Probe 3 nach 38 Tagen: 0,2053 g Sbst.: 0,0065 g $BaSO_4$. — Probe 4 nach 60 Tagen: 0,2505 g Sbst.: 0,0052 g $BaSO_4$.

Daraus berechnet sich für 1. S 1,18, 2. S 0,47, 3. S 0,43, 4. S. 0,29.

Für die Bestimmung des Schwefels haben wir allein die Cariussche Methode, 3stündiges Erhitzen im Einschlußrohr mit ca. 3—5 ccm roter rauchender Salpetersäure auf 250°, zuverlässig gefunden[1]). Alle anderen

[1]) Zusatz von einigen Tropfen konz. Chlorwasserstoffsäure befördert die Zerstörung der organischen Substanz ganz wesentlich.

Methoden ergaben zu niedrige Werte. Hierauf ist übrigens von verschiedenen Seiten schon früher aufmerksam gemacht worden.

Nach 60 Tagen unterbrachen wir den Versuch, da nur noch sehr geringe Mengen Schwefel (ca. 0,25%) im Vulkanisat enthalten waren. Wir hielten dieses Produkt für praktisch schwefelfrei.

Das Vulkanisat bildet ausgewalzt vom Azeton befreit ein dichtes zähes Fell, welches oberflächlich kaum von einem solchen von gewaschenem Naturkautschuk zu unterscheiden ist, der Riß ist aber ein anderer, wie etwa bei gepreßtem Leder, die Elastizität ist geringer. Besondere Unterschiede fanden sich in der Löslichkeit, wie schon vorher auseinandergesetzt wurde. Alle Versuche, das extrahierte Vulkanisat nach demselben Verfahren wieder zu vulkanisieren, blieben erfolglos. Man erhielt graue bis schwarze, sehr weiche, blasige oder schaumige Massen, aber keine Platten. Extrahiert man aber den Parakautschuk selbst erschöpfend mit Azeton, natürlich ohne ihn umzufällen, so erhält man bei der geschilderten Vulkanisation sehr gute Platten. Hieraus geht hervor, daß das entschwefelte Vulkanisat eine andere Modifikation des Kautschuks darstellt.

Verhalten des Vulkanisats gegen Chlorwasserstoffsäure.

Um dies Verhalten zu untersuchen, ist zunächst das wie oben angegeben bereitete, nicht extrahierte Vulkanisat ausgewalzt in kleine Stücke zerschnitten, mit 20 Teilen Chloroform übergossen und nach 24stündigem Stehen mit trocknem Chlorwasserstoffgas gesättigt worden. Hierbei quellen die Stückchen stark auf, gehen aber nicht in Lösung. Das Einleiten von Chlorwasserstoff wurde mehrere Tage wiederholt, danach wurden die festen Stücke abgeseiht, mit Chloroform gewaschen und dann mit Alkohol so lange digeriert, bis die Stücke weiß und hart geworden waren. In getrocknetem Zustande ähnelt das Produkt dem des Naturkautschuks, welches auf gleiche Weise dargestellt wurde, äußerlich sehr. Es unterscheidet sich durch seine größere Härte. Es ist unlöslich in den gebräuchlichen Lösungsmitteln, während das des nur gewaschenen, aber nicht umgefällten Naturkautschuks von Chloroform zu einer dicken seimigen Lösung aufgenommen wird. Der Zersetzungspunkt liegt oberhalb 200°, während bei ca. 155° die Chlorwasserstoffabspaltung beginnt, also um ca. 10° höher als bei Naturkautschuk.

Zur Analyse wurde das Präparat im Vakuum über Schwefelsäure bis zur Gewichtskonstanz getrocknet.

0,1161 g Sbst.: 0,2450 g CO_2, 0,0886 g H_2O. — 0,2365 g Sbst.: 0,3102 g AgCl. — 0,1784 g Sbst. 0,0067 g $BaSO_4$.

$C_{10}H_{16}$ 2HCl.	Ber.	C 57,4,	H 8,64,	Cl 33,92,	S —
	Gef.	„ 57,55,	„ 8,54,	„ 32,45,	„ 0,52.

Hieraus geht hervor, daß der Schwefel praktisch bei diesem Verfahren durch das Chloroform herausgelöst wird.

Anders verhält sich ein Vulkanisat, welches längere Zeit, ca. 3 Stunden, auf 145° unter 3 Atm. Druck erhitzt wurde. Dasselbe, ebenso wie vorher geschildert mit Chlorwasserstoff behandelt, lieferte ein unlösliches Hydrochlorid von ganz gleichen Eigenschaften. Es ergab aber einen Gehalt von 2% Schwefel.

0,1967 g Sbst: 0,0293 g $BaSO_4$.

Analog verhalten sich die technischen Vulkanisate, von denen eine Anzahl in ähnlicher Weise untersucht wurde. Bei ihrer Behandlung mit Salzsäuregas hat sich aber gezeigt, daß man immer zweierlei Hydrochloride erhält, ein in Chloroform lösliches und ein unlösliches, schwefelhaltiges. Bei altem rotem Autoschlauch beträgt die Menge des ersteren bis über 20%. Dies ist ein Zeichen, daß die Vulkanisation hier nur unvollkommen durchgeführt wurde. Aber selbst bei Vollgummi kann man immer noch kleine Mengen lösliches Hydrochlorid nachweisen. Der eine von uns[1]) hatte früher ein Verfahren zur Regeneration von Kautschuk aus Altkautschuk ausgearbeitet, welches darauf beruhte, daß der ausgewalzte Altkautschuk mit Chloroform übergossen und mit Chlorwasserstoff gesättigt wurde. Der gelöste Anteil des Hydrochlorids wurde dann mit Pyridin oder einer anderen Base erhitzt, wobei ein schwefelfreies Regenerat erhalten wurde. Bei eingehender Untersuchung mit Ozon hat sich aber herausgestellt, daß hierbei Umlagerungen der Doppelbindungen eintreten (vgl. S. 66). Man findet unter den Spaltungsprodukten der Ozonide das Diazetylpropan neben Lävulinaldehyd und Lävulinsäure. Die Regenerate lassen sich zwar gut vulkanisieren, die Platten geben aber bei der mechanischen Prüfung nur unbefriedigende Zahlen, so daß eine praktische Verwendung der auf diesem Wege gewonnenen Regenerate ausgeschlossen war. Auch die unlöslichen schwefelhaltigen Hydrochloride sind untersucht worden, wobei sich gezeigt hat, daß der gebundene Schwefel in das Hydrochlorid und nach dem Abspalten der Chlorwasserstoffsäure mit Base wieder bis zu 3% in das Regenerat übergeht. Da aber die technischen Kautschukwaren stets eine beträchtliche Menge Sulfide und andere anorganische Bestandteile enthalten, so ist hier nicht klar zu sagen, ob der Schwefel chemisch am Kautschuk gebunden ist.

Vergleichende Untersuchung des Vulkanisats und des rohen Naturkautschuks gegenüber Ozon.

Diese Untersuchung verfolgte mehrere Ziele. Zunächst sollte festgestellt werden, ob bei der Heißvulkanisation durch den Schwefel

[1]) Harries, D. R. P.

eine Verschiebung der Doppelbindung erfolgte. Dies hätte man leicht an dem Auftreten von Diazetylpropan oder dessen Anhydrierungsprodukt, dem Methylzyklohexenon, feststellen können. Wie gleich vorweggenommen werden soll, ist dies nicht der Fall, höchstens können Spuren von Methylzyklohexenon unter den Spaltungsprodukten des Ozonids zugegen sein. Es findet also in dieser Beziehung keinerlei chemische Veränderung bei der Primärvulkanisation statt. Das mit Azeton entschwefelte Vulkanisat wird aber in Essigestersuspension außerordentlich schwer angegriffen, so daß man zur vollkommenen Lösung desselben, d. i. Überführung in Ozonid, sehr lange Zeit und sehr starkes Ozon gebrauchen muß[1]).

Hierdurch wird fast alles Ozonid in Oxozonid umgewandelt. Das Oxozonid liefert aber bei der Spaltung mit Wasser wenig Aldehyd und viel Säure[2]). So darf man sich nicht wundern, wenn die Resultate zwischen Vulkanisat und Rohkautschuk in dieser Beziehung voneinander differieren. Die Ozonisierung des natürlichen Rohkautschuks sollte schon lange ausgeführt werden, um festzustellen, ob in ihm noch andere Produkte als im gereinigten extrahierten und mehrfach umgefällten Kautschuk enthalten sind. Außerdem bestand die Absicht, hierbei mit großen Mengen und nach den neuen Isolierungsmethoden[3]) zu arbeiten, um ja alle etwaigen Spaltungsprodukte wirklich fassen zu können. Früher war die Spaltung des Kautschukozonids mit nur 5—50 g ausgeführt worden.

Naturkautschuk wurde also nur zur Vorbereitung für die Ozonisierung wie für die Vulkanisierung auf der Walze ausgiebig gewaschen und dann wieder getrocknet. Als Resultat ergab sich, daß der untersuchte Parakautschuk sehr rein war; bei einem solchen Produkt ist die ganze früher geübte umständliche Reinigung durch Umfällen und Extrahieren mit Azeton eigentlich unnötig. Der Rohkautschuk wird nur etwas schwerer in Essigesteraufquellung von Ozon angegriffen als der sog. gereinigte. Infolge der längeren Ozonisierungsdauer erhält man auch hier Oxozonid und daher unverhältnismäßig mehr Lävulinsäure als Lävulinaldehyd, wie in Chloroformsuspension. Irgendwelche anderen Spaltungsprodukte, wie bereits früher gefunden, konnten auch jetzt nicht beobachtet werden (vgl. die Übersicht). Die Versuchsreihen zeigten, daß durch die Primärvulkanisation eine Strukturveränderung nicht eintritt. Wahrscheinlich nimmt der Kautschuk beim Übergang in das Vulkanisat eine andere Molekulargröße an.

[1]) Wenn man das Diazetylpropan bei der Spaltung des Ozonids isolieren will, muß man Essigester und nicht Chloroform anwenden, da sonst die bei der Ozonisierung auftretende Salzsäure das Diazetylpropan in Methylzyklohexenon umwandelt.

[2]) Harries u. Hagedorn, Ber. **45**, 936 [1912].

[3]) Harries u. Fonrobert, s. a. a. O.

Azetonextrahiertes Vulkanisat.

Von dem vorher beschriebenen azetonextrahierten Vulkanisat, welches nach der Analyse nur noch ca. 0,25% Schwefel enthielt, wurden 300 g, in 10 Portionen, mit der 20fachen Menge Essigester übergossen und zunächst mit gewaschenem Starkozon behandelt. Nach 4wöchentlicher Behandlung waren noch etwa 50—100 g unangegriffen. Diese wurden abfiltriert, mit Chloroform übergossen und weiter mit Rohozon ozonisiert. Dabei wurde das Präparat schneller angegriffen. Es verblieb ein bräunlicher Schlamm als Rückstand, insgesamt 16 g, der zum Teil anorganischer Natur war.

Die Essigester- und die Chloroformlösungen wurden getrennt weiter bearbeitet. Sie wurden im Vakuum eingedampft, wobei als Essigesterrückstand das Rohozonid hinterblieb. Dieses wurde ohne weitere Reinigung in zwei Portionen mit der fünffachen Menge Wasser durch Kochen unter Rückfluß gespalten; dabei gehen durch den Kühler beträchtliche Mengen Kohlendioxyd und Azetaldehyd (letzteres von der Oxydation des Essigesters herrührend) fort. Das Ozonid löst sich fast ganz auf. Der Rückstand betrug nur 3,5 g Harz.

Die filtrierte Lösung wurde sofort mit gefälltem Kalziumkarbonat unter Turbinieren neutralisiert, filtriert und im Vakuum wie früher angegeben eingedampft. Das wässerige Destillat wurde mit Kochsalz gesättigt und mit Äther zehnmal ausgeschüttelt (I.), sodann bis zum Verschwinden der Pyrrolreaktion mit Wasserdampf behandelt. Die Wasserdampfdestillate wurden zur Isolierung des übergegangenen Lävulinaldehyds mit essigsaurem Phenylhydrazin und wenig Salzsäure versetzt, wodurch sich 2,1 g Phenylmethyldihydropyridazin abscheiden ließen. Dies entspricht 1,25 g freiem Lävulinaldehyd. Die beim Eindampfen im Vakuum zurückbleibenden Kalziumsalze wurden pulverisiert und im Soxhlet erschöpfend mit abs. Äther extrahiert (II.). Die Ätherrückstände von I und II betrugen vereint 77 g, die Kalziumsalze getrocknet 650 g.

I. Verarbeitung der Ätherextrakte. Destillation im Hochvakuum bei 0,5—1 mm Druck.

Fraktionen	1:	in der Äther- und Kohlensäurevorlage	13 g
„	2:	bis 50°	14 „
„	3:	50—100°	14 „
„	4:	100—130°	24,4 „
„	5:	130—170°	4 „
„	6:	Rückstand Harz	7 „

Die einzelnen Fraktionen wurden darauf zuerst bei gewöhnlichem und später bei 10 mm Druck weiter rektifiziert; dabei ergab:

1. Sdp. 20—101° unter 750 mm Druck ein Gemenge von Azetaldehyd und Ameisensäure;
   bei der Titration mit n-KOH: 5,98 g Ameisensäure;
2. Fraktion a) bis 25° unter 14 mm, 11 g; darin durch Titration 6,82 g Ameisensäure nachweisbar, Rückstand 3 g zu Fraktion 3 gegeben;
3. Fraktion a) 25—50°, 14 mm, 6 g, enthält noch 4,36 g Ameisensäure;
   Fraktion b) 50—75°, 0,5 g, Lävulinaldehyd;
   „ c) 75—100°, 6 g, entfärbt Brom, reduziert Fehling sehr schwach, liefert ein Semikarbazon, aus Alkohol umkristallisiert, Schmelzpunkt 151—152°.

Dies Produkt ist nach der Analyse Lävulinsäureäthylestersemikarbazon, dessen Entstehung leicht zu erklären ist.

0,1804 g Sbst.: 0,3101 g CO_2, 0,1196 g H_2O. — 0,1421 g Sbst.: 24,7 ccm N (12° 764,5 mm).

$C_8H_{15}O_3N_3$. Ber. C 47,7, H 7,5, N 20,9.
Gef. „ 46,9, „ 7,4, „ 20,7.

Der Rückstand wurde zu 5 gegeben.

5. Fraktion a) 100—150° unter 14 mm 22 g fast reine Lävulinsäure,
   Fraktion b) 150—170° unter 0,5 mm Druck, wenige Gramm hellgelben Öles, nicht erstarrend, feste Derivate waren nicht zu erhalten.

II. Verarbeitung der Kalziumsalze (aus dem Essigesterozonid 650 g).

Die Kalziumbestimmung ergab einen Gehalt von 19,9% Ca.

Bestimmung der flüchtigen Fettsäuren:

Trennung von Ameisensäure und Essigsäure.

10,33 g der Salze wurden in Wasser gelöst mit verdünnter Schwefelsäure übersättigt und mit Wasserdampf behandelt. Das Destillat auf 1000 ccm aufgefüllt und direkt titriert, darauf mit Quecksilberoxyd oxydiert, angesäuert, abgeblasen und wieder titriert.

Man erhielt so

0,74 proz. Ameisensäure, oder auf das Ganze berechnet 21,91 g,
und 37,6 proz. Essigsäure, „ „ „ „ „ 244,4 g.

Bestimmung der höher siedenden Säuren:

Hierzu wurde das Kalziumsalz 600 g in 300 g Wasser gelöst mit Schwefelsäure (305 ccm konz. H_2SO_4 + 300 g H_2O) eisgekühlt versetzt. Vom ausgeschiedenen Gips wurde abgepreßt, der Gips mit 250 ccm

Wasser nachgewaschen. Beim Eindampfen der wässerigen Flüssigkeit in vacuo hinterblieben 170 g ölige Säuren, welche über 50° bei 12 mm siedeten. Diese wurden in 1300 g Methylalkohol, der 3% Salzsäuregas enthielt, drei Tage bei gewöhnlicher Temperatur sich selbst überlassen, sodann im Vakuum bis 50° eingedampft. Der Rückstand wog ungefähr 300 g. Dieser wurde in zwei Teile geteilt und nach zwei verschiedenen Methoden verarbeitet.

Teil A.

150 g wurden mit der aus 100 g Silbernitrat erhaltenen Menge feuchten Silberoxyds neutralisiert, filtriert, eingedampft, der Rückstand mit Äther aufgenommen. Er war vollkommen löslich. Der Ätherauszug, vom Äther befreit, wurde nach dem Trocknen über Magnesiumsulfat im Hochvakuum (1—4 mm) fraktioniert.

1.	Vorlauf bei	40°	. . . .	6 g	
2.	„ „	40—100°	. . . .	45 „	wasserhell
3.	„ „	100—130°	. . . .	2,5 „	hellgelb
4.	„ über	130°	. . . .	6,0 „	dunkel
				59,5 g	

Der Vorlauf enthielt noch 2 g Lävulinsäuremethylester, nachgewiesen durch das Phenylhydrazon, Schmelzpunkt 98°.

Fraktion 2 bestand aus 82% Lävulinsäuremethylester und 4,5% Bernsteinsäuredimethylester, wie nach der früher geschilderten Methode vermittels Phenylhydrazin nachgewiesen werden konnte[1]) (vgl. S. 97).

Fraktion 3 enthielt etwas Lävulinsäure.

Fraktion 4 konnte nicht weiter identifiziert werden.

Teil B.

150 g Rohester wurden mit der aus 160 g $BaCl_2 + 2\,H_2O$ frisch bereiteten Menge feuchten $BaCO_3$ versetzt, filtriert und mit Äther behandelt. Der Ätherrückstand, mit Magnesiumsulfat getrocknet, fraktioniert.

1.	Vorlauf	bis 40° unter	12 mm Druck	. .	20 g	
2.	„	40—100° „	1—4 „ „	. .	34 „	farblos
3.	„	100—160° „	1—4 „ „	. .	1,5 „	hellgelb
4.	„	Rückstand		. .	4,0 „	dunkel
					59,5 g	

1) Harries u. Fonrobert, Lieb. Ann. **404**, 222—223 [1914].

Der Vorlauf lieferte 2,6 g Lävulinsäuremethylesterphenylhydrazon, Schmelzpunkt 98°.

Fraktion 2 enthielt 88% Lävulinsäuremethylester und etwas Bernsteinsäuredimethylester, wie vorher getrennt.

Fraktion 3 enthielt geringe Mengen Lävulinsäure.

Der Rückstand war nicht zu identifizieren.

Der in Chloroform ozonierte Anteil wurde in ganz gleicher Weise verarbeitet, die hierbei gewonnenen Werte sind unter II in der Übersicht aufgeführt, während in I die in Essigester erhaltenen Werte dargestellt sind.

Übersicht über die Resultate, welche bei der Spaltung des von 300 g entschwefeltem Vulkanisat erhaltenen Oxozonids gewonnen wurden:

			Summe
Rückstand beim Ozonisieren . . .	I. 16,0		16,0 g
Rückstand beim Spalten	I. 3,5	II. 2,4	5,9 „
Aldehyd aus Pyridazin ber.	I. 1,25	II. 7,7	8,95 „
roher Aldehydanteil	I. 77,0	II. 6,0	83,0 „
Kalziumsalze	I. 650,0	II. 60,0	
davon ab Kalzium	I. 130,0	II. 8,2	
Essigsäure[1])	I. 244,4	II. 10,3	
Säuren aus Kautschuk	I. 275,6	II. 41,5	317,1 „
		Ausbeute:	430,95 g

Darin sind näher charakterisiert worden:

			Summe
Lävulinaldehyd (rein)	I. 1,75	II. 10,8	12,55 g
Ameisensäure	I. 21,91	II. 1,68	23,59 „
(Essigsäure)	I. 244,4	II. 10,3	317,1 g)
Lävulinsäure	I. 105,0	II. 7,25	112,25 g
deren Äthylester	I. 6,0	II. —	6,00 „
Bernsteinsäure	I. 1,5	II. —	1,5 „

Ozonisierung von Rohkautschuk.

Der Kautschuk (dieselbe Probe, welche zur Herstellung des Vulkanisats benutzt war) wurde vor der Ozonisierung nur ausgewalzt und dabei ausgiebig gewaschen, dann in Fellen getrocknet und 330 g da-

[1]) Die Essigsäure stammt von dem als Lösungsmittel angewandten Essigester.

von in kleine Stücke zerschnitten. In Portionen von 56 g mit ca 1000 g Essigester übergossen wurde er mit starkem Rohozon behandelt, wobei auf 1 g ca. 2,5 Stunden Einleiten bis zur Lösung entfielen. Hierbei blieben im ganzen ca. 30 g unangegriffen. Die Ozonidmenge sämtlicher Portionen wurde, wie vorher beschrieben, weiter verarbeitet. Beim Zersetzen mit Wasser hinterblieben 10,5 g als harziger Rückstand. Mit $CaCO_3$ neutralisiert und eingedampft, erhielt man 630 g Kalziumsalze mit einem Gehalt von 19% Ca. Der ausgeätherte rohe Aldehydanteil betrug 154 g. Durch Wasserdampf wurde aus dem mit Kochsalz versetzten ausgeätherten Destillat von den Kalziumsalzen noch etwas Lävulinaldehyd übergetrieben, der mit Phenylhydrazin 10 g Phenylmethylpyridazin ergab.

Es wurden so erhalten (angewandt 330 g Rohkautschuk):

Ozonisierungsrückstand		30 g
Harz bei der Ozonidspaltung		10,5 „
Aldehyd aus Pyridazin		6,0 „
roher Aldehydanteil		154,0 „
Kalziumsalze	630 g	
davon ab Kalzium	119,7 „	
Essigsäure	233,7 „	
Säuren aus Kautschuk	276,6 g	276,6 „
	Summe	467,1 g

Darin sind näher charakterisiert worden:

Lävulinaldehyd (rein)	53,0 g
Lävulinsäure	248,0 „
Ameisensäure	6,2 „
Bernsteinsäure	1,2 „
(Essigsäure	233,7 „)
	542,1 g
ohne Essigsäure	308,4 „

Es bleibt also ein Verlust von 158,0 g, der erst bei der Verarbeitung entstand. Derselbe ist besonders auf Kosten des Lävulinaldehyds und des Lävulinsäuremethylesters, der sehr flüchtig ist, zu setzen. Wir glauben aber sicher annehmen zu können, daß sich trotz dieses Verlustes irgendwelche andere Körper von Wichtigkeit in den Spaltungsprodukten der Untersuchung nicht entzogen haben dürften.

Kapitel VIII.

Guttapercha.

Die Guttapercha[1]) ist viel weniger verbreitet als der Kautschuk, sie findet sich in einigen Bäumen, besonders Sapotazeen Hinterindiens und des Malaiischen Archipels, den Sundainseln und Neuguinea. Der eigentliche Guttapercha führende Baum, Palaquium gutta, ist durch Raubbau sehr zurückgegangen, und heute wird nur noch Gutta aus P. oblongifolium gewonnen. Die Guttapercha ist bereits im 17. Jahrhundert nach Europa gekommen, aber erst das Jahr 1847 bedeutet den Ausgangspunkt für die industrielle Verwertung dieses Stoffes als vorzüglicher Isolator für Kabel, welche Werner von Siemens einführte. Der einzige natürliche, einigermaßen gute Ersatz für die Guttapercha ist die Balata[1]), aus Mimu-sops balata (Gaertner). Die Mimu-sopeen sind über die ganze Erde verbreitet.

Guttapercha wird in ähnlicher Weise durch Anritzen und Sammeln des Saftes gewonnen wie der Kautschuk. Im äußeren unterscheidet sie sich wesentlich, indem sie eine harte rötlichgelbe oder gelbliche poröse Masse darstellt, die, auf 80—100° erwärmt, sich kneten läßt und dann beim Erkalten erhärtet. Die rohe Guttapercha enthält zwei Harze, Alban und Fluavil, von denen der reine Kohlenwasserstoff sich verhältnismäßig leicht trennen läßt.

Die Guttapercha wurde in der früher beim Kautschuk angegebenen Weise durch dreimaliges Auflösen in Chloroform und Fällen mit Alkohol gereinigt und zwischen jeder Umfällung mit Azeton längere Zeit extrahiert. Hierbei benutzten wir aber nicht wir früher den Soxhletapparat, da die Guttapercha bei der Temperatur des siedenden Azeton gewöhnlich zusammenschmilzt und dann schwierig zu extrahieren ist, sondern wir schüttelten die möglichst zerkleinerte Masse mit Azeton je 12 Stunden bei Zimmertemperatur auf der Maschine. Das Produkt wurde dadurch wesentlich reiner erhalten als bisher.

Die so gereinigte Masse stellt eine weiße, feste, kristallinisch aussehende Substanz dar, die äußerlich dem Kautschuk sehr wenig ähnelt, in chemischer Beziehung aber weitgehende Analogien besitzt. Ganz ähnlich verhält sich die Balata.

---

[1]) Eugen Obach, Die Guttapercha. Dresden, Steinkopf & Springer, 1901. Die genaueste Monographie, die wir über diesen Gegenstand besitzen. Ferner Franz Clouth, Leipzig 1899. Bernh. Fr. Voigt. — Wiesner, Die Rohstoffe des Pflanzenreichs. Leipzig, Fr. Engelmann, 1901. Bd. I, III. Aufl. 1914.

Die Trockendestillation der Guttapercha ist bereits von Himly 1835[1]) studiert worden. Er fand dabei dieselben Produkte der Destillation wie beim Kautschuk. Die Identität von Isopren aus Kautschuk und Guttapercha wurde 1860 von Williams bewiesen[2]). In neuerer Zeit hat W. Ramsay[3]) die Versuche Himlys wieder aufgenommen und bestätigt. Ferner hat A. Tschirch über die Guttapercha Untersuchungen angestellt[4]). Beide Forscher kommen zu dem Resultat, daß der in der Guttapercha enthaltene Kohlenwasserstoff eine weiße kristallinische Masse von der Formel $(C_{10}H_{16})_x$ darstellt, die durch den Sauerstoff der Luft anscheinend noch leichter als Kautschuk angegriffen wird. Ramsay hat ferner gezeigt, daß sich die Molekulargröße nach der Ebulioskopischen Methode nicht bestimmen läßt, da keinerlei Siedepunkterhöhung des Lösungsmittels beobachtet werden kann.

1. Derivate der Guttapercha.

Nitrosit. Harries[5]) hat nach demselben Verfahren wie beim Kautschuk die Guttapercha beim Behandeln mit salpetriger Säure in ein Nitrosit übergeführt. Zuerst scheidet sich ein gummiartiger Körper ab, der dann beim längeren Einleiten fest und in Essigester löslich wird.

Zur Gewinnung eines einheitlichen Präparats wurde dasselbe in Essigester weiter nitrosiert. Der Zersetzungspunkt liegt wieder bei 160—161°, die Eigenschaften sind genau die gleichen wie diejenigen des „Nitrosits c“. Eine Analyse ergab zwar noch auf die Formel $C_{10}H_{15}N_3O_7$ stimmende Werte, jedoch sind sie nicht so zufriedenstellend wie die der Kautschukpräparate, wenigstens in Anbetracht der Reinheit der angewandten Substanz.

$(C_{10}H_{15}N_3O_7)_2$.	Ber.	C 41,52,	H 5,19,	N 14,53.
	Gef.	„ 41,13,	„ 5,43,	„ 13,97.

Die Molekulargewichtsbestimmung in Azeton nach Landsberger-Riiber ergab die Zahl 375, während $C_{10}H_{15}N_3O_7$ 289, das zweifache Molekül aber 568 beträgt. Es ist dies die erste Unregelmäßigkeit, die bisher beobachtet wurde. Es sei noch bemerkt, daß sehr sorgfältig nach Ramsay mit Azeton im Soxhletapparat ausgekochte Guttaperchapräparate keine besseren Resultate lieferten. Allerdings erhielt ich bei Anwendung von 6 g einer solchen Guttapercha 13 g „Nitrosit c“, d. i. die theoretische Ausbeute.

---

[1]) S. a. a. O.
[2]) Proc. Royal Soc. **10**, 516 [1860].
[3]) Journ. Soc. Chem. Ind. **31**, 1367 [1902].
[4]) Arch. d. Pharm. **243**, 114 [1905].
[5]) Ber. **36**, 1938 [1903].

Von der Guttapercha war nicht bekannt, daß sie mit Halogenwasserstoffsäure feste Additionsprodukte liefert. Dieselben werden aber nach dem S. 17 beschriebenen Verfahren genau ebenso leicht erhalten; sie unterscheiden sich kaum von den entsprechenden Kautschukpräparaten[1]).

Guttaperchadihydrochlorid $(C_{10}H_{16}2HCl)_x$. Grauweiße, zähe, später bröcklig werdende Masse. Ausbeute 96%. Löslich in Chloroform, nicht in Alkohol. Spaltet gegen 170° Chlorwasserstoff ab und zersetzt sich völlig oberhalb 200°.

0,1052 g Sbst. (nach Dennstedt): 0,2216 g CO_2, 0,0855 g H_2O, 0,0362 g Cl

$C_{10}H_{18}Cl_2$. Ber. C 57,40, H 8,68, Cl 33,92.
Gef. „ 57,45, „ 9,10, „ 34,41.

Guttaperchadihydrobromid $(C_{10}H_{16}2HBr)_x$, bildet eine weißgraue, später braune, zähe Masse. Ausbeute ca. 82%. Löslich in Chloroform, nicht in Alkohol. Spaltet gegen 144° Bromwasserstoff ab und zersetzt sich oberhalb 200°.

0,1121 g Sbst. (nach Dennstedt): 0,1633 g CO_2, 0,0646 g H_2O, 0,0601 g Br.

$C_{10}H_{18}Br_2$. Ber. C 40,27, H 6,09, Br 53,64.
Gef. „ 39,73, „ 6,45, „ 53,61.

Guttaperchadihydrojodid $(C_{10}H_{16}2HJ)_x$ ist eine zunächst rein weiße, sehr schnell braun werdende Masse. Ausbeute 92%. Löslich in Chloroform, nicht in Alkohol. Zersetzt sich schon gegen 100°, spaltet Jod und Jodwasserstoff bei 125—135° ab.

0,1225 g Sbst. (nach Dennstedt): 0,1354 g CO_2, 0,0612 g H_2O, 0,0782 g J.

$C_{10}H_{18}J_2$. Ber. C 30,61, H 4,63, J 64,76.
Gef. „ 30,14, „ 5,59, „ 63,84.

Zu bemerken ist, daß alle die angeführten Kautschukarten mit Fluorwasserstoff in gleicher Weise behandelt, keine Hydrofluoride bilden, dabei aber andere eigenartige Veränderungen erleiden, über die später noch berichtet werden soll.

α-Isoguttapercha[2]).

Erhitzt man Guttaperchadihydrochlorid mit Pyridin unter Druck, so spaltet es genau wie das Kautschukdihydrochlorid praktisch vollkommen die Chlorwasserstoffsäure ab und geht in ein Produkt von bräunlicher Farbe von sehr elastischen Eigenschaften über, von Harries zuerst Regenerat I aus Guttapercha genannt, das von Benzol

---

[1]) Harries u. Fonrobert, s. a. a. O.

[2]) Harries u. Fonrobert, Ber. **46**, 742 [1913]. — Lichtenberg, Lieb. Ann. **406**, 228 [1914].

beim Erwärmen glatt aufgenommen wird. Die α-Isoguttapercha besitzt die Formel $(C_{10}H_{16})_x$ und sieht dem α-Isokautschuk (Regenerat I) äußerlich sehr ähnlich, sie ist indessen dehnbarer als dieses und wird von Benzol beim Erwärmen glatt aufgenommen, bisweilen bleibt indessen ein unlöslicher aufgequollener Rückstand.

Die Analyse des einmal umgefällten Rohprodukts ergab folgende Werte.

0,1126 g Sbst. (nach Dennstedt): 0,3643 g CO_2, 0,1219 g H_2O, 0,0003 g Cl.

$C_{10}H_{16}$. Ber. C 88,15, H 11,85, Cl —
Gef. „ 88,24, „ 12,11, „ 0,27.

Diozonid. Zur Darstellung dieses Präparats mußte das Regenerat in Chloroform gelöst und wie vorher sehr lange mit Ozon behandelt werden. Das Ozonid gleicht den früher beschriebenen.

0,1692 g Sbst.: 0,3242 g CO_2, 0,1124 g H_2O.

$C_{10}H_{16}O_6$. Ber. C 51,70, H 6,95.
Gef. „ 52,26, „ 7,43.

(Spaltung S. 122.)

2. Verhalten der Guttapercha gegen Ozon.

Die Guttapercha[1]) lagert, selbst mit stärkstem, umgewaschenem Ozon gerade bis zur Sättigung behandelt, zuerst immer nur 2 O_3 an. Wenn man dann länger ozonisiert, wird das zuerst gebildete Diozonid ziemlich schnell weiter bis zum Dioxozonid oxydiert, ähnelt also hierin dem dimeren Butylenozonid[2]). Es wurde ferner gezeigt, daß die Diozonide und Dioxozonide bei der Spaltung sehr ähnliche Zersetzungskurven anzeigen, sich aber doch insofern voneinander unterscheiden, als die ersteren mehr Aldehyd, die letzteren mehr Säure liefern.

Hierauf wurden die merkwürdigen Differenzen zurückgeführt, welche bei der quantitativen Bestimmung oft bei Kautschukmustern[3]) derselben Provenienz und auch bei der Guttapercha festgestellt worden sind. Ich hatte zuerst nicht beachtet, daß es sehr darauf ankommt, wie lange das Präparat ozonisiert wird und wie stark die Ozonströme sind.

In der Zwischenzeit waren nämlich gerade die Verbesserungen an den Ozonapparaten vorgenommen worden, welche die Ausbeute an Ozon wesentlich erhöhten. Bei der Spaltung des Guttaperchaozonids war früher[4]) viel mehr Säure als bei der des Kautschukozonids ermittelt worden. Als nun die Entdeckung gemacht war, daß zwei Reaktions-

---

1) Harries u. Hagedorn, Lieb. Ann. **395**, 225 [1913].
2) Lieb. Ann. **390**, 235 [1912].
3) Vgl. Wiener Vortrag.
4) Ber. **38**, 3985 [1905].

produkte des Kautschuks mit Ozon existieren, kam ich auf die Idee zu untersuchen, ob dies nicht auch der Fall bei der Guttapercha sei, und daß die damaligen abweichenden Befunde nur davon herrührten, daß ich gar nicht das Diozonid, sondern das Dioxozonid für die Spaltung verwendet hatte. In der Tat hat sich gezeigt, daß die Ozonide der Guttapercha, richtig bereitet, so sehr denjenigen des Isoprenkautschuks ähneln, daß sie möglicherweise identisch sind.

Diozonid, $C_{10}H_{16}O_6$. 15 g Guttapercha ergaben beim Behandeln mit etwa 9—10proz. gewaschenem Ozon 19,4 g dreimal umgefälltes Ozonid. Die Löslichkeit ist dieselbe wie beim Parakautschuk.

0,1897 g Sbst.: 0,3435 g CO_2, 0,1243 g H_2O.

$C_{10}H_{16}O_6$. Ber. C 51,72, H 6,90.
Gef. „ 49,38, „ 7,33.

Molbestimmung kryoskopisch nach Raoult im Beckmannschen Apparat.

0,3885 g Sbst. (in 30,69 g Eisessig): $\Delta = 0,229°$.
Ber. M 232. Gef. M 216.

Spaltungsgeschwindigkeit: 11,6 g in 100 ccm H_2O,
bei 15′ sind aufgespalten 11,25 g,
bei 30′ sind aufgespalten 11,10 g (Kurve Fig. 9).

Quantitative Bestimmung: 11,4 g gaben 5,4 g Pyridazin, entsprechend 3,1 g Aldehyd, 2,7 g Säure, 1,7 g Peroxyd und Harz. Abgabe an Sauerstoff 1,2 g, in summa 8,7 g; Verlust 2,5 g.

Dioxozonid, $C_{10}H_{16}O_8$, wurde erhalten durch Weiterozonisierung des Diozonids mit 18proz. Ozon in Chloroform, dabei schied sich eine kleine Menge eines unlöslichen Öles ab, von der dekantiert wurde. Dieselbe Abscheidung konnte auch bei entsprechender Behandlung des Isoprenkautschukdiozonids mit starkem ungewaschenem Ozon beobachtet werden. Die Löslichkeitsverhältnisse sind dieselben wie beim vorigen.

0,1304 g Sbst.: 0,2174 g CO_2, 0,0728 g H_2O.

$C_{10}H_{16}O_8$. Ber. C 45,45, H 6,06.
Gef. „ 45,47, „ 6,25.

Molbestimmung kryoskopisch nach Raoult im Beckmannschen Apparat.

0,2323 g Sbst. (in 28,7 g Eisessig): $\Delta = 0,154°$.
Ber. M 264. Gef. M 205.

Spaltungsgeschwindigkeit: 11,0 g in 83,3 ccm H_2O,
in 15′ werden gespalten 10,65 g,
in 30′ werden gespalten 10,70 g.
Umgerechnet auf 13,2 g in 100 ccm H_2O:
in 15′ wurden gespalten 12,78 g,
in 30′ wurden gespalten 12,84 g (Kurve Fig. 9).

Quantitative Bestimmung: 10,7 g gaben 3,4 g Pyridazin, entsprechend 2 g Aldehyd, 2,5 g Säure, 3,2 g Peroxyd und Harz.
Umgerechnet auf 13,2 g: 2,5 g Aldehyd, 3,0 g Säure, 3,9 g Peroxyd und Harz, Abgabe von Sauerstoff 2,2 g, in summa 11,6 g, Verlust 1,6 g.

Diese Befunde stimmen mit den früher ermittelten Resultaten überein, wenn man berücksichtigt, daß damals Säure und Peroxyd nicht getrennt, sondern zusammen als Säure angeführt worden sind, indem nur die kleine sich meistens direkt abscheidende Menge Peroxyd extra angerechnet wurde.

Damals wurden gefunden, umgerechnet auf 11,6 g Diozonid, im Mittel von drei Bestimmungen:

2,6 g Aldehyd, 6,8 g Säure, 0,5 g Peroxyd,

jetzt fanden wir für:

$C_{10}H_{16}O_6$ 3,1 g Aldehyd, 2,7 g Säure, 1,7 g Peroxyd,
$C_{10}H_{16}O_8$ 2,5 g Aldehyd, 3,0 g Säure, 3,9 g Peroxyd.

Da früher die beiden letzteren Größen nicht getrennt wurden, so ergibt sich nahezu vollständige Übereinstimmung, und man kann daraus folgern, daß das Präparat, welches früher zur Spaltung benutzt wurde, kein normales Diozonid, sondern Dioxozonid enthielt.

3. Abbau der α-Isoguttapercha[1]).

Schon Fonrobert[2]) hatte gefunden, daß das Regenerat aus Guttaperchadihydrochlorid äußerlich dem Regenerat I aus Kautschuk sehr ähnlich ist und daß sich bei der Zersetzung seines Ozonids die Bildung von Lävulinaldehyd nachweisen läßt. Die präparative Behandlung der Guttapercha bei der Überführung in das Hydrochlorid bzw. das Regenerat ist ganz dieselbe, wie sie in der Vorschrift für die Bereitung des Regenerats I aus Kautschuk gegeben wurde.

---

[1]) Harries u. Lichtenberg, Lieb. Ann. **406**, 228 [1914].
[2]) Harries u. Fonrobert, Ber. **46**, 733 [1913].

Das Ozonid wurde aus 70 g Guttapercharegenerat erhalten bei Anwendung von 700 g Essigester. Dasselbe wurde mit Wasser in der gleichen Weise zersetzt, wobei ein hellgelbes Harz, etwa 19% des angewandten Ozonids, ungelöst zurückblieb. Die wässerige Spaltungsflüssigkeit wurde mit Kalziumkarbonat neutralisiert, im Vakuum schnell eingedampft, der wässerige Vorlauf mit Kochsalz gesättigt und zehnmal mit Äther ausgeschüttelt, die festen Kalziumsalze im Soxhlet erschöpfend mit Äther extrahiert. Beide Anteile wurden vereint am Deplegmator vom Äther befreit und der ölige Rückstand nach dem Trocknen über Magnesiumsulfat im Vakuum bei 16 mm Druck fraktioniert. Er betrug 20,2 g.

Folgende Fraktionen wurden erhalten:

I. Hauptfraktion, von 70—80° siedend, betrug 1 g. Sie bestand zum größten Teil aus *Lävulinaldehyd* und *Methylzyklohexenon.*

II. Hauptfraktion, von 80—112° siedend, betrug 4,5 g.

Diese Fraktion wurde nochmals destilliert und diejenige von 90—100° gesondert aufgefangen, sie erstarrte vollkommen in Eis. Die Kristallmasse wurde, wie früher angegeben, abgepreßt und weiter gereinigt. Man erhielt so etwa 1,5 g reines *Diazetylpropan*, welches zur näheren Identifizierung in das früher beschriebene schön kristallisierende *Dioxim* umgewandelt wurde.

I. 0,1262 g Sbst.: 0,2454 g CO_2, 0,0942 g H_2O. — II. 0,1250 g Sbst.: 0,2410 g CO_2, 0,0966 g H_2O. — 0,1500 g Sbst.: 23 ccm Stickgas bei 19° und 772 mm Druck.

$C_7H_{14}O_2N_2$.	Ber.	C 53,16,	H 8,86,	N 17,71.
	Gef. I.	„ 53,03,	„ 8,33,	„ 17,83.
	„ II.	„ 53,10,	„ 8,55.	

Rückstand III betrug 8,6 g. Da hier nicht das hohe Vakuum zur weiteren Destillation angewendet wurde, verharzte der größte Teil und konnte nicht identifiziert werden.

Die Kalziumsalze betrugen etwa 40 g; durch Neutralisation mit verdünnter Schwefelsäure und häufiges Ausschütteln mit Äther wurden 17,5 g Säuregemisch erhalten, welches bei 12 mm direkt fraktioniert wurde.

I. Hauptfraktion, Siedepunkt bis 80°, betrug 5,8 g und bestand aus fast reiner *Ameisensäure.*

II. Hauptfraktion von 80—155° betrug 4,3 g. Sie wurde abermals fraktioniert und dabei ein von 138—145° übergehendes Öl erhalten, welches durch Überführung in das Phenylhydrazon vom Schmelzpunkt 107—108° als *Lävulinsäure* identifiziert werden konnte.

III. Rückstand, pechartig, betrug 7,4 g.

4. Die Balata[1])

verhält sich der Guttapercha sehr ähnlich, die Reinigung der rohen Substanz wurde genau wie bei dieser ausgeführt. Die gereinigte Balata gleicht der Guttapercha äußerlich zum Verwechseln, nach den Erfahrungen aber, welche bei ihrer Behandlung mit salpetriger Säure gemacht sind, würde sich ergeben, daß sie viel weniger rein als die Guttapercha ist. Ich erhielt aus 6 g Balata 10,2 g Nitrosit (roh); dasselbe zeigte nach dreimaligem Umlösen aus Essigester und Äther den Zersetzungspunkt von 155°, derselbe wurde kaum durch wiederholtes Umlösen aus Azeton und Alkohol geändert. Die chemischen Eigenschaften sind sonst die gleichen wie bei dem „Nitrosit c"[2]).

$(C_{10}H_{15}N_3O_7)_2$. Ber. C 41,52, H 5,19, N 14,53.
Gef. „ 43,27, „ 5,74, „ 12,34, 13,67.

Man wird hiernach vielleicht die Guttapercha von der Balata unterscheiden können.

---

1) Tschirsch u. Scheresschewski, Arch. d. Pharm. **243**, 358 [1905].
2) Harries, Ber. **36**, 1938 [1903].

II. Abteilung.

Die künstlichen Kautschukarten.

Kapitel I.

Historischer Rückblick.

Williams[1]) hat 1860 die Beobachtung gemacht, daß sich Isopren durch den Sauerstoff der Luft verändert und dabei dicklich wird. Bouchardat[2]) hat 1879 zuerst genauere Untersuchungen über die Polymerisationsfähigkeit des Isoprens zu künstlichem Kautschuk angestellt. Er fand, daß unter gewissen Bedingungen Salzsäuregas Isopren zu einer kautschukähnlichen Masse polymerisiert, sodann, daß es sich von selbst, wenn auch sehr langsam, in ähnlicher Weise umwandelt.

Die Tatsache, daß er die Masse, welche sich bei der Polymerisation des Isoprens bildet, als Kautschuk bezeichnete, obgleich ihm noch fast alle Mittel fehlten, dies experimentell zu beweisen, halte ich für beachtenswert (vgl. dazu S. 140). Seine Versuche, wie diejenigen von Tilden, sind aber äußerst unvollkommen geblieben. Tilden macht in einem an „The India Rubber Journal" gerichteten Schreiben 1908 einige Mitteilungen, die den damaligen Stand der Angelegenheit so genau charakterisieren, daß es sich lohnt, sie hier wiederzugeben, damit auch der Fortschritt in den jetzigen Untersuchungen klar gekennzeichnet werde.

Tilden schreibt: „Die Umwandlung des Isoprens in Kautschuk kann meinen Beobachtungen zufolge sich unter zwei Bedingungen vollziehen:

1. Wenn Isopren mit starker wässeriger Chlorwasserstoffsäure oder feuchtem Salzsäuregas in Berührung kommt, und 2. durch freiwillige Polymerisation.

Im ersteren Falle bildet sich nur wenig Kautschuk, da dieser als Nebenprodukt bei der Bildung von Isoprenhydrochloriden (Flüssigkeiten) auftritt. Im zweiten Falle dauert die Umsetzung mehrere Jahre. Ich habe eine große Anzahl Versuche angestellt,

[1]) Proc. Royal Soc. **10**, 616 [1860].
[2]) Compt. rend. **89**, 361, 1117 [1879].

um den Prozeß zu beschleunigen, fand aber, daß die Einwirkung von starken Agenzien (usw.) oder auch anderen weniger starken Stoffen nur zur Gewinnung eines klebrigen „Kolophen" führte — so daß ich nach mehr als 2 Jahre lang dauernden Versuchen den Gegenstand als aussichtslos allerdings widerwillig verlassen mußte." Nach einigen Bemerkungen über die technische Ausführbarkeit des Terpentinölverfahrens zur Darstellung von Isopren äußerte er sich zum Schluß: „Könnte Isopren billig aus anderen Ausgangsstoffen hergestellt werden, so dürfte die Ausnutzung des Salzsäureverfahrens sich vielleicht ermöglichen lassen, obgleich ich auch darin Zweifel setze."

Ich habe im Wiener Vortrag über Versuche berichtet, die die Polymerisation des Isoprens aus Kautschuk mit Chlorwasserstoffsäure zum Ziele hatten, bei denen es aber nicht gelang, die von Bouchardat und Tilden zufällig ermittelten Bedingungen wieder zu erhalten. Da auch von anderen[1]) dieselben Erfahrungen wie von mir gemacht worden sind, so kann nicht behauptet werden, daß hier eine fertige Methode zur Darstellung von künstlichem Kautschuk vorliegt. Selbst die Autopolymerisation konnte zuerst bei sorgfältig destillierten Isoprenfraktionen auch nach langem Stehen nicht realisiert werden (vgl. S. 192).

Wallach[2]) hat 1887 beobachtet, daß sich Isopren bei Einwirkung des Lichtes in eine kautschukähnliche Masse umwandelt. Diese Angaben sind später von Harries[3]) (1913) unter Anwendung von ultraviolettem Licht nachgeprüft worden, hierbei entstand eine feste weiße Polymerisationsstufe neben sehr wenig eines Produktes von kautschukähnlichen Eigenschaften.

Harries[4]) hat im Jahre 1902 festgestellt, daß, wenn Isopren auf ca. 300° erhitzt wird, neben wenig Dipenten und anderen Kohlenwasserstoffen dicke kautschukartige Sirupe entstehen, welche mit salpetrig Säuregas behandelt, im Unterschied zu den Kautschukdestillaten ein Nitrosit bilden, das denselben Zersetzungspunkt 163° wie das „Kautschuknitrosit c" besitzt. Daraus ging hervor, daß in dem von den abdestillierten Terpenen verbleibenden dicken öligen Rückstande von der Polymerisation des Isoprens kautschukartige Substanzen enthalten sind. Hofmann und Coutelle[5]) fanden 1909,

[1]) Vgl. O. Aschan, Ber. **51**, 1307 [1918]. Aschan schlägt vor, diese „falsche" Angabe überhaupt aus der Literatur zu streichen.

[2]) Lieb. Ann. **238**, 88 [1887].

[3]) Lieb. Ann. **395**, 266 [1913].

[4]) Harries u. M. Weiss, Ber. **35**, 3265 [1902].

[5]) D. R. P. 250 690, Kl. 39b. 1 (12. IX. 1909).

daß, wenn man Kautschuk nicht kurze Zeit hoch erhitzt, sondern 8 Tage lang auf niedrigerer Temperatur, ca. 120 oder 200°, hält, ein Produkt gewonnen wird, welches dem natürlichen Kautschuk in vielen Beziehungen ähnlich ist. Sie legten diese Beobachtung in Patentanmeldungen nieder und veröffentlichten sie nicht. Weitere Angaben über Darstellung von künstlichem Kautschuk hat Harries[1]) im Jahre 1910 bekanntgemacht. Er erhitzte Isopren in Eisessiglösung längere Zeit auf 100°, wobei sich eine kautschukartige Masse abschied.

Dies war die erste Methode zur sicheren Darstellung von künstlichem Kautschuk, welche veröffentlicht worden ist.

Harries[2]) hat im Jahre 1911 ferner nachgewiesen, daß bei der Einwirkung von Natrium auf Isopren ein anderer Kautschuk, sog. anormaler Kautschuk, entsteht. Dieser war gleichzeitig von Matthews und Strange[3]) in England entdeckt aber viel später publiziert worden.

Holt[4]) entdeckte 1914 den Natrium - (Kohlensäure) - Isoprenkautschuk.

Erläuterungen zur geschichtlichen Entwicklung der künstlichen Darstellung der Kautschuke und seiner Verwandten.

Nach Bekanntwerden der sog. „Kautschuksynthese" aus Isopren — nebenbei bemerkt ein unrichtiger Ausdruck, es muß vielmehr heißen: künstlichen Darstellung des Kautschuks, weil eine Synthese völlige Klarheit über den Vorgang voraussetzt, die aber bisher noch nicht beigebracht ist — hat eine lebhafte Diskussion darüber eingesetzt, wem das Hauptverdienst hierbei zukommt. Es ist nötig, diese Verhältnisse, so objektiv es für jemanden möglich ist, der selbst daran beteiligt ist, darzulegen.

In zahlreichen Presseartikeln, die fast sämtlich den gleichen Wortlaut hatten, ist die Sache so hingestellt worden als wenn Dr. Fritz Hofmann und Dr. Coutelle als erste die Polymerisation durch Wärme auf das Isopren angewandt hätten und ich nur durch diese Anregung zu meinen Arbeiten in der gleichen Richtung gekommen wäre. Ich weiß nicht, von wem diese Artikel inspiriert sind, gehe aber wohl kaum fehl, wenn ich annehme, daß sie von irgendeiner interessierten Seite ausgegangen sind.

Ich lasse den Wortlaut (z. B. Vossische Zeitung 3. XII. 15) folgen:

Die Versuche, den natürlichen Kautschuk im Laboratorium des Chemikers zu erzeugen, liegen um mehr als 40 Jahre zurück.

---

1) Vortrag Wien.

2) Lieb. Ann. **383**, 217 [1911].

3) Die erste Mitteilung darüber findet sich bei W. H. Perkin jr., s. S. 138.

4) Chem. Ztg. **1914**, 188.

Bereits in den sechziger Jahren des vorigen Jahrhunderts hatte Bouchardat beobachtet, daß eine beim Erhitzen von Kautschuk unter Luftabschluß (trockene Destillation) entstehende Verbindung von Kohlenstoff und Wasserstoff, das schon früher entdeckte Isopren, die Fähigkeit besaß, unter gewissen Bedingungen sich in eine kautschukartige Substanz zu verwandeln. Aber erst im Jahre 1909 konnte diese Frage gänzlich geklärt werden. Da zeigte der verdienstvolle Chemiker an den Farbenfabriken vorm. Friedrich Bayer & Co. in Elberfeld, Dr. Fritz Hofmann in Gemeinschaft mit Dr. Coutelle, daß bei Verwendung sehr reinen Isoprens oder anderer Verbindungen aus Kohlenstoff und Wasserstoff, die in ihrem chemischen Aufbau dem Isopren sehr nahe stehen, durch geeignete Behandlung ein farbloses elastisches Produkt gewonnen wird, das in seinen chemischen Eigenschaften dem natürlichen Kautschuk völlig gleicht.

Eine Probe des aus Isopren gewonnenen künstlichen Erzeugnisses wurde an Professor Dr. Harries in Kiel gesandt, der sich seit mehreren Jahren erfolgreich um die Aufklärung des chemischen Baues des Kautschukkohlenwasserstoffes bemüht hatte. Harries gelang es, das Isopren durch Erhitzen im geschlossenen Gefäß bei Gegenwart von starker Essigsäure, sog. Eisessig, in Kautschuk überzuführen. Hofmann und Coutelle bewirkten diese Überführung des Isoprens in Kautschuk (im chemischen Sinne eine Polymerisation) durch bloßes Erhitzen in geschlossenem Gefäß für sich oder bei Gegenwart gewisser Lösungsmittel.

Richtig ist hieran, daß mir seitens der Farbenfabriken eine sehr kleine Probe künstlichen Kautschuks, etwa 8 g und etwa 50 ccm synthetisches Isopren, im Herbst 1909 zugesandt worden sind mit der Bitte, ich möchte feststellen, ob das Produkt wirklich künstlicher Kautschuk sei. Daß diese Proben für meine Untersuchungen von entscheidendem Wert gewesen sind, bestreite ich. Ich hatte schon viel früher, 1902, gezeigt, daß Isopren durch die Wärme zu kautschukartigen Substanzen polymerisiert wird. Diese Tatsache ist bisher von keiner Seite berücksichtigt worden. Nur das deutsche Patentamt hat bei der Anmeldung des Verfahrens durch die Farbenfabriken diese Publikation den Anmeldern entgegengehalten und nach meiner Meinung nicht mit Unrecht. Nur durch den Nachweis, daß ein besonderer technischer Effekt für die Güte des Polymerisationsproduktes selbst durch Anwendung von niedrigeren Temperaturen und längerer Dauer des Erhitzungsprozesses erzeugt wird, konnte die Anmeldung seitens des Patentamtes angenommen werden.

Um die Verhandlungen seitens der Farbenfabriken, die mich an dem Patent vertraglich interessiert hatten, nicht zu erschweren, habe ich in meinen Publikationen, Vortrag Wien, Freiburg und Lieb. Ann. 383 1911, nicht an meine ältere Arbeit aus dem Jahre 1902 erinnert. Heute bin ich von dem Vertrage frei, da ich ihn 1915 gelöst habe. Weber[1]) hatte bekanntlich die Hypothese aufgestellt, daß der Kautschuk ein Abkömmling der aliphatischen Terpenkörper sei. Hierdurch angeregt, hatte ich den einzigen Vertreter von den damals bekannten aliphatischen Terpenen, das Myrzen $C_{10}H_{16}$[2]) herangezogen und auf sein Verhalten bei der Polymerisation im Vergleich mit dem Isopren untersucht. Ich lasse jetzt den Wortlaut folgen:

> Unter den Polymerisationsprodukten des Myrzens kann man zweierlei Arten unterscheiden: Destillierbare und Nichtdestillierbare. Erstere sieden von 160—200° bei 12—16 mm Druck, enthalten also nach dem Siedepunkt die Molekulargröße $C_{20}H_{32}$; ich nenne sie „Dimyrzen". Diese letzeren besitzen kautschukähnliche Eigenschaften, haben aber noch nicht die physikalische Struktur des Kautschuks. Behandelt man beide Anteile mit salpetriger Säure bei Gegenwart von Feuchtigkeit, so erhält man im ersten Fall aus dem Dimyrzen bei kurzer Einwirkungsdauer ein schönes Nitrosit, welches zu meiner Überraschung in allen Eigenschaften, seiner Elementarzusammensetzung und Molekulargröße $C_{20}H_{30}N_6O_{14}$ dem beschriebenen „Nitrosit c" des Parakautschuks gleicht und welches sich, wie ich glaube, schließlich noch als mit diesem identisch erweisen wird.
>
> Das Polymyrzen liefert ebenfalls ein Nitrosit, aber von wesentlich verschiedener Elementarzusammensetzung und Molekulargröße. Das Polymyrzennitrosit besitzt die Formel $C_{40}H_{56}H_6O_{18}$ und kristallisiert sogar schön, in seinen Eigenschaften ähnelt es sehr dem Dimyrzennitrosit.
>
> Nun wurden gleichzeitig Untersuchungen über die Polymerisierbarkeit der zyklischen und bizyklischen Kohlenwasserstoffe und die Natur der dabei entstehenden Produkte angestellt. Limonen und Dipenten blieben beim Erhitzen auf 300° im Rohr größtenteils unverändert, Pinen lieferte ein Kolophonium; keines von den Polymerisationsprodukten dieser Verbindungen bildet aber beim Behandeln mit Salpetrigsäuregas in Benzol ein Nitrosit wie die Di- und Polymyrzene. Dagegen ließen sich leicht Nitrosite

[1]) Ber. 33, 785 [1900].

[2]) Power u. Kleber, Pharm. Rundschau (N. F.) 13, 60 [1895]. — Semmler, Ber. 34, 3122 [1901].

ähnlicher Zusammensetzung und Molekulargröße wie das Polymyrzennitrosit aus den Rückständen der Destillationsprodukte des Parakautschuks, welche im Vakuum bei 0,5 mm Druck um ca. 300° nicht unzersetzt sieden, sowie aus den hochsiedenden Produkten, welche man durch Erhitzen des Isoprens auf 300° im Rohr erhält, isolieren. Durch diese Versuche ist zweifellos die nahe Verwandtschaft des Myrzens zum Isopren und Kautschuk festgestellt; ob letzterer einen einheitlichen Kohlenwasserstoff oder ein Gemenge von hochmolekularen Isomeren darstellt, ist vorläufig gleichgültig.

Polymerisierung des Myrzens.

Das Myrzen wurde nach den Angaben von Power und Kleber[1]) aus Bayöl dargestellt, wobei alle Angaben dieser Forscher sich bestätigt fanden; es siedet bei ca. 60—62° unter 13 mm Druck.

Myrzen läßt sich durch vierstündiges Erhitzen im Rohr auf 300° leicht zu einem dicken, grünlichgelben Öl polymerisieren. Dasselbe wurde im Vakuum fraktioniert; von 50—100° unter 13 mm Druck geht hauptsächlich unverändertes Myrzen oder Zyklomyrzen über, dann steigt das Thermometer schnell, und es siedet etwa ein Drittel der Gesamtmenge bei 160—200°. Dann steigt das Themometer wieder schnell, und man kann nicht mehr destillieren, da starke Zersetzung eintritt. Der Rückstand, das Polymyrzen, wird beim Abkühlen zähfest, schmilzt aber beim Erwärmen und ist löslich in Benzol.

Die Fraktion 160—200°, das Dimyrzen, ist farbloses Öl mit angenehmem, an Myrzen erinnerndem Geruch. Bisher wurde nur sein Verhalten gegen nicht getrocknete salpetrige Säure untersucht. Beim Einleiten dieses Gases in eine benzolische Lösung des Dimyrzens entsteht sogleich ein dickes, rotes Öl, welches entweder beim Reiben allmählich erstarrt, oder durch Lösen in Essigester und Fällen mit Äther leicht in feste Form überführbar ist. Aus Essigester und Äther gereinigt, bildet das *Dimyrzennitrosit* eine schöne, gelbe Masse von undeutlich kristallinischem Gefüge; der Zersetzungspunkt liegt genau bei 163°. Ich habe bisher keine Eigenschaft finden können, welche es von dem vorher beschriebenen „Nitrosit c" des Parakautschuks unterscheidet, auch die Ergebnisse der Elementaranalyse und Molekulargewichtsbestimmung stimmen überein. Das Produkt aus Dimyrzen ist reiner, was aber nicht verwunderlich erscheint.

[1]) S. a. a. O.

$(C_{10}H_{15}N_3O_7)_2$. Ber. C 41,52, H 5,23, N 14,53.
Gef. „ 42,10, „ 5,25, „ 14,35.
Mol. Ber. 578. Gef. in Azeton 516.

Aus dem Polymyrzen des Rückstandes wurde nach derselben Methode das *Polymyrzennitrosit* erhalten; sowohl äußerlich wie in seinen Eigenschaften gleicht es sehr dem Dimyrzennitrosit, nur kristallisiert es besser, besonders beim langsamen Verdunsten seiner Essigesterlösung in schrägen Tafeln vom Zersetzungspunkt 163°. Die Elementarzusammensetzung und Molekulargröße ist aber sehr verschieden.

$C_{40}H_{56}N_6O_{18}$. Ber. C 52,86, H 6,16, N 9,25.
Gef. „ 52,83, „ 6,16, „ 9,59, 9,42.
Mol. Ber. 908. Gef. in Azeton 896.

Bei der Untersuchung der Polymerisierung des Isoprens, welche ich gemeinschaftlich mit Herrn Dr. M. Weiß ausgeführt habe, hat sich herausgestellt, daß, wenn ganz reines Isopren (Siedepunkt 31°) auf 300° erhitzt wird, nur wenig Dipenten entsteht, dagegen ein anderer Kohlenwasserstoff $C_{10}H_{16}$ (Siedepunkt 64—66°, 12 mm Druck) und höher siedende Bestandteile ganz ähnlicher Natur wie die Di- und Polymyrzene gewonnen werden können, welche schöne Nitrosite wie diese, sogar von demselben Zersetzungspunkt 163°, liefern. Die Einzelheiten dieser Teile der Untersuchung, die schon ziemlich abgeschlossen sind, werden später publiziert werden.

Von der dort angekündigten Fortsetzung meiner Untersuchungen über die Natur der Wärmepolymerisation des Isopren und Myrzen war ich durch mannigfache Arbeiten anderer Art abgehalten worden, einmal dadurch, daß mir mein Mitarbeiter mitten aus der Untersuchung fortblieb und ich keinen Ersatz fand, sodann aber auch besonders durch die Erfolge, welche ich beim Abbau des Kautschuks durch Ozon erzielt hatte. Damals war ich in der Vorstellung befangen, daß der Kautschuk ein Polymeres des Dimethylzyklooktadiens sei und so schien es mir zunächst wissenschaftlich interessanter, eine Synthese dieses Kohlenwasserstoffes beizubringen als die Überführung des Isopren in Kautschuk zu verfolgen, weil sie keine völlige Klärung der Konstitution zu geben versprach. Diese Arbeiten[1]), welche von 1905—1909 währten und mit großem Eifer und Fleiß durchgeführt wurden, sind gescheitert und mußten es auch, weil ein unrichtiger Gedanke zugrunde lag, denn der Kautschuk ist kein Polymeres des Dimethylzyklooktadien, wie sich erst viel später herausstellte. Den weiteren Verlauf der Dinge habe ich in meinem Vortrag Wien geschildert. Dort heißt es:

[1]) Vgl. einige Mitteilungen darüber Vortrag Danzig 1907.

Eine neue Anregung kam in dieses Gebiet erst im vorigen Sommer (1909), als ich von einer großen englischen Firma auf Empfehlung des Herrn Geh. Rat Hempel, Dresden, die Anfrage erhielt, ob ich in der Lage sei, zu bestimmen, ob eine eingeschickte Probe eines kautschukähnlichen Produktes wirklich Kautschuk sei. Diese Probe sei nach einem Herrn Dr. Heinemann in England patentierten Verfahren hergestellt worden, welches darin besteht, daß man Azetylen, Äthylen und Chlormethyl gleichzeitig durch eine glühende Röhre leitet. Hierbei entstände zuerst Isopren, welches sich dann unmittelbar zu Kautschuk polymerisiere. Ich konnte nun zunächst feststellen, daß die Probe Kautschuk tatsächlich Kautschuk war, sie gab mit Ozon Lävulinaldehyd und mit salpetriger Säure das Nitrosit, ihr Äußeres war aber dem von altem Parakautschuk verteufelt ähnlich.

Ich glaube nicht, daß die Sache überhaupt geht, sie ist nach unseren praktischen Erfahrungen ganz unwahrscheinlich. Durch diese Versuche aber kam ich wieder zum Isopren zurück, beschäftigte mich mit neuen Synthesen desselben und mit seiner Polymerisation. Da sendeten mir Anfang November 1909 die Elberfelder Farbenfabriken auf Veranlassung des Herrn Geh. Rat Duisberg[1]) einige Proben künstlichen Kautschuks, der aus Isopren nach einem nicht mitgeteilten Verfahren des Herrn Dr. Fritz Hofmann erhalten sein sollte, mit der Bitte, festzustellen, ob hier wirklich Kautschuk vorhanden sei. Ich konnte dies in jeder Richtung bestätigen, und so wurde denn von dieser Seite zum ersten Male künstlicher Kautschuk dargestellt. Ich habe dann meine eigenen Versuche[2]) weiter fortgesetzt und war Ende Januar in der Lage, die Ergebnisse derselben in einer Patentanmeldung beim Deutschen Reichs-Patentamt niederzulegen. Der Gedankengang, welcher mich zur Entdeckung der künstlichen Bereitung des Kautschuks aus Isopren führte, war folgender:

Ich habe gezeigt, daß der unlösliche Kautschuk beim Kochen mit Eisessig in löslichen umgewandelt werden kann. So kam ich auf die Idee, daß hier ein Gleichgewicht vorläge, indem nämlich der Kautschuk eigentlich durch Essigsäure noch weiter depolymerisiert, dann aber wieder gleich in Kautschuk zurückverwandelt würde. Aus diesem Gesichtspunkte erhitzte ich Isopren ebenfalls mit Eisessig, und zwar, da es sehr flüchtig ist, in geschlossenem

[1]) Dieser Wortlaut ist von den Vertretern der Farbenfabriken mit mir im Hinblick auf die schwebenden Verhandlungen mit dem Patentamt verabredet worden.

[2]) Ich hatte im Sommer 1909 ca. 20 kg Kautschuk trocken destilliert und daraus das Isopren durch häufige Fraktionierung sehr rein gewonnen.

Rohre. Hierbei beobachtete ich, daß tatsächlich etwas über 100° ein Produkt abgeschieden wird, welches in jeder Beziehung Kautschuk ist. Hierbei zeigte sich auch, daß reines synthetisches Isopren leichter als natürliches aus Kautschuk polymerisiert wird. Später fand ich dann noch andere Methoden. Hält man aber die Bedingungen nicht genau ein, so erhält man alle möglichen dicken schmierigen Öle, Harze und Lacke, die kein Kautschuk sind. Den Nachweis, das hier wirklich Kautschukvorlag, führte ich nachmehreren Methoden. Zunächst wurde die Probe in Chloroformlösung ozonisiert, das Ozonid quantitativ mit Wasser gespalten, wobei die Hälfte der theoretisch berechneten Menge Lävulinaldehyd nachgewiesen werden konnte. Bei der Einwirkung der salpetrigen Säure entstand leicht das Nitrosit vom Zersetzungspunkt 163°, und zwar quantitativ, mit Brom das Tetrabromid.

Ich habe diese Verhältnisse genau dargelegt, weil nach meiner Meinung in vielen Veröffentlichungen über diesen Gegenstand mein Anteil an der Entwicklung nicht gebührend oder auch gar nicht hervorgehoben worden ist. Am meisten hat es mich betrübt, daß mein früherer Schüler und Mitarbeiter Dr. Kurt Gottlob, dem ich stets Freundschaft bewiesen habe, in seiner Technologie der Kautschukwaren[1]) im Kapitel „Der künstliche Kautschuk" meiner Mitwirkung nicht mit einem Wort gedacht hat. Es gewinnt daher den Anschein, als wenn er dieses Buch als Propagandaschrift in bestimmtem Sinn für eine Firma der Großindustrie verfaßt hat. Er hat dabei nicht berücksichtigt, mit welchen großen Schwierigkeiten ich bei meinen Untersuchungen in einem kleinen Universitätslaboratorium mit Anfängern gegenüber den glänzend ausgestatteten Laboratorien der chemischen Großindustrie und ihren zahlreichen vortrefflichen Chemikern zu kämpfen gehabt habe.

Herr Geheimrat Prof. Dr. Ing. hon. c. C. Duisberg hat sich neuerdings in einem Vortrage vor der Deutschen Bunsengesellschaft 1918[2]) folgendermaßen geäußert:

> „Die synthetische Darstellung des Kautschuks ist vielfach versucht worden und wurde in Leverkusen in den Jahren 1910 bis 1912 von Fritz Hofmann, fußend auf den Untersuchungen Harries, ausgeführt."

Hierin sehe ich jetzt meine Priorität in bezug auf die Wärmepolymerisation anerkannt.

---

[1]) Braunschweig, Vieweg & Sohn 1915.

[2]) Vgl. Gum.Ztg. **33**, 158 [1918].

Aber auch von anderer Seite habe ich Anfechtungen erfahren. Diesen bin ich in folgenden Auslassungen[1]) entgegen getreten:

Seit dem Erscheinen meiner letzten Abhandlungen[2]) über die künstlichen Kautschukarten sind nur etwa 2 Jahre verflossen und doch haben diese Abhandlungen eine merkwürdige literarische Tätigkeit ausgelöst. 10 Jahre glaubte ich, fast allein das Gebiet des Kautschuks bearbeiten zu dürfen, bis ich mit einmal erfahre, daß allerorten schon Chemiker vor mir dieselben Probleme bearbeitet haben wollten. Allerdings setzte die Publikation erst ein, als ich in meinem Vortrag in Wien 1910 von eventuellen praktischen Erfolgen gesprochen hatte. Aber auch diese Wirkung meines Vortrages wäre nur zu begrüßen, wenn dabei nicht wenig erfreuliche Erscheinungen aufgetreten wären, die man wohl früher auf anderen Gebieten kaum in dem Maße erfahren hat; nämlich das Hineintragen nationalistischer Motive in die wissenschaftliche Arbeit und die Erörterung wissenschaftlicher Prioritätsfragen in der breiten Tagespresse oder in Journalen, die sonst nicht zu Publikationen herangezogen werden.

Hier muß ich allerdings einen Teil der Schuld den Herren Fachreferenten beimessen, die in Wiedergabe wissenschaftlicher Vorträge in der Tagespresse manchmal recht unvorsichtig sind.

Was soll ich dazu sagen, wenn heute in irgendeiner Zeitung breit auseinandergesetzt wird, englische Chemiker hätten, wie Perkin jun. vorgetragen habe, 6 Monate früher als ich den Natriumkautschuk entdeckt. Man kann sich doch nicht in einen Prioritätsstreit über eine wissenschaftliche Frage in der Tagespresse einlassen.

Wenn heute russische und englische Chemiker sich bemühen, die Priorität der Entdeckungen auf dem Gebiete des Kautschuks mit besonderer Betonung als russische oder englische hinzustellen, so sehe ich darin ein bedauerliches Abweichen von den Gepflogenheiten der Gelehrten früherer Generationen, die Wissenschaft als international zu betrachten.

C. B. Lebedew.

Gegen die experimentellen Befunde der tüchtigen Arbeit von Lebedew habe ich nichts einzuwenden, ebenso sind seine theoretischen Schlußfolgerungen einwandfrei.

Einspruch möchte ich aber gegen seine Prioritätsreklamen erheben. Er bemerkt in einer Fußnote, daß er schon im Dezember 1909 russischer Rechnung in einem Vortrag den Inhalt seiner Arbeit vor der russischen

[1]) Lieb. Ann. **395**, 211 [1913].

[2]) Gum.Ztg. **24**, Nr. 25 [1910]; Lieb. Ann. **383**, 159 [1911].

chemischen Gesellschaft[1]) bekanntgegeben habe, dessen Protokoll abgedruckt ist.

Dieses Protokoll lautet in deutscher Übersetzung:

„*Über die Polymerisation von Kohlenwasserstoffen mit konjugierten Doppelbindungen.*

Wenn man die Literaturnotizen zusammenstellt, kommt man zu dem Schluß, daß diejenigen Kohlenwasserstoffe, welche zwei konjugierte Doppelbindungen enthalten, die Fähigkeit haben, sich zu polymerisieren.

Bei der Polymerisation bilden sich sechs- und achtgliedrige Ringe. Ausgehend von der Thieleschen Theorie gibt der Referent folgendes Schema der Ringbildung:

```
C=C—C=C          C                C
C=C—C=C         / \\             // \
                C   C             C   C
   ↓            ||     C   ——→    |   |
                C     //          C   C
C—C=C—C              C             \ /
|     |              |              C
C—C=C—C              C=C            |
                                    C=C
```

Die Erscheinungen, welche bei der Polymerisation von Diisoprenyl und Isopren beobachtet wurden, stützen dieses Schema.“

Von dem wichtigsten, nämlich der Polymerisation dieser Kohlenwasserstoffe zu Kautschuken, bzw. daß die achtgliedrigen Ringe sich sofort zu Kautschuk weiter polymerisieren, ist in diesem Protokoll nicht die Rede. Von kautschukartigen Körpern spricht der Verfasser erst in seiner zweiten Mitteilung, eine Reihe von Monaten, nachdem mein Vortrag in Wien vom März 1910 erschienen war.

Man kann Lebedew hiernach höchstens zubilligen, daß er das von mir für die Polymerisation der Kohlenwasserstoffe mit konjugierten Doppelbindungen, unter Anwendung der Thieleschen Theorie angegebene Schema schon einige Zeit früher als ich aufgestellt hat.

Weiteren Einspruch möchte ich dagegen erheben, daß er ohne weiteres meine Ozonoxydationsmethode zur Konstitutionsbestimmung der künstlichen Kautschukarten benutzt hat, obwohl ihm aus meinem Vortrage in Wien bekannt war, daß ich mich gerade zur selben Zeit auf demselben Gebiete betätigte. Im allgemeinen ist es üblich, dem Entdecker einer Methode diese auf seinem eigenen Arbeitsgebiet solange zu überlassen, wie er noch damit beschäftigt ist.

---

[1]) Journ. russ. phys.-chem. Ges. **42**, 949—960 [1910]; ebenda **43**, 1124 [1911].

L. Kondakow.

Kondakow hat ein großes Buch[1]) geschrieben, in dem er versucht, fast alle Befunde der neuen Kautschukchemie als von ihm abhängig darzustellen. Dabei hat er es nicht unterlassen können, weil ich ihn nach seiner Meinung in meinen Publikationen nicht genügend berücksichtigt habe, in der unqualifizierbarsten Form gegen mich ausfällig zu werden. Es ist nicht das erstemal, daß Kondakow solcherlei Prioritätsreklamationen aufstellt.

Auf die Einzelheiten seiner Vorwürfe einzugehen, halte ich nicht für notwendig, da diese wohl fast nirgends ernst genommen werden. Nur ein an deutscher Lehranstalt wirkender Gelehrter[2]) hat sich bereit gefunden, diese Prätentionen zu stützen, indem er in einem Vortrag über Kautschuk bemerkt, Kondakow habe schon im Jahre 1900 die Eigenschaften der Butadiene, sich zu Kautschukarten polymerisieren zu lassen, richtig erkannt. Darum bin ich genötigt, bei den Leistungen von Kondakow für die Chemie des Kautschuks kurz zu verweilen. In seinen deutschen Publikationen habe ich keine Notiz finden können, welche diesen Anspruch zu rechtfertigen geeignet wäre.

Allerdings hat Kondakow in einer, wie er selbst bemerkt, sogar seinen russischen Fachgenossen schwer zugänglichen Zeitschrift, einige Spekulationen über diesen Gegenstand niedergelegt[3]).

Gesetzt den Fall, er wäre wirklich darin der Wahrheit nahe gekommen, so kann man doch nicht anerkennen, daß Spekulationen, die ohne jedes experimentelle Material aufgestellt worden sind, zur Begründung einer Priorität über experimentelle Entdeckungen herangezogen werden dürfen. Es ist sehr leicht zu behaupten, die Körper mit konjugierten Doppelbindungen können sich polymerisieren, wenn dabei das „wie" offen gelassen wird. Warum hat Kondakow nicht selbst die Konsequenzen aus seinen Spekulationen gezogen, und damals künstlichen Kautschuk dargestellt, nachdem Wallach[4]) schon viel früher,

[1]) Über synthetischen Kautschuk, in russ. Sprache [1912].

[2]) Grandmougin, Chem. Ztg. **90**, 862 [1912]. — Auf diesen Vorwurf hin hat Herr Grandmougin wieder in der Chemikerzeitung das Wort ergriffen, um sich zu rechtfertigen. Er hat nach meiner Meinung zur Sachlage nichts Neues erbracht. Sein Einwurf, daß das Kältepolymerisat von Kondakow nach dem Patent der Farbenfabriken durch Erhitzen in einen brauchbaren Kautschuk umgewandelt werden könne, welcher dem normalen Dimethylbutadien-Kautschuk nahestände, ist nicht stichhaltig, denn ich konnte zeigen, daß dieses Produkt nach der Untersuchung mit Ozon (vgl. S. 200) noch genau dieselbe Struktur wie das weiße Kältepolymerisat selbst besitzt, von der normalen Verbindung also verschieden ist. Dieses Ergebnis war übrigens für jemand, der auf diesem Gebiete experimentelle Erfahrungen besitzt, im voraus zu erwarten.

[3]) Mir ist es nicht möglich gewesen, die Abhandlung zu Gesicht zu bekommen.

[4]) Lieb. Ann. **239**, 48ff. [1887].

ähnlichen Überlegungen folgend, sogar experimentelle Resultate vermittels Belichtung des Isoprens erzielt hatte?

Was Kondakow in experimenteller Hinsicht geleistet hat, habe ich früher hinreichend gewürdigt. Er hat im wesentlichen zwei Beobachtungen gemacht.

Er gibt an[1]), daß bei der Einwirkung von alkoholischer Kalilauge auf das Chlorhydrin des β, γ-Dimethylbutadiens bei 150° außer Dimethylbutadien ein kautschukartiges Produkt entstanden sei. Nach den Löslichkeitsverhältnissen — in Alkohol wird es als löslich bezeichnet — kann dasselbe nicht der normale Dimethylbutadien-Kautschuk gewesen sein.

Sodann hat er gefunden[2]), daß β, γ-Dimethylbutadien beim Stehen in einer geschlossenen Flasche, am zerstreuten Tageslicht, sich zu einer weißen festen Masse von selbst polymerisiert habe, die in den gebräuchlichsten Lösungsmitteln unlöslich gewesen sei. Nun, dieses Produkt kenne ich sehr genau, da ich es in großen Quantitäten zur Verfügung hatte; es steht zwar in Beziehungen zum normalen Dimethylbutadien-Kautschuk, ist aber kaum selbst als Kautschuk anzusehen, denn bei kurzem Verweilen an der Luft geht es in eine, in den gebräuchlichsten Lösungsmitteln leicht lösliche, eigentümlich klebrige, zähe Masse über, die technisch jedenfalls ganz unbrauchbar ist. Ganz verschieden verhält sich der Dimethylbutadien-Kautschuk, der durch längeres Erwärmen im Einschlußrohr auf 90—110° erhalten wurde.

Auf die Prioritätsreklamationen hinsichtlich des Natriumpolymerisationsverfahrens brauche ich kaum einzugehen. Aus Kondakows damaligen Ausführungen geht ganz klar hervor, daß er die entstehenden Produkte für eine Natriumverbindung des Dimethylbutadiens angesehen hat[3]).

Wenn ich diese Angabe nicht zitierte, so könnte Kondakow eigentlich dankbar sein, daß ich ihm seinen Irrtum nicht erneut vorgehalten habe.

Ostromysslenski.

Die Arbeiten dieses Forschers[4]) sind von einer ganz anderen Seite aus als meine Untersuchungen unternommen worden, indessen zieht er aus seinen Ergebnissen Schlüsse, die meine Hypothese über die Konstitution der normalen Kautschuke direkt berühren, so daß ich genötigt bin, auch mit diesen mich näher zu beschäftigen. Ostromysslenski

[1]) J. f. pr. Chem. [2] **62**, 166 [1900].

[2]) J. f. pr. Chem. [2] **64**, 109 [1901].

[3]) Vgl. Gottlob, Gum.Ztg. **26**, Nr. 39, 40 u. 41 [1912]. — W. H. Perkin jr., Journ. of the Soc. of Chem. Ind. **13**, 31 [1912].

[4]) Zentralblatt **1912** I, 1980, 1982.

glaubt, daß das durch Polymerisation des Vinylbromids entstehende, von ihm Kauprenbromid benannte, weiße amorphe Produkt identisch sei mit dem aus dem normalen Butadien-Kautschuk durch Bromierung gewonnenen Tetrabromid, und daß ferner diese Bromide verschiedener Herkunft bei geeigneter Reduktion in Butadien-Kautschuk übergeführt, bzw. zurückverwandelt werden könnten. Da ich jetzt den letzteren gut kenne, so habe ich nach den Angaben von Ostromysslenski die Reduktion des polymeren Vinylbromids, welches leicht in größeren Mengen zu erhalten ist, ausgeführt.

Hier habe ich kein Produkt isolieren können, welches dem Butadien-Kautschuk ähnlich wäre, geschweige denn bei der Ozonisation ein Ozonid lieferte, das beim Kochen mit Wasser zu Suzzindialdehyd gespalten würde.

Allerdings liefert das von mir erhaltene reduzierte lösliche Produkt ein Nitrosit, welches dem des Butadien-Kautschuks ähnlich ist, aber aus diesem Befund allein darf man doch keine so weitgehenden Schlüsse ziehen.

Ganz unverständlich bleibt mir aber, wie Ostromysslenski aus der unlöslichen Form des Butadien-Kautschuks ein Nitrosit herstellen konnte; ich habe bereits darüber mitgeteilt, daß die unlösliche Modifikation weder von Salpetrigsäuregas noch Ozon angegriffen wird.

Weiter ist die Angabe Ostromysslenskis zu beanstanden, daß das polymere Vinylbromid identisch mit dem Bromid aus dem Butadien-Kautschuk sei.

Ich hatte damals das Bromid des normalen Butadien-Kautschuks noch nicht beschrieben. Hier scheint ein Mißverständnis vorzuliegen. Das polymere Vinylbromid gibt bei der Analyse ziemlich gut auf die Formel $C_8H_{12}Br_4$ stimmende Werte, dagegen habe ich trotz verschiedener Versuche nicht ein einziges Mal beim Butadien-Kautschukbromid Werte erhalten, die dieser Formel entsprächen. Dieselben sind ganz unregelmäßig, einmal erhält man Zahlen, die ungefähr für $C_8H_{10}Br_2$, dann wieder für $C_8H_{11}Br_3$ sprechen.

Es ist also sehr schwer, eine einheitliche Verbindung zu bereiten; ich verstehe nicht, wie man hier *von Identität reden kann.* Natürlich sind die Schlüsse, welche der Verfasser aus seinen Resultaten in bezug auf die Konstitution des Kautschuks ziehen will, nicht zulässig.

W. H. Perkin jun.

W. H. Perkin jun. hat am 15. Juli 1912 vor der Londoner Sektion der Soc. of Chemical Industry einen Vortrag gehalten, dessen Inhalt in mancherlei Beziehung zu Widerspruch herausfordert[1]). Derselbe

[1]) Vgl. den Einspruch von F. Hofmann, Gum.Ztg. **45**, 1794 [1912].

verfolgt offensichtlich das Ziel, die Entdeckungen auf dem Gebiete des Kautschuks und der Guttapercha als rein englische Taten hinzustellen.

Man kann wirklich nur den Kopf schütteln, wenn Perkin jetzt in die alten dürftigen Angaben von Williams über das Autoxydationsprodukt des Isoprens hinein zu interpretieren versucht, daß dieser Forscher schon künstlichen Kautschuk in den Händen gehabt habe. Ich habe schon früher darauf hingewiesen, daß Isopren, wenn man es einige Zeit in einer geschlossenen Flasche mit Luft zusammen stehen läßt, allerdings dick wird; es bildet sich aber kein Kautschuk, sondern ein höchst explosives Peroxyd. Bringt man letzteres zur Explosion, so nimmt man in der Tat einen Geruch wie denjenigen von verbranntem Kautschuk wahr, der Rückstand enthält aber keinen Kautschuk, wie Perkin annimmt[1]). Das von ihm zur Bekräftigung seiner Ansprüche angezogene englische Patent von Heinemann kann mich nicht bestimmen, von meiner Ansicht abzuweichen; denn die Patente dieses Herrn können nicht ernst genommen werden.

Perkin kommt dann weiter auf die Befunde von Bouchardat und Tilden zurück, welche Isopren durch Salzsäuregas zu Kautschuk haben polymerisieren wollen, und erklärt, gegenüber meinen Bemerkungen, daß diese Beobachtungen unzweifelhaft richtig seien. Ich habe schon zu verschiedenen Malen darauf aufmerksam gemacht, daß Bouchardat und Tilden, wenn sie wirklich Kautschuk erhalten haben, dieses Resultat durch reinen Zufall erzielt haben können; denn es war zahlreichen Chemikern unmöglich, die Bedingungen solchen Gelingens wieder aufzufinden. Wenn man die Eigenschaft des Kautschuks, sehr energisch Salzsäuregas zu absorbieren, kennt, so erscheint es auch beinahe ausgeschlossen, daß aus Isopren mit Salzsäuregas reiner Kautschuk entsteht[2]). Ganz abgesehen davon, daß es unmöglich sein wird, auf diesem Wege einen technisch brauchbaren Kautschuk herzustellen, denn salzsäurehaltiger Kautschuk wird bröcklig.

Ich habe in der letzten Zeit ausführlich das Verhalten von natürlichem und künstlichem Kautschuk in Lösung gegenüber Salzsäuregas studiert und habe gefunden, daß beide hierbei weiße, feste bröcklige Verbindungen liefern, die im rohen Zustande der Zusammensetzung $C_{10}H_{16}(HCl)_2$ sehr nahe kommen, beim Umlösen aber teilweise den Chlorwasserstoff wieder abgeben, so daß man auf diesem Wege nicht zu reinen Körpern gelangen kann. Außerdem habe ich schon seit Jahren zahlreiche Versuche angestellt, Isopren durch Salzsäuregas zu Kautschuk zu polymerisieren. Die Hauptmenge der Reaktionsprodukte bilden immer die Chlorhydrine des Isoprens. Nach deren Entfernung

[1]) Vgl. dazu S. 191.

[2]) Vgl. dazu O. Aschan, s. a. a. O.

durch Behandlung mit Wasserdampf oder durch Destillation im Vakuum hinterbleibt allerdings ein bräunlicher, zäher Rückstand. Derselbe ist aber zum größten Teil in Alkohol löslich, und was die Hauptsache ist, man erhält nach dem Ozonisieren nirgends die Probe auf Lävulinaldehyd. Ich kann aber von der Forderung nicht abgehen, daß ein Produkt, welches als wahrer Kautschuk bezeichnet werden soll, zum mindesten diese qualitative Probe zu liefern vermag. Ich bitte Herrn Perkin jun., wenn er sich so sehr für die künstliche Bereitung des Kautschuks vermittels Salzsäuregas aus Isopren interessiert, er möge doch einmal selbst versuchen, die Bedingungen, die von Bouchardat und Tilden innegehalten wurden, wieder aufzufinden. Wenn er dann die Reaktion so beschreiben kann, daß sie sich jederzeit nachmachen läßt, will ich die Priorität von Bouchardat und Tilden rückhaltlos zugeben. Zur Zeit bin ich dazu nicht imstande, würdige aber durchaus die Arbeiten dieser Forscher, insofern ich anerkenne, daß sie die Anregung für die späteren Resultate von Hofmann und mir gegeben haben.

In dem Vortrag von Perkin jun. ist mir ferner die wenig durchsichtige Darlegung über den Vorgang der Polymerisation von zweifach ungesättigten Kohlenwasserstoffen im allgemeinen und zu Kautschuk im besonderen aufgefallen; daß sich diese leicht polymerisieren, ist allerdings lange bekannt, die Bedingungen aber, unter denen wahre kautschukähnliche Produkte entstehen, wurden niemals früher genau angegeben.

Es ist direkt irreführend, wenn Perkin eine ganze Anzahl von Arbeiten zitiert, in denen der allgemeinen Polymerisationsfähigkeit solcher Kohlenwasserstoffe Erwähnung geschehen ist, wenn er behauptet, in den öligen oder harzartigen Destillationsrückständen von diesen Körpern wären unzweifelhaft immer kautschukartige Produkte enthalten gewesen und sich dabei sogar auf meine Arbeiten beruft, in denen gezeigt wird, daß auch der natürliche Kautschuk ölig auftreten kann. Nur jemand, der auf diesem Gebiete noch keine praktische Erfahrung besitzt, kann solche Behauptungen aufstellen.

Ich habe seinerzeit, als ich mich mit dem Problem der Überführung des Isoprens in Kautschuk beschäftigte, zahlreiche Versuche angestellt, durch katalytische Agenzien die Polymerisation dieses Kohlenwasserstoffs hervorzurufen. Das entstehende Produkt wurde darauf immer zuerst ozonisiert, um zu sehen, ob es die Pyrrolprobe gäbe. Dabei hat sich gezeigt, daß die meisten Öle oder Harze (Kolophene), welche hierbei gewonnen wurden, diese Probe nicht lieferten, also mit Kautschuk nichts zu tun haben.

Nun aber die Hauptsache. Perkin geht dann auf das Natriumpolymerisationsverfahren ein und behauptet positiv, daß die Engländer Matthews und Strange die Entdeckung mehrere Monate früher als ich gemacht hätten.

Wir wollen nun einmal prüfen wie die Sachen liegen. Fest steht, daß Matthews am 25. Oktober 1910 die englische Patentanmeldung eingereicht hat, ich habe meine Entdeckung mündlich in Berlin am 28. Oktober an einen Vertreter der Elberfelder Farbenfabriken bekanntgegeben, indem ich ihm freistellte, dieselbe zum Patent anzumelden, da ich es selber nicht wolle.

Dies ist von dort am 12. Dezember für Deutschland erfolgt. Wenn Perkin behauptet, Matthews hätte seine Untersuchungen über die Einwirkung des Natriums auf Isopren schon im September 1910 begonnen, so könnte ich dagegen anführen, daß die veränderte Wirkung des Natriums auf Isopren schon viel früher von mir beobachtet wurde, wahrscheinlich schon im Februar desselben Jahres, als größere Mengen Isopren zur Reinigung über Natrium destilliert wurden. Daß hierbei indessen kautschukartige Produkte entstehen, wurde erst im September oder Oktober endgültig und zwar beim Butadien festgestellt. Es ist sonach höchst wahrscheinlich, daß die Entdeckung der polymerisierenden Wirkung von Natrium auf die Butadiene ganz zur selben Zeit unabhängig voneinander von Matthews und mir gemacht worden ist. Ich lege gegen die Perkinsche Behauptung, daß ich die Entdeckung mehrere Monate später gemacht hätte, auf das nachdrücklichste Verwahrung ein. Wenn ich selbst Interesse gehabt hätte, das Patent zu nehmen, wäre ich sicher in der Lage gewesen, dasselbe in Deutschland vor dem 25. Oktober anzumelden.

Ohne jeden Zweifel bin ich aber auf Grund der Resultate meiner Abbaumethode viel früher als die englischen Forscher zu der Erkenntnis gelangt, daß die Natrium-Kautschuke anormal sind und mit den normalen, dem natürlichen Kautschuk entsprechenden Verbindungen nur in physikalischer Beziehung Ähnlichkeiten besitzen, in chemischer aber verschieden sind. Zu dieser Erkenntnis scheint Perkin trotz meiner Publikation immer noch nicht gekommen zu sein, sonst würde er es in seinem Vortrage nicht so hinstellen, als wenn Natrium-Kautschuk und Hitzepolymerisationskautschuk identische Dinge wären. Selbst auf die Anfrage des Herrn Dr. Schidrowitz in der Diskussion nach dem Vortrage, „nach meinen (Verfassers) Untersuchungen wären doch diese beiden Kautschuke verschieden", hat sich Perkin nicht gewogen gefühlt auf den sehr wichtigen Tatbestand näher einzugehen. Dies möchte ich doch besonders feststellen.

Kurz weise ich noch darauf hin, daß Perkin es unterlassen hat, zu erwähnen, daß das von ihm mitgeteilte Verfahren zur Bereitung von Isopren im wesentlichen von mir ausgearbeitet wurde. Ich habe in meinen deutschen Patenten vom Jahre 1910[1]) die Bromierung des Isoamylbromids beschrieben und gezeigt, daß man durch Überleiten dieses Bromierungsproduktes ebenso wie von anderen Halogenkörpern über mit Kohlendioxyd abgesättigten, auf etwa 400—600° erhitzten Natronkalk Isopren erhalten kann. Das englische Verfahren besteht darin, daß man Isoamylchlorid chloriert und das Dihalogenid über auf 470° erhitztes Natriumkarbonat schickt, nach meiner Ansicht ganz dieselbe Methode.

Kapitel II.

Synthese des Isoprens und seiner Homologen.

1. β-Methylbutadien oder Isopren

$$\begin{array}{l} CH_2{=}C\,.\,CH{=}CH_2 \\ \quad\;\;\; \vdots \\ \quad\; CH_3 \end{array}$$

Bei der künstlichen Bereitung des Isoprens muß man zweierlei Wege unterscheiden, einmal solche, welche aus komplizierten Produkten durch den Einfluß der Wärme oder katalytische Reagenzien das Isopren abbauen. Zu diesen gehört die Gewinnung des Isoprens aus Kautschuk selbst oder aus Terpentinöl. Zweitens Darstellung des Isoprens durch direkte Kohlenwasserstoffsynthese.

Die älteste Methode, das Isopren auf einem anderen Wege als aus Kautschuk künstlich zu gewinnen, hat Tilden[2]) erfunden, indem er Terpentinöl durch glühende Röhren leitete, dabei entstand in geringer Ausbeute Isopren. Dieses Verfahren ist heute sehr verbessert worden. Harries und Gottlob[3]) konnten zeigen, daß, wenn man Terpentinöl oder besser Dipenten oder Limonen (Karven) in Dampfform mit einer glühenden Platinspirale in Berührung bringt, ein Zerfall dieser Verbindungen eintritt und Isopren gewonnen werden kann. Diese Methode gestattet es, schnell und leicht sich im Laboratorium jederzeit Isopren darzustellen, darum sei das Verfahren mit inzwischen verbesserten Einrichtungen hier wiedergegeben[4]).

Fig. 2. Apparat zur Darstellung von Isopren aus Dipenten (Karven).

In einem 2 Liter-Kolben wird das Karven zum starken Sieden erhitzt, über der Flüssigkeit hängt der glühende Katalysator, ein nach Art der Tantallampe aufgehängter 120 cm langer Platin-

[1]) D. R.-P. 243075 u. 243076.

[2]) Chem. News **46**, 129 [1882]; Chem. Soc. **45**, 910 [1884].

[3]) Lieb. Ann. **383**, 228 [1911].

[4]) Harries, unveröffentlichte Mitteilung.

draht, dessen Anordnung aus Fig. 3 ersichtlich ist. An einem 8 cm langen Glasstab werden an den beiden Enden und in der

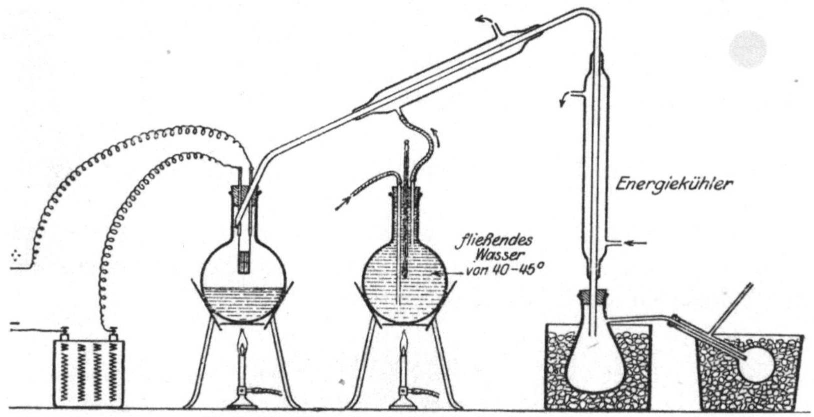

Fig. 2.

Mitte 5—6 2 cm lange Platinstifte sternförmig eingeschmolzen (Fig. 4) und an diesen der Platindraht aufgehängt, indem man ihn von oben nach unten und wieder zurück ringsherum wickelt. Die beiden Polenden des Platindrahts werden mit Kupferdraht verbunden, die in tönernen Röhren stecken, welche durch den Stopfen gehen. Der Kupferdraht darf aber nicht aus den Röhren in den Dampf herausragen. Dichtung erhält man in den Röhren durch eingestampfte Asbestwolle. Der ganze Stopfen wird ebenfalls mit Asbestpapier wegen der Hitze, welche er auszuhalten hat, umkleidet und dann auf dem Kolben festgebunden. Durch den Stopfen geht das Kühlrohr schräg hindurch und ist unten schräg abgeschnitten. Dies hat den Zweck, daß das aus dem Kühler bei der Kondensation zurückfließende Terpentinöl oder Karven nicht auf die Platinspirale bzw. den Glaskörper fällt, da derselbe sonst leicht springt. Das Kühlrohr muß aus schwer schmelzbarem Glase (Jenenser Verbrennungsrohr) sein, damit es die Temperaturdifferenz erträgt und nicht springt. Der absteigende Kühler muß ein Energiekühler sein. Der zweite Kolben dient zum Vorwärmen des Kühlwassers des Kühlers auf 40°, derselbe soll nur das Isopren Siedepunkt 33—35° durchlassen und das Karven wieder kondensieren. Die Vor-

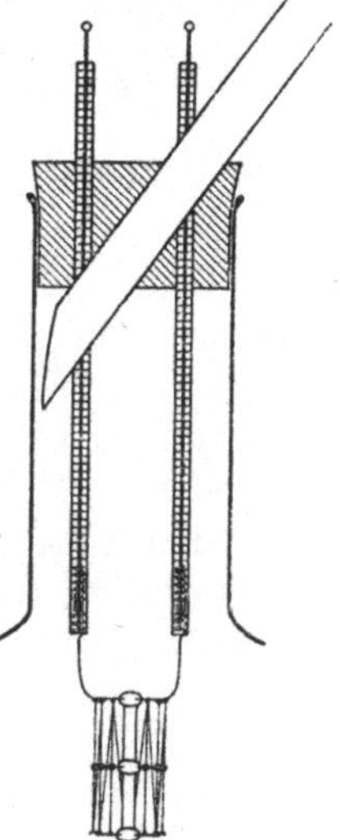

Fig. 3.

Fig. 4.

lagen werden gut gekühlt. Stromquelle 7/8 Amp. für mittlere Rotglut.

Die Ausbeute beträgt dabei aus Karven[1]) etwa 40% eines mehrfach rektifizierten recht reinen Produktes. Vollständig rein kann man auf diesem Wege Isopren allerdings nur mit großer Schwierigkeit bereiten[2]). Wenn man für diese Methode Vakuum anwendet, so stellt sich die Ausbeute nach Staudinger[3]) auf 60%. Technisch ist dies Verfahren zu teuer, da das Terpentinöl bzw. das Karven zu hoch im Preise steht.

Die erste Synthese des Isoprens nahmen Ipatiew und Wittorf[4]) vor, indem sie das durch Addition von Brom an das unsymmetrische Trimethyläthylen erhältliche Dibromtrimethyläthylen

$$\begin{matrix} CH_3 \\ CH_3 \end{matrix} \!\!> CBr \,.\, CHBr \,.\, CH_3$$

mit alkoholischem Kali behandelten. Hierbei spaltet sich Bromwasserstoff ab und es entsteht Dimethylallylen

$$\begin{matrix} CH_3 \\ CH_3 \end{matrix} \!\!> C{=}C{=}CH_2 \,.$$

Dieser Körper bildet mit Bromwasserstoff behandelt das Dibromid

$$\begin{matrix} CH_3 \\ CH_3 \end{matrix} \!\!> CBr \,.\, CH_2 \,.\, CH_2Br \,,$$

welches beim Kochen mit alkoholischem Kali in Isopren übergeht. Dasselbe war aber nicht sehr rein, da noch die Möglichkeit der Abspaltung von Bromwasserstoff auch nach anderer Richtung, nämlich zum Dimethylallylen vorhanden ist. Gladziatzky[5]) hatte schon früher gezeigt, daß Isopren leicht zu unsymmetrischen Dimethylallylen beim Erhitzen mit alkoholischer Salzsäure umgelagert wird. Noch in demselben Jahre wie die Arbeit von Ipatiew erschien eine Untersuchung von W. Euler[6]) über eine Synthese des Isoprens. Sie benutzt im allgemeinen das von Ciamician und Magnaghi[7]) schon beschriebene Verfahren, welches von Pyrrollidin aus zum Butadien

---

[1]) Karven. Schimmel & Co., Leipzig.

[2]) Vgl. O. Aschan, Ber. **51**, 1303 [1918].

[3]) Staudinger u. Klever, Ber. **44**, 2212 [1911]. — Vgl. auch Silberrad, D. R. P. 240 014, 12° (19. VI. 1912).

[4]) S. a. a. O.

[5]) Bull. [2] **47**, 168 [1887]; Centralblatt **1889**, 780.

[6]) Ber. **30**, 1989 [1897]; J. f. pr. Chem. **57**, 131 [1898].

[7]) Gazetta Chim. **15**, 485 [1895]; Ber. **18**, 2080 [1885].

geführt hatte, indem sie das Pyrrollidin der erschöpfenden Methylierung nach A. W. Hofmann unterwarfen. Das β-Methylpyrrolidin lieferte bei der erschöpfenden Methylierung analog Isopren

$$\begin{array}{l} H_2C\!-\!\!-\!CH\,.\,CH_3 \\ H_2C\quad\;\; CH_2 \\ \quad\; N(CH_3)_2OH \end{array} \rightarrow \begin{array}{l} HC-C\,.\,CH_3 \\ \;\,\| \quad\;\; \| \\ H_2C \;\; CH_2 \end{array}$$

Erwähnt sei noch kurz die Synthese von Blaise und Courtot[1]), die das α, α-Dimethyl-β-Brom-γ-Butyrolakton

$$\begin{array}{l} CH_2-CHBr-C(CH_3)_2 \\ | \qquad\qquad\qquad\; | \\ O \text{———————} CO \end{array}$$

durch Erhitzen mit Chinolin in Isopren überführte.

Kritik der besprochenen Arbeiten.

Über die Ipatiewsche Methode läßt sich folgendes sagen: Da hier von einer 1, 3-Dibromverbindung ausgegangen wird, um einen $\Delta^{1,3}$-doppelt ungesättigten Kohlenwasserstoff darzustellen, so muß man es als wahrscheinlich betrachten, daß die Abspaltung des Bromwasserstoffes nach zwei Seiten vor sich gehen wird, es wird nicht ausschließlich 2-Methylbutadien (1, 3), sondern daneben auch 2-Methylbutadien (2, 3) entstehen.

$$(CH_3)_2CBr-CH_2-CH_2Br$$

$$\swarrow \qquad\qquad \searrow$$

$$\begin{array}{l} CH_3 \\ \qquad >C-CH=CH_2 \\ CH_2 \end{array} \qquad \begin{array}{l} CH_3 \\ \qquad >C=C=CH_2\,. \\ CH_3 \end{array}$$

Es hat sich dies bei einer Nachprüfung der Ipatiewschen Methode tatsächlich erweisen lassen.

Die physikalischen Konstanten eines solchermaßen bereiteten Präparates zeigen nicht unerhebliche Differenzen mit den auf anderen eindeutigeren Wegen gewonnenen Kohlenwasserstoffen (siehe Tabelle).

Ganz dieselben Gesichtspunkte dürften auch für die Beurteilung der Reinheit des von Blaise und Courtot und des nach meinem Verfahren aus Akrylester nach Grignard erhaltenen Isoprens maßgebend sein, denn auch das Bromid bzw. der Alkohol

$$CH_2=CH\,.\,CBr(CH_3)_2 \qquad\qquad CH_2=CH\,.\,COH(CH_3)_2$$

können bei der Bromwasserstoff- bzw. Wasserabspaltung neben Isopren Dimethylallen bilden.

---

[1]) Bull. **35**, 993 [1906].

Ein weiterer Nachteil der Ipatiewschen Methode ist der, daß sie sehr geringe Ausbeuten liefert. Wahrscheinlich hat deshalb Ipatiew selbst außer dem Siedepunkt keinerlei physikalische Konstanten bestimmt.

Das Eulersche Isopren ist jedenfalls rein gewesen, da sich die auf dem Wege der erschöpfenden Methylierung erhaltenen ungesättigten Kohlenwasserstoffe durch besondere Reinheit auszeichnen. Die Methode ist aber außerordentlich umständlich, denn schon zu dem als Ausgangsmaterial verwendeten β-Methylpyrrolidin gelangte Euler auf einem sehr langwierigen Wege. Auch erhielt er Isopren in so minimaler Ausbeute, daß keine physikalischen Konstanten bestimmt werden konnten.

Um mein Ziel zu erreichen, war es deshalb von Wichtigkeit, zunächst einmal wirklich reines Isopren in einer Menge zu gewinnen, die es ermöglichte, seine physikalischen Konstanten genau festzulegen, um ein Vergleichsobjekt für neu auszuarbeitende Methoden zu besitzen.

Zu diesem Zweck stellte ich mir die Aufgabe, ein 2-Methyl-1, 4-dihydroxybutan bzw. 2-Methyl-1, 4-dibrombutan

$$\begin{array}{l} CH_3-CH-CH_2-CH_2OH \\ \qquad\;\;| \\ \qquad CH_2OH \end{array} \qquad\qquad \begin{array}{l} CH_3-CH-CH_2-CH_2Br \\ \qquad\;\;| \\ \qquad CH_2Br \end{array}$$

darzustellen und aus diesem Wasser bzw. Bromwasserstoff abzuspalten. Aus derartig konstituierten Produkten müßte sich am ehesten ein einheitliches Isopren gewinnen lassen; da hier eine Bildung von Dimethylallen in erster Phase ausgeschlossen war.

Schon Euler[1]) hat in seiner Arbeit „Über Synthese der β-Methylpentamethylendi- und -monokarbonsäure" das Pentamethylenglykol und das zugehörige Bromid beschrieben, indessen nur wenig reine Präparate in den Händen gehabt. Er ging von dem Nitril der Brenzweinsäure aus, welches er mit Natrium und Alkohol zum β-Methyltetramethylendiamin reduzierte. Aus dem Diamin erhielt er mit salpetriger Säure[2]) in geringer Ausbeute das Glykol neben zwei ungesättigten Alkoholen und Spuren von Isopren.

$$\begin{array}{l} CH_3 \cdot CH \cdot CN \\ \quad\;\; | \\ \quad CH_2 \cdot CN \end{array} \nearrow \begin{array}{l} CH_3 \cdot CH \cdot CH_2 \cdot NH_2 \\ \quad\;\; | \\ \quad CH_2 \cdot CH_2 \cdot NH_2 \end{array} \begin{array}{l} \rightarrow \\ \searrow \end{array} \begin{array}{l} CH_3 \cdot CH-CH_2 \cdot OH \\ \quad\;\; | \\ \quad CH_2-CH_2 \cdot OH \end{array}$$

$$\downarrow$$

$$\begin{array}{l} CH_3 \cdot CH \cdot CH_2OH \\ \quad\;\; | \\ \quad CH=CH_2 \end{array} \qquad\qquad \begin{array}{l} CH_3 \cdot C=CH_2 \\ \quad\;\; | \\ \quad CH_2 \cdot CH_2 \cdot OH \end{array}$$

---

1) Ber. 28, 2952 [1895].

2) Gustavson, Ber. 25, Ref. 912 [1892].

Aussichtsreicher erschien es zur Verwirklichung meines Vorhabens das Verfahren von Bouveault und Blanc[1]) anzuwenden, welche aus den Dikarbonsäureestern durch Reduktion mit Natrium und Alkohol die entsprechenden Glykole erhielten. Auf diesem Wege bereitete ich aus Brenzweinsäurediäthylester das β-Methyltetramethylenglykol und durch Umsetzung mit Bromwasserstoff das Dibromid. Mit der weiteren Untersuchung dieses Teiles der Arbeit betraute ich Herrn Karl Neresheimer[2]), der feststellte, daß man mit Chinolin aus dem Dibromid ein Isopren in geringer Ausbeute erhalten kann, welches nach den physikalischen Eigenschaften aber bereits durch Dimethylallen, wenn auch noch nicht in starkem Maße, verunreinigt ist. Viel besser läßt sich aus dem Dibromid Isopren gewinnen, wenn man dasselbe mit Trimethylamin umsetzt, das sich fast quantitativ bildende bisquaternäre Ammoniumbromid mit Silberoxyd in die Ammoniumbase überführt und diese trocken destilliert. Hierbei wird reines Isopren in guter Ausbeute erhalten.

Für das Isopren, das als eine der einfachsten Verbindungen mit konjugierter Doppelbindung auch in optischer Beziehung besonderes Interesse beansprucht, wurden außer der Molekularfraktion und -dispersion noch die Σ-Werte berechnet, womit nach dem Vorschlag von Auwers und Eisenlohr[3]) der hundertfache Wert des spezifischen Brechungsvermögens bezeichnet wird. Bezüglich der Größe der Exaltationen, die durch bestimmte Konjugationen hervorgerufen werden, gelang es den genannten Forschern, eine Gesetzmäßigkeit aufzufinden, die besagt, daß ganz allgemein der Zutritt von Seitenketten an die zentralen Kohlenstoffatome eines konjugierten Systems dessen optische Wirksamkeit herabsetzt. Für Isopren, das ein einfach gestörtes System aufweist, lagen für die Berechnung der Dispersion bisher noch keine Angaben vor, bei unserem reinen Präparat ergab sich in voller Übereinstimmung mit Auwers für $\Sigma\gamma - \Sigma\alpha$ eine Exaltation von 41,3%.

In der Tabelle S. 153 ist eine Übersicht der von den verschiedenen Autoren angegebenen physikalischen Konstanten und der von uns neu gefundenen angegeben.

---

1) Bull. **31**, 669, 1203 [1904]; **33**, 879 [1905].
2) Vgl. Inaug.-Diss., Kiel 1911.
3) J. f. pr. Chem. **82**, 65 [1910]; Ber. **43**, 806 [1910].

Über das β-Methyltetramethylenglykol und seine Überführung in Isopren

von Karl Neresheimer †[1]).

β-Methyltetramethylenglykol,

$$\begin{array}{l} CH_3 \,.\, CH \,.\, CH_2OH \\ \qquad\;\; | \\ \qquad\; CH_2 \,.\, CH_2OH \end{array}$$

In einen großen, mit langem, aufsteigendem Kühler versehenen Kolben bringt man 80—100 g blankes Natrium in groben Stücken und läßt dazu allmählich eine Auflösung von 50 g Brenzweinsäurediäthylester in 200 g abs. Alkohol fließen. Das Natrium schmilzt alsbald zu einer großen Kugel zusammen, die man durch kräftiges Umschütteln zerteilt. Alsbald beginnt es jedoch sich mit festen weißen Krusten zu überziehen, die den Fortgang der Reaktion erheblich stören und durch häufiges Umschütteln entfernt werden müssen. Nach G. Blanc[2]) bestehen diese Krusten vielleicht aus dem Natriumsalz des Orthoesters.

Sobald die Reaktion träger zu werden beginnt, bringt man den Kolben in ein kochendes Salzwasserbad und setzt im Verlauf von 1 bis 2 Stunden noch etwa $^1/_2$—$^1/_3$ Liter abs. Alkohol zu bis zur vollständigen Auflösung des Natriums. Hierauf wird die Hauptmenge des Alkohols aus einem Ölbad von 130—135° abdestilliert, bis nur mehr geringe Mengen übergehen. Dann läßt man erkalten und setzt zu dem fast trocknen Kuchen von Natriumäthylat vorsichtig Wasser, hierzu sind ungefähr 250—300 ccm erforderlich, worauf man den Kolben am besten über Nacht stehen läßt, da die Auflösung sehr langsam vor sich geht.

Hierauf bringt man die klare Lösung in ein starkwandiges Becherglas und leitet einen kräftigen Strom Kohlensäure durch, bis möglichst alles Natrium als Karbonat abgeschieden ist, was mindestens 6 Stunden in Anspruch nimmt. Nun wird das Karbonat abgesaugt und noch wiederholt mit abs. Alkohol, dem ein wenig Äther zugesetzt wird, ausgezogen, am besten durch Verreiben in einer großen Reibschale. Das Filtrat und die Waschflüssigkeit werden im Vakuum bei 80° Badtemperatur eingedampft, wobei sich abermals beträchtliche Mengen Karbonat abscheiden. Diese werden von neuem mit abs. Alkohol und wenig Äther wiederholt extrahiert, die vereinigten Filtrate im Vakuum eingedampft und der Rückstand aus dem Ölbad destilliert. Das Glykol geht bei 13 mm Druck von 120—134° über; bei nochmaligem Fraktionieren zeigt die Hauptfraktion den Siedepunkt 124—125°. Die Ausbeute ist wechselnd, beträgt aber im Durchschnitt 10 g. Es ist eine

---

1) Vgl. Inaug.-Diss. Kiel 1911; Lieb. Ann. **383**, 167 [1911].

2) Bull. **33**, 882 [1905].

farblose Flüssigkeit von glyzerinartiger Konsistenz und charakteristischem Geruch. Mit Wasser und Alkohol ist es leicht mischbar, in Äther schwer löslich.

0,1532 g Sbst.: 0,3243 g CO_2, 0,1599 g H_2O.
$C_5H_{12}O_2$. Ber. C 57,64, H 11,62.
Gef. „ 57,73, „ 11,67.

Molekularrefraktion und -dispersion.

$D\frac{18°}{18°} = 0{,}9954$[1]).

$n_d\,18° = 1{,}45173$; $n_\alpha\,18° = 1{,}44925$; $n_\gamma\,18° = 1{,}46107$.

Molrefraktion: M_d. Ber. 28,16. Gef. 28,20.
Moldispersion: $M_\gamma—M_\alpha$. „ 0,665. Gef. 0,656.

Diazetat.

2 g Glykol werden mit 8 g frisch destilliertem Essigsäureanhydrid 4 Stunden am Rückflußkühler gekocht und das Reaktionsprodukt hierauf unter vermindertem Druck fraktioniert. Das Diazetat geht unter 17 mm Druck bei 116—117° über und stellt eine wasserklare, leicht bewegliche, angenehm senfähnlich riechende Flüssigkeit dar. Die Ausbeute beträgt etwa 3 g.

0,1377 g Sbst.: 0,2896 g CO_2, 0,1060 g H_2O.
$C_9H_{16}O_4$. Ber. C 57,42, H 8,57.
Gef. „ 57,36, „ 8,61.

Molekularrefraktion und -dispersion.

$D\frac{20°}{20°} = 1{,}0434$.

$n_d 20° = 1{,}42717$; $n_\alpha 20° = 1{,}42509$; $n_\gamma 20° = 1{,}43658$.

Molrefraktion: M_d. Ber. 47,3. Gef. 46,3.
Moldispersion: $M_\gamma—M_\alpha$. „ 1,12. Gef. 1,08.

β-Methyltetramethylenoxyd,

$$\begin{array}{l} CH_3\,.\,CH\,.\,CH_2\diagdown \\ \quad\;\;\; | \qquad\qquad\;\; O\,. \\ \quad\;\, CH_2\,.\,CH_2\diagup \end{array}$$

Zur Darstellung des Oxyds werden 10 g Glykol mit 30 g 60proz. Schwefelsäure eine Stunde im Einschmelzrohr auf 100° erhitzt, der Röhreninhalt mit dem gleichen Volumen Wasser verdünnt und nun etwa $^1/_{10}$ dieser Masse abdestilliert. Das Destillat, das sich in zwei Schichten teilt, wird mit Kaliumkarbonat gesättigt, wobei sich das Oxyd vollständig als leichtes Öl an der Oberfläche abscheidet. Es wird abgehoben, getrocknet und über Natrium fraktioniert. Die Aus-

[1]) Vgl. Ipatiew, J. f. pr. Chem. [2] **55**, 4 [1897].

beute beträgt 4—5 g. Der Siedepunkt bei gewöhnlichem Druck liegt bei 86—87°. Farblose, leicht bewegliche Flüssigkeit von angenehm, stark ätherischem Geruch, die mit Alkohol und Äther mischbar und in Wasser reichlich löslich ist.

0,1679 g Sbst.: 0,4278 g CO_2, 0,1766 g H_2O.

$C_5H_{10}O$. Ber. C 69,77, H 11,71.
Gef. „ 69,49, „ 11,77.

Molekularrefraktion und -dispersion.

$$D\frac{20^\circ}{20^\circ} = 0{,}8643.$$

$$n_d 20^\circ = 1{,}41122;\ n_\alpha 20^\circ = 1{,}40905;\ n_\gamma 20^\circ = 1{,}41979.$$

Molrefraktion: M_d. Ber. 24,70. Gef. 24,74.
Moldispersion: M_γ—M_α. Ber. 0,567. Gef. 0,577.

Symmetrisches Diphenyldiurethan des β-Methyltetramethylenglykols,

0,5 g reines Glykol wurden mit einer absolut ätherischen Lösung von 1,2 g Phenylisozyanat versetzt und gut verschlossen in der Kälte stehen gelassen. Zunächst scheidet sich ein wenig Diphenylharnstoff in schön ausgebildeten Kristallen ab, wovon man nach etwa 24 Stunden vorsichtig abgießt. Die auf die Hälfte eingeengte Lösung wird noch einige Tage sich selbst überlassen; dabei kristallisiert das Diphenyldiurethan in körnigen, farblosen Gebilden aus. Die Ausbeute beträgt 0,6 g.

Der Körper läßt sich bequem aus höher siedendem Ligroin (Siedepunkt 70—100°) umkristallisieren, wobei er in schönen, glänzenden Blättchen erhalten wird, die bei 97° schmelzen. Er ist leicht löslich in Alkohol, Äther, Benzol, schwer in kaltem Ligroin, unlöslich in Wasser.

I. 0,1301 g Sbst.: 0,3185 g CO_2, 0,0765 g H_2O. — II. 0,1577 g Sbst.: 12,0 ccm Stickgas bei 19° und 751 mm Druck.

$C_{11}H_{22}O_4N_2$. Ber. C 66,63, H 6,48, N 8,19.
Gef. I. „ 66,77, „ 6,57, „ —
„ II. „ — „ — „ 8,64.

Tetraphenyldiurethan des β-Methyltetramethylenglykols,

0,5 g Glykol werden mit 2,3 g Diphenylharnstoffchlorid[1]) und 2,1 g Pyridin $2^1/_2$ Stunden im siedenden Wasserbad erwärmt. Die Masse färbt sich alsbald dunkel rotbraun und erstarrt beim Erkalten. Hierauf werden die flüchtigen Bestandteile mit Wasserdampf abgeblasen, der Rückstand mit kaltem Wasser gewaschen und aus wenig Alkohol umkristallisiert. Die Ausbeute betrug 0,9 g. Aus Ligroin vom Siedepunkt 70—100° kristallisiert der Körper in farblosen, verwachse-

[1]) Nach H. Erdmann, J. f. pr. Chem. **56**, 8 [1897].

nen Prismen vom Schmelzpunkt 102°. Er ist in Alkohol und Benzol leicht, in Äther und Petroläther schwer, in Wasser nicht löslich.

0,1243 g Sbst.: 0,3452 g CO_2, 0,0716 g H_2O. — II. 0,1218 g Sbst.: 6,6 ccm Stickgas bei 18° und 755 mm Druck.

$C_{31}H_{30}O_4N_2$.		C		H		N
	Ber.	75,27,	H	6,12,	N	5,67.
	Gef. I.	,, 75,76,	,,	6,44,	,,	—
	,, II.	,, —	,,	—	,,	6,21.

β-Methyltetramethylendibromid,

$$\begin{array}{l} CH_3 \cdot CH \cdot CH_2Br \\ \qquad\;\; | \\ \qquad CH \cdot CH_2Br \end{array} .$$

Je 10 g Glykol werden mit dem dreifachen Volumen rauchender (60 proz.) Bromwasserstoffsäure 3 Stunden lang im Einschlußrohr auf 100° erhitzt. Beim Öffnen des Rohres findet man die dunkelgefärbte Flüssigkeit schon in zwei Schichten getrennt. Man übersättigt hierauf mit Pottaschelösung und äthert wiederholt aus. Nachdem der größte Teil des Äthers abgedampft ist, wird kurze Zeit mit geglühtem Kaliumkarbonat getrocknet und im Vakuum fraktioniert. Das Dibromid geht bei 12 mm Druck zwischen 85 und 90° über. Nach nochmaligem Trocknen wird der Siedepunkt bei 84—86° unter 11 mm Druck gefunden. Das Dibromid ist eine schwere, farblose Flüssigkeit von süßlichem, nicht unangenehmem Geruch, doch zersetzt es sich, besonders am Licht, langsam unter Entwicklung von Bromwasserstoff. Die Ausbeute beträgt 19 g.

I. 0,2639 g Sbst.: 0,2586 g CO_2, 0,1040 g H_2O. — II. 0,1766 g Sbst.: 0,2897 g AgBr.

$C_5H_{10}Br_2$.		C		H		Br
	Ber.	26,09,	H	4,38,	Br	69,53.
	Gef. I.	,, 26,72,	,,	4,41,	,,	—
	,, II.	,, —	,,	—	,,	69,81.

Molekularrefraktion und -dispersion.

$$D\frac{17^\circ}{17^\circ} = 1{,}6986.$$

$$n_d\,17^\circ = 1{,}51217;\; n_\alpha\,17^\circ = 1{,}50918;\; n_\gamma\,17^\circ = 1{,}52722.$$

Molrefraktion: M_d.	Ber.	40,87.	Gef.	40,64.
Moldispersion: M_γ—M_α.	,,	1,25.	,,	1,19.

Darstellung des Isoprens.

I. Methode.

40 g Bromid und 150 g Chinolin werden zusammen erhitzt, wobei etwa 2 ccm einer leicht beweglichen Flüssigkeit überdestillieren, die stark nach Zersetzungsprodukten des Chinolins riechen. Da das Destillat außerdem noch halogenhaltig ist, so wird nochmals über wenig Chinolin destilliert, hierauf zur Entfernung der basischen Bestandteile

mit verdünnter Schwefelsäure ausgeschüttelt und endlich über Chlorkalzium fraktioniert. Das Isopren geht zwischen 30° und 37° über und zeigt nun den typischen Geruch.

Molekularrefraktion und -dispersion.

$D\frac{19^\circ}{19^\circ} = 0{,}678.$

$n_d 19^\circ = 1{,}41271$; $n_\alpha 19^\circ = 1{,}40855$; $n_\gamma 19^\circ = 1{,}43127$.

Molrefraktion:	M_d.	Ber.	24,33.	Gef.	25,02.
Moldispersion:	M_γ—M_α.	„	0,94.	„	1,20.
Σ_d[1]).		„	35,74.	„	36,82.

$E\Sigma_d = +\ 1{,}08.$

$\Sigma_{\gamma-\alpha}$. Ber. 1,39. Gef. 1,77.

$E\Sigma_{\gamma-\alpha} = +\ 0{,}38$ (= 27,4%)

II. Methode.

Je 15 g Methyltetramethylendibromid werden mit 25 g einer 33proz. absolut alkoholischen Lösung von Trimethylamin 3 Stunden im Einschlußrohr auf 100° erhitzt. Nach dem vorsichtigen Eindampfen im Vakuum hinterbleibt das bisquaternäre Bromid als gelbliche, schwere, äußerst zähflüssige Masse. Es ist leicht löslich in Wasser, Alkohol, Methylalkohol, unlöslich in Äther, Ligroin und Benzol. Da es auf keine Weise zur Kristallisation zu bringen war, so wurde auf seine weitere Reinigung sowie auf eine Analyse verzichtet.

Die ganze Masse wird nun in Wasser gelöst und mit der doppelten berechneten Menge feuchten Silberoxyds versetzt. Die momentan eintretende Umsetzung kann durch häufiges, kräftiges Umschütteln vervollständigt werden. Hierauf wird vom gebildeten Bromsilber und überschüssigen Silberoxyd abfiltriert, die stark alkalisch reagierende Flüssigkeit im Vakuum eingedampft, wobei die bisquaternäre Base als dickflüssiger Sirup zurückbleibt, der mitunter durch äußerst fein verteiltes Silberoxyd oder Bromsilber bläulichgrau gefärbt ist. Das Eindampfen wird unterbrochen, sobald sich die ersten Anzeichen einer Zersetzung bemerkbar machen, und jetzt nach Anbringung geeigneter Vorlagen unter Atmosphärendruck weiter erhitzt. Die Masse destilliert unter starkem Schäumen bei etwa 100° bis auf einen ganz geringen Rest über[2]).

Die Dämpfe werden zunächst durch einen kurzen, über das Ansatzrohr des Fraktionierkolbens gezogenen Kühler größtenteils kondensiert und gelangen von hier aus in einen zweiten, nicht gekühlten

[1]) Erklärung siehe S. 147; die Σ-Werte sind bezogen auf die Dichte $D\frac{19^\circ}{4^\circ} = 0{,}677.$

[2]) Vgl. Farbenfabriken, D. R. P. 231 806, Kl. XII.

Fraktionierkolben, der das Wasser und darin gelöst die Hauptmenge des Trimethylamins aufnimmt, während das flüchtige, in Wasser unlösliche Isopren erst in der nächsten, mit Kältemischung gekühlten Vorlage verdichtet wird.

Nach Beendigung der Destillation erwärmt man die erste Vorlage durch ein untergestelltes Wasserbad noch kurze Zeit auf 50°, um etwa schon hier zurückgehaltenes Isopren in die zweite Vorlage überzutreiben, und schüttelt hierauf deren Inhalt zur Entfernung des Trimethylamins mit stark gekühlter, verdünnter Schwefelsäure durch. Das Isopren wird hierauf wiederholt sorgfältig aus dem Wasserbad über Natrium rektifiziert, wobei der Hauptteil bei 36—37° übergeht, der Rückstand siedet bei 40°. Die Ausbeute beträgt über 50%.

Die unmittelbar anschließend vorgenommene optische Untersuchung ergibt folgende Werte:

$i_d\,21° = 51°\,10'$; $n_d\,21° = 1{,}42267$;
$i_\alpha\,21° = 51°$; $n_\alpha\,21° = 1{,}41807$;
$i_\gamma\,21° = 52°\,5'$; $n_\gamma\,21° = 1{,}44340$;
$D\,\frac{21°}{21°} = 0{,}6804$; $D\,\frac{21°}{4°} = 0{,}6793$.

M_d. Ber. 24,33. Gef. 25,45.
$M_\gamma—M_\alpha$. „ 0,94. „ 1,33.
Σ_d. „ 35,74. „ 37,46.
$E\Sigma_d = +\,1{,}72$ (= 4,8%).
$\Sigma_{\gamma-\alpha}$. Ber. 1,386. Gef. 1,958.
$E\Sigma_{\gamma-\alpha} = +\,0{,}572$ (= 41,3%).

Tabellarische Übersicht der Konstanten des Isoprens nach verschiedenen Autoren.

Isopren nach:	Siedep.	Dichte	n_d	MR_d	$MD_{\gamma-\alpha}$	Temp. b. d. Best.
Ipatiew[1]	32—33°	0,6742	1,40777	24,87	1,12	18°
Euler	33—39°					
Tilden[2]), aus Terpentin	34—35°	0,6766	1,4079	24,84	—	18°
Tilden[2]), aus Kautschuk	34—35°	0,6709	1,4041	24,84	—	18°
Blaise u. Courtot	36°	—	—	—	—	—
Harries u. Neresheimer, Methode I	30—37°	0,678	1,41271	25,02	1,20	19°
dsgl., Methode II	36—37°	0,6804	1,42267	25,45	1,33	21°
Harries u. Gottlob, aus Terpentin u. Dipenten	35,5—36°	0,6815	1,42117	25,33	1,25	$\frac{18{,}5°}{4°}$

[1]) Die Brechungsindices und die Dichte wurden von mir an einem nach Ipatiews Vorschrift hergestellten Präparat bestimmt.

[2]) J. H. Gladstone, Chem. Soc. **49**, 619 [1886]. — Auwers u. Eisenlohr, J. f. pr. Chem. **82**, 74 [1910].

Technische Verfahren zur Darstellung von Isopren.

Die bisher erörterten Verfahren sind mehr oder weniger kostspielig und deshalb technisch unausführbar. Bei der hohen Bedeutung, die das Isopren als Ausgangsmaterial für die Bereitung von künstlichem Kautschuk besitzt, kam es darauf an, Methoden zu finden, welche eine technische Verwertung günstig erscheinen ließen. Wenn man sich aber mit einem solchen großen technischen Problem, wie es die künstliche Darstellung von Kautschuk ist, näher beschäftigen will, so muß man von vornherein darauf bedacht sein, Ausgangsmaterialien zu wählen, die äußerst wohlfeil und in hinreichender Menge jederzeit vorhanden sind. Hier kommen eine ganze Reihe von Quellen unter den Rohstoffen in Betracht.

Den Steinkohlenteer als Ausgangsmaterial hat Dr. Fritz Hofmann (Elberfelder Farbenfabriken) zur technischen Darstellung des Isoprens benutzt. Das von ihm ausgearbeitete Verfahren ist durch die Patentliteratur[1]) im Jahre 1910 allmählich bekannt geworden. Er geht vom p-Kresol aus, reduziert dies nach Sabatier und oxydiert das Reduktionsprodukt zur γ-Methyladipinsäure. Das Diamid derselben geht mit unterchloriger Säure in das β-Methyltetramethylendiamin und letzteres bei der erschöpfenden Methylierung in sehr reines Isopren über.

$$\begin{array}{c}CH_3\\ \cdot\\ C_6H_4\\ \cdot\\ OH\end{array} \rightarrow \begin{array}{ccc} & CH_3 & \\ & CH & \\ H_2C & & CH_2\\ H_2C & & CH_2\\ & CO & \end{array} \rightarrow \begin{array}{ll} CH\,.\,CH_3 & \\ H_2C & CH_2\\ H_2C & COOH\\ & COOH\end{array} \rightarrow \begin{array}{ll} CH\,.\,CH_3 & \\ H_2C & CH_2\\ H_2C & CO\,.\,NH_2\\ & CO\,.\,NH_2\end{array}$$

$$\begin{array}{ll} CH\,.\,CH_3 & \\ H_2C & CH_2\\ H_2C & NH_2\\ & NH_2\end{array} \rightarrow \begin{array}{ll} CH\,.\,CH_3 & \\ H_2C & CH_2\\ H_2C & N(CH_3)_3OH\\ & N(CH_3)_3OH\end{array} \rightarrow \begin{array}{l} HC{-}C{\Large\langle}{}^{CH_3}_{CH_2}\\ \;\,\Vert\\ H_2C\end{array} + 2\,N(CH_3)_3 + 2\,H_2O$$

Ich habe dies Verfahren nachgearbeitet und gefunden, daß es gut geht, indessen stellen sich bei der Durchführung in einem Unterrichtslaboratorium, welches nicht die Hilfsmittel der Großindustrie besitzt, allerlei Schwierigkeiten entgegen. Ich erhielt durch die Güte der Elberfelder Farbenfabriken etwa 50 g von diesem Präparat und konnte es mit dem nach der Methode von Neresheimer bereiteten Produkt vergleichen; wie nicht anders zu erwarten war, besitzt es genau dieselben physikalischen Konstanten wie letzteres. Es ist sehr wichtig, für die Gewinnung von Kautschuk ein möglichst reines Isopren anzuwenden, deshalb halte ich das Elberfelder Verfahren für ausgezeichnet.

---

[1]) D. R. P. 231 806, Kl. 12, Gr. 19 (9. IV. 1909).

Ich ging bei meinen Versuchen für eine technische Darstellung des Isoprens von dem Wunsche aus, den Alkohol bzw. die Stärke als Ausgangsmaterial zu verwenden. Denn man muß immer das Ziel im Auge behalten, die von der Landwirtschaft produzierten Rohstoffe für die technische Erzeugung des Kautschuks zu benutzen[1]).

Alkohol kann man über die Essigsäure in Azeton, dieses mit Bromäthyl nach Grignard in tertiären Amylalkohol umwandeln, aus welchem Wasser abgespalten und Trimethyläthylen gewonnen wird. Es war noch eine Methode auszuarbeiten, das Trimethyläthylen in Isopren überzuführen. Nach Ipatiew[2]) erhält man aus Trimethyläthylendibromid mit alkoholischem Kali Dimethylallen, aus welchem bei der Behandlung mit Bromwasserstoff das Dibromid $(CH_3)_2CBrCH_2.CH_2Br$ entsteht. Aus diesem kann man dann mit alkoholischem Kali Isopren in geringer Ausbeute erzeugen. Nach vielen Bemühungen gelang es, eine Methode ausfindig zu machen, welche einmal das verlustreiche Arbeiten mit alkoholischem Kali vermeidet und zweitens die eine der beiden Reaktionsphasen von Ipatiew überspringt.

Es zeigte sich[3]), daß, wenn man Trimethyläthylendibromid oder andere Halogenderivate des Isopentans auf Natronkalk tropfen läßt, der vorher zweckmäßig mit Kohlendioxyd abgesättigt und auf etwa 600° erhitzt wurde, ein Kohlenwasserstoff in guter Ausbeute erzeugt wird, der, nach den physikalischen Konstanten zu urteilen, mehr Isopren als der von Ipatiew enthält. Bei niederer Temperatur bilden sich bei diesem Verfahren vorwiegend ungesättigte Monohalogenide, die ihrerseits bei höherer Temperatur außerordentlich beständig sind.

Es scheint sich hier also ein Prozeß abzuspielen, der außer von der Temperatur auch von der porösen Beschaffenheit des gekörnten Natronkalks abhängig ist. Der letztere entzieht außerdem die entstehende Halogenwasserstoffsäure in statu nascendi dem Reaktionsgleichgewicht. Gute Ausbeuten an Isopren erhält man nur, wenn es gelingt, beide Bromatome gleichzeitig als Bromwasserstoff abzuspalten.

Die Methode kann auch zur Gewinnung von homologen Kohlenwasserstofffen aus Dihalogeniden, z. B. des Butadiens aus Butylendibromid, angewendet werden.

Über die Überführung der Isopentandihalogenide in Isopren.

Das für diese Versuche notwendige Trimethyläthylen wurde nach der Grignardschen Methode aus Azeton und Bromäthyl bereitet. Man erhält etwa 80% Ausbeute an Karbinol, hierbei ist nur zu beachten,

---

[1]) Vortrag Danzig.

[2]) S. a. a. O.

[3]) Lieb. Ann. **383**, 164, 175 [1911]; D. R. P. 243 075, Kl. 12, Gr. 19 (3. VIII. 10).

daß das letztere mit Ätherdämpfen flüchtig ist, man benutzt infolgedessen zweckmäßig zur Trennung eine Kolonne. Das Karbinol geht leicht beim Erhitzen mit wasserfreier Oxalsäure ($^1/_2$ Mol.) oder Schwefelsäure in Amylen über, vom Siedepunkt 35° unter Atmosphärendruck. Die Ausbeute beträgt über 70%.

Zur Bromierung werden 200 g Amylen im gleichen Volum Eisessig mit 450 g Brom in derselben Menge Eisessig langsam unter Kühlung versetzt, das Bromid läßt sich darauf durch Wasser abscheiden und abheben. Nach dem Trocknen siedet es konstant bei 70° unter 30 mm Druck. Man erhält etwa 430 g reines Präparat aus 620 g Rohprodukt. Für die technische Darstellung könnte man sofort das Rohprodukt zur weiteren Verarbeitung verwenden, ich zog es vor, das Bromid vorher zu destillieren, weil man nachher ein reineres Isopren erhält.

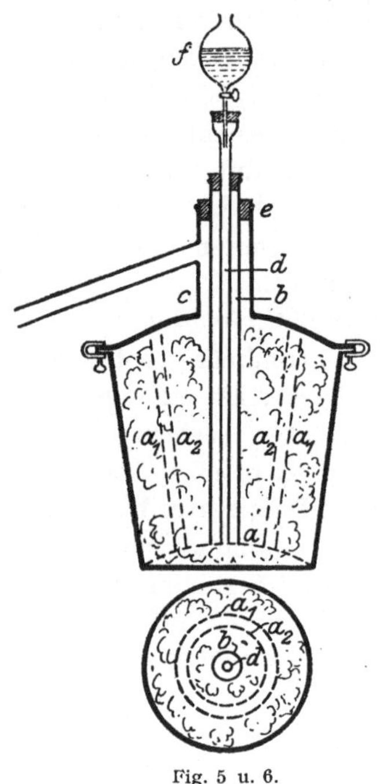

Fig. 5 u. 6.

Nachdem sich durch eine zufällige Beobachtung ergeben hatte, daß durch hoch erhitzten Natronkalk unter Umständen aus Isopentandihalogeniden sich Isopren zu bilden vermag, wurde vermittels eines elektrisch geheizten Röhrenofens genau ermittelt, daß die günstigste Temperatur hierfür bei 600° liegt. Später wurde dann gefunden, daß man dem Dihalogenid etwas wasserfreie Oxalsäure zusetzen muß, um die Ausbeuten an Isopren zu verbessern. Die Weiterentwicklung dieser Beobachtung führte schließlich dazu, den Natronkalk mit Kohlendioxyd abzusättigen. Man kann natürlich auch Kalziumkarbonat oder ähnliche Stoffe benutzen, doch hat sich gerade in der eigentümlichen porösen Beschaffenheit des Natronkalkes eine besonders günstige Wirkung ergeben. Ein Übelstand beruht darin, daß sich beim Zusammentreffen der Halogenkörper mit dem Natronkalk allmählich große Mengen von Halogenkalzium bilden, wodurch Verstopfungen des Apparates eintreten. Durch die Einrichtung des abgebildeten Apparates (Fig. 5) haben wir demselben abgeholfen.

Derselbe besteht aus einer Destillierblase von etwa 1 Liter Inhalt, aus Eisen oder Messing gefertigt, und ist mit einer gut schließenden, verschraubbaren Haube versehen. Von oben wird durch das Absiederohr *C* vermittels eines geeigneten Pfropfens *e* ein weites Metallrohr *b* bis einige Zentimeter von dem Boden der Blase eingeführt und in dieses wieder ebenso ein enges gläsernes Rohr *d* gesteckt. Durch dieses läßt man mittels eines Tropftrichters *f* das Halogenid eintropfen. In die Blase selbst wird der Natronkalk, nachdem er durch längeres Erhitzen wohl getrocknet und durch gleichzeitiges Einleiten von Kohlensäure möglichst vollständig damit abgesättigt ist, in einer Schicht auf den Boden gefüllt, darüber kommt ein rundgeschnittenes grobes Eisendrahtnetz *a* und auf dieses werden senkrecht zwei rundgebogene ebensolche Eisendrahtnetze a_1 und a_2 in einer Entfernung von etwa 6—7 mm voneinander gestellt. Die Anordnung erhellt aus der Abbildung in Fig. 6, in welcher man sie auf den Boden des Gefäßes projiziert sieht.

Um diese Drahtnetze herum wird der Natronkalk weiter eingefüllt, so daß zwischen den Drahtnetzen a_1 und a_2 eine Gasse bleibt. Sodann wird die Blase geschlossen, gut gedichtet und mit einem Zehnbrenner, welcher etwa 600° ergibt, erhitzt. Darauf läßt man das Amylendibromid nicht zu schnell eintropfen, die abziehenden weißen Dämpfe werden erst durch einen Schlangenkühler geleitet und in einer mit Kältemischung gekühlten Vorlage kondensiert. Man kann diesen Versuch natürlich in viel größeren Dimensionen ausführen, muß dann aber dafür sorgen, daß die Temperatur im Innern der Blase 600° beträgt. Man erhielt bei Anwendung von 200 g Amylenbromid und 300 g Natronkalk 36—40 g isoprenhaltigen Kohlenwasserstoff vom Siedepunkt 32—37°, d. h. etwa 60—75% Ausbeute. Der Brechungswinkel beträgt bei 19° 52°40—50′. Isopren-Ipatiew hat bei 28° 53°30′, natürliches Isopren aus Kautschuk bei 18,5° 53°45′, reines Isopren bei 18,5° 51°5′. Der Geruch ist sehr ähnlich wie derjenige des reinen Kohlenwasserstoffes, angenehm süßlich.

Leitet man Trimethyläthylenbromid über Natronkalk, der nicht mit Kohlendioxyd abgesättigt wurde, beläßt sonst aber die gleichen Bedingungen, so erhält man ein nicht so reines Isopren, welches wahrscheinlich Trimethyläthylen, von einem Reduktionsprozeß herrührend, enthält. Wie früher[1]) schon nachgewiesen werden konnte, neigen Kohlenwasserstoffe mit konjugierter Doppelbindung leicht dazu, sich zu reduzieren.

Es ist dies aber nicht allgemein der Fall, denn wie Herr Dr. Franck zeigen konnte, geht die Abspaltung von Halogenwasserstoff mit nicht neutralisiertem Natronkalk unter Umständen sogar besser als mit neutralisiertem. Er konnte aus dem ungesättigten Monochlorid

---

[1]) Harries u. v. Splawa-Neyman, Ber. 42, 695 [1909].

$$Cl \,.\, CH_2-\underset{\cdot\atop CH_3}{C}=CH \,.\, CH_3\,,$$

welches aus dem Karbinol[1])

$$Cl \,.\, CH_2-\underset{H_3C\quad OH}{C}-CH_2 \,.\, CH_3$$

durch vorsichtige Behandlung mit Oxalsäure leicht gewonnen wird, beim Auftropfenlassen auf erhitzten gewöhnlichen Natronkalk ein Isopren in etwa 40proz. Ausbeute gewinnen, welches ganz gute Eigenschaften besaß, so daß eine wesentliche Reduktionswirkung nicht zu beobachten war. Dieser Fall ist auch noch insofern interessant, als hier zur Bildung des Isoprens notwendig eine Umlagerung der Doppelbindung eintreten muß.

Wenn man 200 g Dibromamylen mit Chinolin in Portionen von je 50 g erhitzt, so entsteht in einer Ausbeute von 37 g ein Kohlenwasserstoff, der allenartig riecht, ganz anders als Isopren, und konstant bei 39—40° siedet. Wahrscheinlich enthält dieses Produkt viel Dimethylallen $(CH_3)_2C=C=CH_2$.

Die optische Bestimmung ergab:

$$i_d\ 17^\circ = 54^\circ 40' \qquad n_d\ 17^\circ = 1{,}40188.$$
$$i_\alpha\ 17^\circ = 54^\circ 15' \qquad n_\alpha\ 17^\circ = 1{,}39864.$$
$$i_\gamma\ 17^\circ = 56^\circ 45' \qquad n_\gamma\ 17^\circ = 1{,}41649.$$

$$D\frac{17^\circ}{4^\circ} = 0{,}6719.$$

Molrefraktion: M_d.	Ber. 24,327.	Gef. 24,58.
Moldispersion: $M_\gamma—M_\alpha$.	„ 0,943.	„ 0,959.

Läßt man das Amylendibromid $(CH_3)_2CBr—CHBr.CH_3$ auf zum Schmelzen erhitztes Kaliumhydroxyd tropfen, so erhält man neben wenig Kohlenwasserstoff ein ungesättigtes Monobromid. Aus diesem ist nur schwer das zweite Molekül Bromwasserstoff abzuspalten. Wahrscheinlich besteht es aus der Verbindung $(CH_3)_2C=CBrCH_3$.

Das von mir vorgeschlagene Verfahren, beide Halogenatome aus Isopentanhalogeniden gleichzeitig abzuspalten, ist von verschiedenen Seiten nachgearbeitet worden. So ist das von Perkin jun.[2]) aus Isoamylchlorid durch Chlorierung gewonnene Isoamyldichlorid über Natriumkarbonat auf ca. 470° erhitzt worden und hat ebenfalls Isopren geliefert. Ähnlich ist ferner das Verfahren der Badischen Anilin- und Sodafabrik[3]), welches von den niedrigen Petrolfraktionen aus-

[1]) Tiffeneau, Compt. rend. **1902**, I, 775.
[2]) Soc. of. Chem. Ind. 15. VII. 12, vgl. dazu S. 142.
[3]) D. R. P. 264 008, Kl. 12o, Gr. 19 (15. III. 1911).

geht, das darin enthaltene Isopentan chloriert und auf feste Halogenwasserstoff bindende Substanzen wie Ätzkali, Natronkalk etc. bei ca. 400° unter vermindertem Druck einwirken läßt. Es wurde ferner gefunden, daß sich das dabei leicht bildende Dimethylallen für sich allein mit Tonerde erhitzt in Isopren umlagert[1]). Noch zahlreiche Patente zur Gewinnung von Isopren sind genommen worden. Hier interessiert indessen nur noch ein Verfahren, weil es sich prinzipiell von den anderen unterscheidet und eine wahre Totalsynthese des Isoprens darstellt. Dasselbe ist von Georg Merling[2]) bei den Elberfelder Farbenfabriken ausgearbeitet worden. Merling leitet Azetylen in Natriumazeton ein. Dabei addiert sich das Azetylen an das Azeton nach folgender Gleichung:

$$CH \equiv CH + CH_3 \cdot C(ONa){=}CH_2 = CH_3 \cdot \underset{\displaystyle C \equiv CH}{\underset{|}{C(OH)}} \cdot CH_3$$

Diese Verbindung geht nach partieller Reduktion bei der Behandlung mit wasserabspaltenden Mitteln in Isopren über.

$$CH_3 \cdot \underset{\displaystyle HC{=}CH_2}{\underset{|}{C(OH)}} \cdot CH_3 \quad \rightarrow \quad CH_3 \cdot \underset{\displaystyle HC{=}CH_2}{\underset{|}{C}}{=}CH_2 .$$

Obgleich dieses Isopren nicht so rein wie das nach der Methode der erschöpfenden Methylierung gewonnene ist, erscheint die Methode als die eleganteste und vielleicht auch die technisch aussichtsreichste.

Beiträge zur Kenntnis der physikalischen Konstanten in technisch gewonnenen Isoprenen[3]).

In einer Mitteilung[4]), Bemerkungen zu der Arbeit von G. Steimmig „Beiträge zur Kenntnis des synthetischen Kautschuks aus Isopren" habe ich die Vermutung ausgesprochen, daß das von diesem Chemiker benutzte Isopren durch Salzsäureabspaltung im Vakuum aus Trimethyläthylendichlorid hergestellt worden sei und daher nicht so rein wie das aus der Methyltetramethylenhexamethylammonium-Base gewonnene sein dürfte. Steimmig[5]) hat meine Vermutung inzwischen bestätigt, bleibt aber bei der Behauptung, daß sein Isopren ganz rein sei und gibt zum Beweise einige Konstanten des sorgfältig fraktionierten Kohlenwasserstoffes an. Siedepunkt 33,5—34,0°, spez.

---

[1]) D. R. P. 251 216 (13. V. 1911).

[2]) D. R. P. 208 216; C. 1914, II, 1370; vgl. Hess u. Munderloh, Ber. **51**, 377 [1918].

[3]) Ber. **47**, 1999 [1914].

[4]) Ber. **47**, 573 [1914].

[5]) Ber. **47**, 852 [1914].

Gew. 0,6785 bei $^{18,5}_{4}$. Diese Konstanten zeigen nun nach meiner Meinung nicht unerhebliche Abweichungen von früheren Befunden[1]). C. Neresheimer[2]) führt für Reinisopren Siedepunkt 36—37° und 0,6793 bei $^{21}_{4}$ an, während er für weniger reines 30—37° und 0,678 bei 19° findet. Da Steimmig es nicht für notwendig gehalten hat, sich mit diesen früheren Angaben, wie sonst üblich, auseinanderzusetzen, so blieb mir nichts weiter übrig, als selber den Gründen dieser Differenzen nachzuforschen. — Für die Vergleichung stand mir ein Präparat synthetischen Isoprens aus der Hexamethylammoniumbase, von den Elberfelder Farbenfabriken dargestellt, und ein solches, welches mir von der Badischen Anilin- und Sodafabrik gütigst übersandt war, zur Verfügung.

Zunächst möchte ich noch eine Bemerkung über die Bestimmung von Siedepunkten niedrig siedender Flüssigkeiten einflechten. Neresheimer hatte damals, als er sein synthetisches Isopren untersuchte, nur 10—12 g zur Verfügung. Er hat den Siedepunkt in einem Kölbchen durch Erhitzen im Wasserbade bestimmt. Ich bin aber noch gelehrt worden, daß man Siedepunkte wie auch Schmelzpunkte möglichst hoch nehmen solle, und hierdurch ist die Angabe von Neresheimer beeinflußt worden. Diese ältere Ansicht scheint mir aber praktisch nicht immer richtig zu sein, denn man kann sich leicht überzeugen, daß, wenn man eine niedrig siedende, ganz reine Flüssigkeit, z. B. Äther, schnell erhitzt, ständig steigende Fraktionen gewonnen werden, ja, man kann schließlich den Siedepunkt desselben bis über 40° hinauftreiben. Ganz ebenso verhält sich das Isopren. Das sog. schnelle Erhitzen läßt sich überhaupt schwer genau präzisieren, jeder wird andere Resultate erhalten.

Schon seit einiger Zeit haben wir uns daher gewöhnt, zur Bestimmung der Siedepunkte niedrig siedender Flüssigkeiten diejenige Methode zum Erhitzen zu wählen, welche es gestattet, die größte Mittelfraktion zu nehmen. Man muß den Siedekolben in ein nur mäßig über den Siedepunkt erwärmtes Wasserbad stellen und so langsam destillieren, daß in der Minute nur ca. 30—35 Tropfen in die Vorlage übergehen. Man erhält dann sehr genaue Übereinstimmungen, wenn auch verschiedene Experimentatoren arbeiten. Allerdings wird dann der Siedepunkt einige Grade niedriger gefunden und ist auch keineswegs als exakt anzusehen. Dieser müßte vielmehr nach der Tensionsbestimmungsmethode erhärtet werden.

---

[1]) S. die Zusammenstellung Lieb. Ann. **383**, 167 [1911] (s. S. 153).

[2]) Ebenda. Das weniger reine Isopren war durch Erhitzen von Methyltetramethylendibromid mit Chinolin bereitet.

Die spezifischen Gewichte werden nach der Kapillarpyknometermethode, die im Ostwald-Luther angegeben ist, festgestellt; es ist erstaunlich, welche genaue Übereinstimmungen man trotz der großen Flüchtigkeit der Substanz hierbei beobachten kann. Die optischen Konstanten sind im Pulverichschen Refraktionsapparat bestimmt worden.

Da beide Präparate von Isopren, bevor ich sie untersuchen konnte, wenn auch in Röhren verschlossen, etwa 5 Wochen gestanden hatten, wurden sie zunächst über Natriumdraht auf dem Wasserbade mittels einer achtkugeligen Kolonne (Birektifikator) destilliert. Isopren (Elb.) ging hierbei vollkommen zwischen 32—34° über, während Isopren (Bad.) bei 33,25—34,5° sott und einen dicköligen Rückstand hinterließ, der von 700 ccm 30 ccm betrug. Der ölige Rückstand roch karvenartig, sott zum Teil zwischen 35—42° und hinterließ etwas Kautschuk. Dieser Befund hätte mir eigentlich genügt, um zu entscheiden, daß das Isopren der Badischen nicht so rein wie das Elberfelder ist. Ich habe aber die Untersuchung etwas sorgfältiger durchgeführt, weil ich vermutete, daß nach den beiden Methoden möglicherweise zwei verschiedene Isoprene entstehen könnten. Daher wurden nunmehr von den so gereinigten Präparaten je 350 ccm entnommen und in gewöhnlichen Siedekolben unter sorgfältigem Luftabschluß mit Zincke-Thermometer in Fraktionen nach Viertelgraden zerlegt. Man erhielt: Heizbad 36—37°, Tropfenzahl 30—40 pro Minute, Barometer 762—766 mm:

	Isopren (Elberfeld).		Isopren (Badische).	
I.	Vorlauf: bis 33,5°	5 ccm	Vorlauf: bis 33,5° .	12,5 ccm
II.	Sdp. 33,5 —33,75°	41 „	Sdp. 33,5 —33,75° .	50 „
III.	„ 33,75—33,80°	238 „	„ 33,75—33,80° .	192 „
IV.	„ 33,80—34,00°	55 „	„ 33,80—34,50° .	88 „
V.	Rückstand	2,5 „	Rückstand	2 „
	Verdunstungsverlust ca.	8,5 „	Verdunstungsverlust .	5,5 „
		350 ccm		350 ccm

Nunmehr wurden die einzelnen Fraktionen untersucht:

A. Isopren, Elberfeld.

Fraktion II besaß $D_4^{18,5} = 0,6842$, $n_d^{18,5} = 1,42467$. Mol.-Ref. d. ber. 2 |= 24,355, gef. 25,42. Exalt. 1,065.

0,1636 g Sbst.: 0,5218 g CO_2, 0,1685 g H_2O.

C_5H_8. Ber. C 88,15, H 11,85.
Gef. „ 86,99, „ 11,5.

In dieser Fraktion waren demnach augenscheinlich noch Autoxydationsprodukte enthalten.

Fraktion III besaß $D_4^{16,5} = 0,6867$, $n_d^{16,5} = 1,42617$. Mol.-Ref. d. ber. 2 |= 24,355, gef. 25,406. Exalt. 1,051.

0,1792 g Sbst.: 0,580 g CO_2, 0,1792 g H_2O.

C_5H_8. Ber. C 88,15, H 11,85.
Gef. „ 88,27, „ 11,77.

Fraktion IV besaß $D_4^{16,5} = 0,6866$, $n_d^{16,5} = 1,42617$, war daher vollkommen identisch mit III A.

B. Isopren, Badische Anilin- und Sodafabrik.

Fraktion I. Vorlauf besaß $D_4^{16} = 0,6858$, $n_d^{16} = 1,42267$.

Fraktion II besaß $D_4^{16} = 0,6851$, $n_d^{16} = 1,42267$. Mol.-Ref. d. ber. 2 |= 24,355, gef. 25,28. Exalt. 0,907.

Fraktion III besaß $D_4^{15,5} = 0,6863$, $n_d^{15,5} = 1,42317$. Mol.-Ref. d. ber. 2 |= 24,355, gef. 25,26. Exalt. 0,905.

0,1070 g Sbst.: 0,3464 g CO_2, 0,1134 g H_2O.

C_5H_8. Ber. C 88,15, H 11,85.
Gef. „ 88,30, „ 11,86.

Fraktion IV besaß $D_4^{15,5} = 0,6863$, $n_d^{15,5} = 1,42317$. Mol.-Ref. d. ber. 2 |= 24,355, gef. 25,26. Exalt. 0,905.

0,0951 g Sbst.: 0,3076 g CO_2, 0,1020 g H_2O.

C_5H_8. Ber. C 88,15, H 11,85.
Gef. „ 88,22, „ 12,00.

Auch diese Fraktion ist demnach identisch mit Fraktion III B.

Nach diesen Feststellungen haben zwar die Hauptfraktionen beider Isoprene nach den Resultaten der Elementaranalysen hohe Reinheit, die spezifischen Gewichte weichen nur wenig voneinander ab, ihre optischen Konstanten unterscheiden sich aber; man sieht dies besser, wenn man die Brechungswinkel einander gegenüberstellt:

A II id 18,5°, 50°50′. B II id 16°, 51°10′.
A III id 16,5°, 50°35′. B III id 15,5°, 51°5′.
A IV id 16,5°, 50°35′. B IV id 15,5°, 51°5′.

Die Differenzen sind nach meiner Ansicht nicht zufällig und größer, als es die Fehlergrenzen erlauben. Auch die Differenzen der Exaltationen, welche sich bei der Berechnung der Molrefraktionen ergeben, sind größer, als die Fehlergrenzen es zulassen. Danach komme ich zu dem Schluß, daß das eine Produkt, und zwar dasjenige der Badischen Anilin- und Sodafabrik, entweder eine Beimengung enthält, welche diese

Abweichungen verursacht, oder ein physikalisch isomeres Isopren darstellt (vgl. ferner S. 185).

Der praktische Siedepunkt des Isoprens dürfte nach den vorliegenden Resultaten bei 33,75—34,0° unter 762 mm Druck liegen, $D_4^{16,5} = 0,6867$, $n_d^{16,5} = 1,42617$. Letztere Zahlen stimmen ungefähr mit den früheren von Neresheimer[1]) bei 21° ermittelten Werten überein: $n_d^{21} = 1,42267$, $D_4^{21} = 0,6793$, Exalt. 1,12.

Von besonderen Eigenschaften des Isoprens sei noch seine Schwefeldioxydverbindung erwähnt[2]), die sich als feste weiße Masse fast quantitativ abscheidet, wenn man Schwefeldioxyd in über Wasser geschichtetes Isopren einleitet und durchschüttelt. Die Verbindung zersetzt sich beim Erhitzen unter Abgabe von Isopren, doch treten dabei solche Verluste auf, daß auf diese Methode kaum eine Reinigung desselben begründet werden kann[3]).

2. Über Erythren oder Butadien.

Das Butadien ist bisher viel weniger als das Isopren untersucht worden, da es sich nur in kleinen Mengen nach präparativ nicht einfachen Methoden gewinnen ließ. Man ahnte auch nicht, welche Bedeutung für die technische Verwertung diesem Stoffe innewohnt.

Es entsteht aus dem Erythrit[4]) durch Erhitzen mit Ameisensäure, woher es auch den Namen „Erythren" empfing. Am reinsten erhält man es nach dem schon erwähnten Verfahren der erschöpfenden Methylierung des N-Methylpyrrolidins von Ciamician und Magnaghi[5]). Interessant ist auch die Willstättersche[6]) Methode der erschöpfenden Methylierung von Aminozyklobutan.

Erwähnt sei noch, daß nach Berthelot[7]) ein Gemisch von Azetylen und Äthylen, durch glühende Röhren geleitet, Butadien liefern soll.

Ich versuchte die von Caventou[8]) entdeckte und von Thiele[9]) ausgearbeitete Methode zu verbessern, die darin besteht, daß Amylalkoholdämpfe durch glühende Röhren geleitet werden, erhielt aber

---

1) S. a. a. O.

2) Bad. Anilin- u. Sodafabrik, Ludwigshafen, D. R. P. 59 862, Kl. IV, 12.

3) Harries, Lieb. Ann. **383**, 166 [1911].

4) Henninger, Ann. chim. [6] **7**, 216 [1886]. — Charon, Ann. chim. [7] **17**, 234 [1899].

5) S. a. a. O.

6) Ber. **38**, 1992 [1905].

7) Ann. chim. [4] **9**, 466 [1867]. — Norton Noyes, Am. **8**, 362 [1886].

8) Lieb. Ann. **127**, 93 [1862].

9) Lieb. Ann. **308**, 339 [1899].

auch nur die von Thiele angegebenen geringen Ausbeuten an Tetrabromid, so daß ich mich nach einem anderen Verfahren umsah.

Zuerst diente mir zur Bereitung des für meine Versuche notwendigen Butadiens der ausgezeichnete, von den Chemikern der Elberfelder Farbenfabriken gefundene und zum Patent angemeldete Weg, der vom Phenol ausgeht, dasselbe nach Sabatier reduziert, durch Oxydation aus dem reduzierten Produkt Adipinsäure herstellt, dieselbe in das Amid überführt, das Amid mit unterchloriger Säure ins Amin verwandelt und das letztere erschöpfend methyliert. Da alle Operationen sehr glatt gehen, ist es auch ohne besondere Vorschrift leicht, hiernach zu arbeiten. Ich stellte so etwa 30 g des reinen Kohlenwasserstoffes dar und erhielt außerdem noch ein Präparat von den Elberfelder Farbenfabriken.

Die zweite Methode lehnt sich eng an das von mir ausgearbeitete pyrogene Verfahren an, welches ich beim Isopren genau beschrieben habe.

Ausgangsmaterial ist der sekundäre Butylalkohol, welcher leicht auf zweierlei Weise erhalten werden kann.

Erstens durch Reduktion von Methyläthylketon oder zweitens durch Einwirkung von Azetaldehyd auf Magnesiumbromäthyl nach Grignard.

Das Arbeiten nach der bisherigen Vorschrift[1]) zur Reduktion des Methyläthylketons erfordert sehr lange Zeit. Man gelangt schneller zum Ziele, wenn man folgendermaßen verfährt.

500 g techn. Methyläthylketon werden im gleichen Volum Äther gelöst und über das doppelte Volum Wasser geschichtet. Hierzu werden 500 g Natrium unter stetem Umschütteln in Portionen von 5 g bei guter Kühlung eingetragen. Die Operation dauert 6 Stunden. Darauf wird die obere Schicht abgehoben und mit Kolonne fraktioniert, da der sekundäre Buthylalkohol mit Ätherdämpfen flüchtig ist. Die Fraktion von 90—105° enthält den Alkohol und beträgt 366 g, also 73%.

Die Wasserabspaltung aus dem sekundären Butylalkohol kann man durch Erhitzen mit Schwefelsäure, Oxalsäure oder Phosphorpentoxyd bewirken. Wir benutzten letzteres, weil es gleich sehr reines Butylen ergibt. Man erhält aus 350 g Karbinol und 300 g Phosphorpentoxyd etwa 166 g Butylen. Das Butylen wird zunächst in einer durch starke Kältemischung gekühlten Vorlage aufgefangen, dann mit stark gekühltem Chloroform (1—2 Volumen) verdünnt und mit einer Lösung von Brom in wenig Chloroform so lange versetzt, bis die Farbe des Broms nicht mehr verschwindet. Hierauf wird sofort das Chloroform im Vakuum abdestilliert und der Rückstand fraktioniert. Das Butylen-

[1]) J. F. Norris u. E. H. Green, Zentralblatt **1901**, II, 1113.

bromid siedet bei 62° unter 12 mm Druck. Die Ausbeute beträgt etwa 200 g.

Zur Überführung des Butylendibromids in Butadien benutzt man das Natronkalkverfahren in der S. 156 beschriebenen Form. Bei der Flüchtigkeit dieses Kohlenwasserstoffes ist es aber nötig, die Vorlage mit Kohlensäureäther zu kühlen. Das Destillationsprodukt enthält nicht unerhebliche Mengen Butylen, weiter Butylenmonobromid neben anderen, nicht näher ermittelten Stoffen. Vom ungesättigten Bromid kann man schon bei der Operation selbst leicht trennen, wenn man zwei Vorlagen hintereinander schaltet, die erste nur mit Eiswasser, die zweite mit Kohlensäureäther kühlt. In der ersten verbleibt dann das Monobromid. Es empfiehlt sich nicht, Rohbutadien direkt zur Überführung in den Kautschuk zu verwenden. Zweckmäßig stellt man erst das zur Reinigung von Thiele[1]) empfohlene Butadientetrabromid dar. Es wurde gefunden, daß man die günstigsten Ausbeuten an Tetrabromid erhält, wenn man das Rohbutadien in 2 Volumen stark gekühlten Chloroforms aufnimmt und hierzu unter starker Kühlung mit Eiskochsalz Brom, in wenig Chloroform gelöst, zutropfen läßt, bis auch nach längerer Zeit die rote Farbe des Broms stehen bleibt. Bei zu starker Kühlung bildet sich viel Butadiendibromid, wie Thiele schon hervorhob. Man gewinnt so aus 220 g Butylendibromid bis 38 g oder 22% reines Tetrabromid, dasselbe kann dann nach Thiele bequem reduziert werden. Beim Abdunsten des Chloroforms hinterbleibt ein Öl, welches zum größten Teil aus Butylendibromid besteht. Das beschriebene Verfahren kommt wohl technisch kaum in Betracht, im Laboratorium gestattet es aber leicht, das Butadien in größeren Quantitäten zu bereiten und ist hier der technisch ungleich wertvolleren Darstellungsmethode der Elberfelder Farbenfabriken vorzuziehen.

3. Über β, γ-Dimethylbutadien,

$$\begin{array}{c} CH_2{=}C{-}C{=}CH_2 \\ \quad / \qquad \backslash \\ H_3C \qquad CH_3 \end{array}.$$

Das Dimethylbutadien ist schon von mehreren Forschern untersucht worden. Es wurde von Couturier[2]) durch Erhitzen von Pinakon mit verdünnter Schwefelsäure und von Kondakow[3]) aus dem Dichlorid des Pinakons durch Erhitzen mit alkoholischem Kali im Einschlußrohr auf 150° erhalten. Hierbei beobachtete letzterer schon,

[1]) Armstrong Miller, Soc. **49**, 80 [1886[; Lieb. Ann. **308**, 339 [1899].

[2]) Bull. [3] **33**, 454 [1880]; Ann. chim. [6] **26**, 485 [1892]. — Mariuza, Journ. russ. chem. Ges. **21**, 435 [1889].

[3]) J. f. pr. Chem. **62**, 169 [1900].

daß sich ein kautschukartiges Nebenprodukt (vgl. S. 137), wahrscheinlich durch Polymerisation des Dimethylbutadiens, bildet. Das Dichlorid gewann er durch Einleiten von Chlorwasserstoffsäure in stark gekühltes Pinakon.

Ich benutzte als Ausgangsmaterial ebenfalls das Pinakon, welches man jetzt nach der schönen, von Hollemann[1]) ausgearbeiteten Methode sehr leicht in jeder Quantität aus Azeton und Magnesiumamalgam erhalten kann.

Schwieriger gestaltet sich die Abspaltung des Wassers aus dem Pinakon, da sich dieses so außerordentlich leicht in Pinakolin umlagert. Auch die Methode von Kondakow ergab nur unbefriedigende Ausbeuten an Dimethylbutadien.

Schließlich wurde gefunden[2]), daß, wenn man in eine Auflösung von wasserfreiem Pinakon in der doppelten Menge Chloroform unter starker Kühlung scharf getrocknetes Salzsäuregas bis zur Sättigung einleitet, sich nach einstündigem Stehen eine weiße Kristallmasse fast quantitativ ausscheidet. Diese muß dann schnell abgesaugt, mit Äther gut gewaschen und sofort in den Exsikkator gebracht werden, da sie an der Luft zerfließt oder sich auch verflüchtigt. Sie zersetzt sich gegen 55°. Schon beim Trocknen gibt der Körper Chlorwasserstoff ab, und es bleibt schließlich Pinakon zurück. Es liegt anscheinend ein Monohydrochlorid des Pinakons der Formel $(CH_3)_2COH \, . \, COH(CH_3)_2HCl$ vor, worauf die Analysen annähernd stimmen.

Wenn man dieses Chlorhydrat in dem beim Isopren S. 156 beschriebenen Apparat über mit Kohlensäure gesättigtem Natronkalk destilliert, so erhält man hinreichende Mengen von Dimethylbutadien. Pinakon allein über Natronkalk geleitet zeigte keine Veränderung. Der Siedepunkt des über Natrium destillierten Präparates liegt bei 71°.

Kondakow gab folgende Konstanten an:

$$n_d = 1{,}43751 \, ; \; D \frac{20^\circ}{20^\circ} = 0{,}7272 \, .$$

Molrefraktion. Ber. 28,93. Gef. 29,65.

Ich habe gefunden[3]):

$$D \frac{16{,}5^\circ}{4^\circ} = 0{,}7304 \, .$$

$$n_d \, 16{,}5^\circ = 1{,}44521 \, ; \; n_\alpha \, 16{,}5^\circ = 1{,}43870 \, ; \; n_\gamma \, 16{,}5^\circ = 1{,}46303 .$$

		Ber.		Gef.
Molrefraktion:	M_d .	Ber:	28,93.	Gef. 29,80.
Moldispersion:	$M_\gamma — M_\alpha$.	„	1,054.	„ 1,41.

1) Rec. des Pays-Bas **25**, 206 [1906]; Zentralblatt **1906**, II, 748.

2) Harries, Lieb. Ann. **383**, 184 [1911].

3) Vgl. Auwers u. Eisenlohr, s. a. a. O.

Ich habe diese Untersuchung nicht fortgesetzt, da ich größere Quantitäten des Dimethylbutadiens durch die Liberalität der Elberfelder Farbenfabriken erhielt, die nach einem von Dr. Meisenburg und Dr. Delbrück patentierten Verfahren — Überleiten des Pinakons über erhitztes Kaliumbisulfat — das Dimethylbutadien äußerst wohlfeil herzustellen in der Lage sind und die Aufgabe sowohl in technischer wie in wissenschaftlicher Beziehung vollkommen gelöst haben.

Die Badische Anilin- und Sodafabrik[1]) stellte Dimethylbutadien dar durch Überleiten des Pinakons über erhitzte Tonerde unter vermindertem Druck.

4. Piperylen, α-Methylbutadien.

Dies sind die drei wichtigsten Butadiene, welche für die Bereitung künstlicher Kautschukarten Bedeutung erlangt haben. Erwähnt sei noch das α-Methylbutadien oder Piperylen, welches A. W. v. Hofmann[2]) bei der erschöpfenden Methylierung des Piperidins erhielt und dem nach Thiele[3]) die Formel $CH_3.C{=}CH.CH{=}CH_2$ zukommt. Nach Harries und Schoenberg[4]) erhält man dasselbe Piperylen erstens durch Einwirkung von Magnesiumbromäthyl nach Grignard auf Akrolein und Behandlung des entstandenen sekundären Alkohols $CH_2{:}CH.CH(OH).CH_2.CH_3$ mit Phthalsäureanhydrid oder aber zweitens durch Behandlung von Äthylformiat mit Magnesiumbromäthyl. Das hierbei entstehende Diäthylkarbinol $(OH)C:(CH_2.CH_3)_2$ wird durch Wasserabspaltung in 2-Amylen $CH_3.CH{=}CH.CH_2.CH_3$ umgewandelt, dessen Dibromid wie bei der Isoprendarstellung beschrieben ist, auf Natronkalk, der auf etwa 600° erhitzt war, tropfen gelassen wird. Letztere Methode hat sich als die vorteilhafteste erwiesen.

Eigenschaften des Piperylens[5]):

Siedep.	Dichte	n_d	MR_d	$MD_{(\gamma-\alpha)}$	Temp. bei d. Best.
42—44°	0,6957	1,44020	25,79	1,39	$\frac{16{,}5°}{4°}$

Das Tetrabromid schmilzt bei 114—115°.

---

1) D. R. P. 235 311, 12o, 19 (12. II. 10); 256 717, 12o, 19 (15. V. 12).
2) Ber. **14**, 665 [1881].
3) Lieb. Ann. **308**, 339 [1899].
4) Lieb. Ann. **395**, 243 [1913].
5) Harries u. Düvel, Lieb. Ann. **410**, 59 [1915].

Kapitel III.

Die Bereitung der künstlichen Kautschukarten.

Bei den künstlichen Kautschuken gibt es zweierlei Arten, nämlich normale und anormale. Dieselben lassen sich nach dem Abbau durch Ozon unterscheiden. Die normalen Arten geben bei der Spaltung ihrer Ozonide mit Wasser Dialdehyde, Ketoaldehyde oder Diketone, welche beim Kochen mit Ammoniak und Essigsäure die Pyrrolreaktion anzeigen und somit die Karbonyle in 1,4 Stellung $CO \cdot CH_2 \cdot CH_2 \cdot CO$ besitzen. Die anormalen dagegen liefern analog behandelt keine Verbindung, welche solche Reaktionen aufweisen.

I. Reihe. Die normalen künstlichen Kautschukarten (Wärmepolymerisation).

Allgemeine Darstellungsweise: Wie schon früher (S. 140) auseinandergesetzt wurde, lassen sich die Versuche zur Polymerisation des Isoprens durch Salzsäuregas, welche Bouchardat und Tilden angestellt haben, nicht zu einer Methode ausbauen, da hierbei nur die Mono- und Dichlorwasserstoffadditionsprodukte des Isoprens entstehen und Kautschuk nicht gebildet wird. O. Aschan[1]) schlägt deshalb vor, die Angaben hierüber aus der Literatur zu streichen. Die Autopolymerisation geht außerordentlich langsam vor sich und ist unzuverlässig. Der entstandene Kautschuk enthält viel Harz, ist praktisch nicht brauchbar (vgl. S. 192). Die beste Methode, die zu einigermaßen gleichartigen Produkten führt, bleibt bisher die Wärmepolymerisation von Hofmann und Coutelle, welche nachher im Beispiel beschrieben wird.

Das Isopren bzw. die Butadiene werden hierbei aber nicht quantitativ in Kautschuk umgewandelt, sondern es bilden sich dabei Nebenprodukte terpenartiger Natur, die zum Teil untersucht worden sind. Außerdem bleibt ein gewisser Prozentsatz der Butadiene unverändert, der wiedergewonnen und von neuem zur Polymerisation verwendet werden kann.

Man hat eine Reihe von Zusätzen bei der Wärmepolymerisation angewandt, welche die Bildung der Nebenprodukte zurückdrängen oder aber die kolloiden Eigenschaften verbessern sollen. Es seien hier erwähnt: Die Methode der Badischen Anilin- und Sodafabrik, Isopren bzw. Butadien mit Natronlauge längere Zeit auf 100° zu er-

1) Ber. **51**, 1303 [1918].

hitzen. Von dieser Firma wurden ferner kleine Mengen Schwefel[1]) zugesetzt, um die Ausbeute an Kautschuk zu vermehren, ferner Ozonide wie Limonenozonid[2]), wobei aber beim Isopren ein unlöslicher Kautschuk entsteht, der von dem gewöhnlichen normalen künstlichen Kautschuk verschieden zu sein scheint. v. Euler[3]) hat gefunden, daß Äthylnitrat die Wärmepolymerisation des Isoprens in der Richtung der Bildung von Kautschuk begünstigt.

Zusätze von kleinen Mengen Naturkautschuk wirken befördernd auf die Wärmepolymerisation ein. Ferner sind die Versuche der Elberfelder Farbenfabriken zu erwähnen, durch Zusatz stickstoffhaltiger oder viskoser Substanzen wie Harnstoff[4]), Glyzerin, natürlichem Eiweiß, Blutserum die kolloidale Natur des Kautschuks zu beeinflussen. Man geht hierbei von der Erfahrung aus, daß der Naturkautschuk Eiweißstoffe enthält, und manche Autoren stehen auf dem Standpunkt, daß der Nerv des Naturkautschuks von dem Vorhandensein von Eiweißstoffen abhängig ist.

Erwähnenswert ist noch ein Patent der Badischen Anilin- und Sodafabrik, nach welchem man durch Einwirkung von Natriumdraht in einer Kohlensäureatmosphäre[5]) auf Isopren bzw. Butadien ein ganz unlösliches weißes Produkt erhält, welches mit dem normalen künstlichen Isoprenkautschuk und dem sog. anormalen (Natrium)-Isoprenkautschuk von Harries[6]), der durch einfaches Erwärmen von Isopren mit Natrium entsteht, nicht identisch ist. Es gibt nämlich beim Abbau durch Ozon dieselben Oxydationsprodukte wie der normale Isoprenkautschuk zum Unterschied von dem anormalen, der bei der Spaltung seines Ozonids keine Spur Lävulinaldehyd liefert. In dieser Beziehung wird auf das Kapitel „die anormalen Kautschukarten" verwiesen.

Dieser Natrium(kohlensäure)-Kautschuk ist vielleicht identisch mit dem weißen unlöslichen Produkt, welches Harries bei der Einwirkung von ultraviolettem Licht auf Isopren erhielt (vgl. S. 126) und könnte ein Analogon des Autopolymerisationsproduktes des Dimethylbutadiens sein, welches Kondakow[7]) im Jahre 1901 zuerst beschrieben hat. Ähnlich wie dieses verharzt es nämlich beim Stehen an der Luft leicht

---

[1]) D. R. P. 251 370, Kl. 39b (3. III. 11).

[2]) D. R. P. 280 197, Kl. 39b (16. IV. 13); 265 325, Kl. 39b (3. VIII. 12); Franz. Pat. 440 173.

[3]) D. R. P. 301 088, Kl. 39b (9. I. 13).

[4]) D. R. P. 254 548, Kl. 39b (13. XII. 10); 254 672, Kl. 39b (12. IX. 09); 255 129, Kl. 39b (13. III. 12).

[5]) D. R. P. 287 787, Kl. 39b (4. IX. 12).

[6]) Lieb. Ann. **383**, 217 [1911].

[7]) J. f. pr. Chem. [2] **64**, 109 [1901].

und geht in ein nunmehr lösliches Produkt über, welches aber noch gewisse kautschukartige Eigenschaften besitzt, während das Produkt aus Dimethylbutadien unbrauchbar ist. Letzterer Übergang war von Kondakow noch nicht beobachtet worden (vgl. Kapitel über Polymerisation des Dimethylbutadien).

1. Normaler Isoprenkautschuk $(C_{10}H_{16})_x$ [1]).

Verfahren mit Eisessig. Das Isopren wird mit dem gleichen Volum Eisessig vermischt und etwa 8 Tage im Rohr bei etwa 100° im Wasserbade erhitzt. Aus der farblosen Lösung scheidet sich ein Öl ab, welches abgehoben, mit Alkohol gewaschen und im Vakuumexsikkator nach kürzerer oder längerer Zeit fest und dehnbar wird. Die Ausbeute ist wechselnd, ohne daß sich die Gründe hierfür feststellen ließen. Es ist ganz gleich, ob man 2 Tropfen oder anderthalb Volumen Eisessig auf 20 ccm Isopren anwendet. Auch Veränderung der Temperatur von 95—120° ändert wenig an derselben. Selbst bei Zusatz von 2 Tropfen Eisessig bleibt die Flüssigkeit nach Wochen stark sauer. In diesem Fall scheidet sich der Kautschuk nicht ab, sondern muß zuerst durch Destillation unter gewöhnlichem Druck von dem ihn in Lösung haltenden unveränderten Isopren und darauf im Vakuum von den dimeren Polymerisationsprodukten befreit werden. Hierzu wird der Röhreninhalt in einen Siedekolben gebracht, zuerst bei gewöhnlichem Druck das Isopren abdestilliert, später im Ölbade unter 10 mm Druck bis etwa 105° so lange erhitzt, bis kein öliges Destillat mehr übergeht. Den zähen, bisweilen auch recht klebrigen Rückstand löst man in Äther und fällt nachher mit Alkohol. Es bildet sich ein weißer, beim Trocknen durchsichtiger, fast farbloser Körper, der sehr ähnliche Eigenschaften wie der umgefällte natürliche Kautschuk besitzt. Wird die Temperatur bei der Bildung höher als 110° gehalten, so behält er eine bräunliche Farbe. Anfänglich wird er von Äther und Benzol, Chloroform usw. leicht aufgenommen, bei längerem Stehen wird er schwerer und zuletzt fast ganz unlöslich, wobei er in Berührung mit dem Lösungsmittel zu einer gelatinösen Masse aufquillt.

Ich habe S. 5 mitgeteilt[2]), daß der natürliche, durch mehrfaches Umfällen gereinigte Kautschuk anscheinend in drei Modifikationen auftritt. Die eine, die „c"-Form, ist ölig und bildet sich unter dem Einfluß der Wärme in Lösung, die andere, die „a"-Form, wird durch den gewöhnlichen festen Kautschuk repräsentiert, die dritte endlich, die „b"-Form, ist ganz unlöslich. Alle drei sind ineinander überzuführen, „c" in „a" durch längeres Aufbewahren, „a" in „c" durch längeres

[1]) Lieb. Ann. **383**, 190 [1911].

[2]) Vortrag Wien.

Erwärmen in Lösung schon bei Sommertemperatur, „a" in „b" ebenfalls durch längeres Aufbewahren und „b" in „a" bzw. „c" durch Kochen mit Essigsäure oder Essiganhydrid, wobei „b" wieder wenigstens zum Teil ätherlöslich wird. Ich glaube, daß der letztere Prozeß lediglich durch die Wirkung der Wärme verursacht wird und der Behandlung des Kautschuks in der erwärmten Presse, wie es in den Fabriken gehandhabt wird, zu vergleichen ist.

Ähnliche Modifikationen sind auch beim künstlichen Kautschuk zu beobachten. Je reiner er ist, desto leichter geht er in die unlösliche Form „b" über. Die oben erwähnte Rückumwandlung ist bisher noch nicht ausgeführt worden.

Die besten Ausbeuten gibt reines Isopren, natürliches Isopren aus destilliertem Kautschuk liefert weniger, das Produkt besitzt auch nicht so gute Eigenschaften und bleibt oft lange Zeit ölig oder klebrig

Dieselben Erfahrungen macht man mit dem Elberfelder Verfahren der Autopolymerisation des Isoprens durch die Wärme. Hierzu wurden je 10 ccm in eingeschmolzenen Röhren erhitzt, je nach der Höhe der Temperatur braucht man längere oder kürzere Zeit, bis der Röhreninhalt dickflüssig wird, bei 100—110° 8—10, bei 95° 10—14 Tage, bei 60° 4—6 Wochen. Nach dieser Zeit wird der Röhreninhalt in einen Fraktionierkolben gebracht, zunächst das unveränderte Isopren abdestilliert, darauf im Vakuum unter 10 mm Druck im bis auf 105° erhitzten Ölbad das Terpen möglichst vollständig herausgetrieben. Auch hier verschieben sich die Ausbeuteverhältnisse, je nachdem bei 95° oder über 100° polymerisiert wird. Unter 100° tritt die Bildung der Dimeren zurück.

Von der Badischen Anilin- und Sodafabrik[1]) sind Patente genommen worden, welche die Entfernung der Beimengung des künstlichen Kautschuks durch Einleiten von inerten Gasen, z. B. Stickstoff, empfehlen. Es wurde gefunden[2]), daß man am besten die Beimengungen durch Behandlung des Rohproduktes mit Wasserdampf im Vakuum entfernt, weil sich dabei der Kautschuk sehr aufbläht und die hartnäckig eingeschlossenen Partikeln leichter abgibt. Die Temperatur darf indessen hierbei höchstens 100° erreichen.

Die mit verschiedenen Zusätzen obengenannter Art erhaltenen Kautschuke zeigen alle kleine Differenzen, besonders bei der Vulkanisation, woraus hervorgeht, daß entweder dabei Produkte verschiedener Molekulargrößen entstehen oder aber, daß sie geringer oder gröber dispers in kolloidchemischer Beziehung sind. So unterscheiden sich die mit Eisessig polymerisierten Kautschukproben in mancher Hinsicht

[1]) D. R. P. 271 849, Kl. 39b (2. XI. 12); 272 399, Kl. 39b (4. XII. 12).

[2]) Harries, unveröffentlichte Mitteilung.

von dem ohne Zusatz polymerisierten Kautschuk. Die Molekulargröße hat sich auch beim künstlichen Isoprenkautschuk noch nicht bestimmen lassen.

Der Kautschuk — sowohl nach dem Eisessig- wie dem Autopolymerisationsverfahren bereitet — muß beim Trocknen unter einer Kohlendioxydatmosphäre aufbewahrt und vor Licht geschützt werden, da er durch den Sauerstoff der Luft leicht, ähnlich wie das gereinigte natürliche Produkt, angegriffen, mitunter schon nach ganz kurzer Zeit bröcklig wird und die elastischen Eigenschaften verliert. Die bei höherer Temperatur über 100° polymerisierten Sorten erleiden aber diese Umwandlung viel leichter als die bei niederen Temperaturen bereiteten, die bedeutend beständiger sind.

Elementaranalyse.

Es schien mir von Wichtigkeit, die Zusammensetzung des künstlichen Kautschuks durch Elementaranalyse zu ermitteln.

Zu diesem Zwecke wurden 7 g des nach dem Elberfelder Verfahren bereiteten trockenen Produktes, welches mehrere Wochen gestanden hatte, ohne daß der Zutritt von Luft völlig ausgeschlossen war, mit 400 ccm Benzol zunächst bei gewöhnlicher Temperatur behandelt, der größte Teil löste sich langsam auf, der Rest wurde abfiltriert. Der aus der Lösung durch Alkohol ausgefällte Kautschuk wurde im Vakuumexsikkator über konzentrierter Schwefelsäure bis zur Gewichtskonstanz getrocknet und analysiert.

0,1348 g Sbst.: 0,4296 g CO_2, 0,1430 g H_2O.

$C_{10}H_{16}$. Ber. C 88,2, H 11,7.
Gef. „ 86,92, „ 11,87.

Es besteht also eine Differenz von 1,21%. Bei natürlichem Kautschuk erhält man aber nach einmaligem Umfällen selten so gut stimmende Werte. Der in der Kälte nicht gelöste Rückstand wurde nunmehr während zweier Tage am Rückflußkühler auf dem Wasserbade mit Benzol gekocht. Wie die Untersuchung des abgegossenen Benzols ergab, war sehr wenig Kautschuk davon aufgenommen worden. Der sehr aufgequollene Rückstand konnte trotz aller Bemühungen nicht in Lösung gebracht werden. Er wurde deshalb vom Benzol durch Abpressen möglichst befreit, ebenfalls getrocknet und analysiert. Er betrug 0,35 g.

0,1277 g Sbst.: 0,3883 g CO_2, 0,1273 g H_2O.

$C_{10}H_{16}$. Ber. C 88,2, H 11,7.
Gef. „ 82,93, „ 11,15.

Aus diesem Befunde ergibt sich, daß in dem Ungelösten wahrscheinlich ein Autoxydationsprodukt enthalten ist, denn die Differenz beträgt bereits 5,92%.

Immerhin zeigte es sich bei der weiteren Untersuchung, daß dieses Autoxydationsprodukt noch vollkommen die Eigenschaften des Kautschuks besaß. Es ergab das bei etwa 157—160° sich zersetzende Nitrosit und das Tetrabromid.

0,11 g, in 4—5 ccm Chloroform suspendiert, bis zur Sättigung mit Salpetrigsäuregas behandelt, ergeben 0,240 g Nitrosit, während sich für die Formel $C_{10}H_{15}N_3O_7$ 0,233 g berechnet.

0,11 g, in 25 ccm Chloroform suspendiert, dazu 25 ccm einer Lösung von 1000 g Tetrachlorkohlenstoff, 6 ccm Br, 1 g J gefügt, nach sechsstündigem Stehen mit 25 ccm Äther gefällt, der Niederschlag mit Alkohol und Tetrachlorkohlenstoff gewaschen, geben 0,301 g Tetrabromid, während sich für $C_{10}H_{16}Br_4$ 0,369 berechnet.

Es lag der Gedanke nahe, daß der Sauerstoff nicht nur beim längeren Stehen der Kautschukprobe an der Luft, sondern bereits bei meinem Polymerisationsversuch, sei es aus dem Isopren selber, sei es aus der im Rohre sich befindlichen Luft, aufgenommen worden war. Diese Vermutung gab zu dem folgenden Versuch Anlaß, bei welchem ich während der Polymerisation möglichst jeden Zutritt von Sauerstoff ausschloß. Zunächst wurde das Isopren am Rückflußkühler über Natriumdraht längere Zeit gekocht und schließlich in einer Kohlendioxydatmosphäre in das Eisschlußrohr eingeleitet und zugeschmolzen. Dann wurde acht Tage und acht Nächte auf 105° erhitzt und der entstehende dickflüssige Inhalt, wie früher geschildert, zur Isolierung des Kautschuks weiter behandelt. Das Rohprodukt war vollkommen löslich in Äther und wurde nach einmaligem Umfällen über Kaliumhydrat im Vakuum unter Lichtabschluß getrocknet.

I. 0,1233 g Sbst.: 0,3982 g CO_2, 0,1240 g H_2O. — II. 0,1144 g Sbst.: 0,3693 g CO_2, 0,1167 g H_2O.

$C_{10}H_{16}$.	Ber.	C 88,2,	H 11,7.
	Gef. I.	„ 88,08,	„ 11,25.
	„ II.	„ 88,04,	„ 11,41.

Man sieht, daß diese Behandlung zu einem fast chemisch reinen Produkt geführt hat.

Durch diese Versuche bin ich zu der Vermutung gekommen, daß die sog. unlösliche Modifikation „b" keine besondere Form des Kautschuks ist, sondern dadurch entsteht, daß er allmählich einen feinen Überzug von Autoxydationsprodukten erhält, die von den üblichen Lösungsmitteln nicht aufgenommen werden und deshalb das Eindringen derselben in die Masse verhindern.

Allerdings steht dieser Anschauung z. B. die Erfahrung gegenüber, daß der Kautschuk manches Mal noch teilweise löslich bleibt, das andere Mal vollständig unlöslich wird.

Vulkanisationsprobe.

Es ist also vorhin ein Einfluß der Temperatur bei dem Polymerisationsvorgang auf die Güte der entstehenden Kautschuke konstatiert worden, denn die leichte Autoxydierbarkeit der über 100° sich bildenden Arten ist kein Vorteil für die Praxis. Viel sicherer und schneller gelingt der Nachweis, ob ein Kautschuk brauchbar ist, mit Hilfe der Vulkanisationsprobe.

Daß der künstliche Isoprenkautschuk sich vulkanisieren läßt, wurde schon von Tilden beobachtet, und in der Industrie hat man sehr bald begonnen, diese Methode zur Prüfung seiner technischen Brauchbarkeit anzuwenden. Ich kam erst verhältnismäßig spät dazu, als ich sah, daß ich allein auf rein chemischem Wege die außerordentlich feinen Unterschiede der künstlichen Sorten, welche durch ihre Entstehung bei verschiedenen Temperaturen bedingt sind, nicht genügend feststellen konnte. Die Elberfelder Farbenfabriken hatten dann die große Liebenswürdigkeit, meinen Assistenten, Herrn Dr. v. Splawa-Neyman, in die Geheimnisse der Vulkanisation einzuweihen, wofür ich ihnen, bzw. Herrn Dr. Fritz Hofmann, auch an dieser Stelle meinen Dank sage.

Nur die Kaltvulkanisation kommt für Untersuchungen in kleinem Maßstabe in Betracht, zur Heißvulkanisation gehören große kostspielige Apparate und auch größere Proben Kautschuk. Die Kaltvulkanisation kann mit einigen Gramm ausgeführt werden. Es gehört dazu eine Lösung von $2^1/_2$ g Schwefelchlorür in 100 g Schwefelkohlenstoff und eine konz. Lösung des zu untersuchenden Kolloids in Chloroform oder einem ähnlichen Lösungsmittel. Wir nahmen bei unseren Bestimmungen ein kleines Reagenzglas, tauchten dies in die Kautschuklösung bis zur Hälfte, ließen darauf das Lösungsmittel verdunsten, tauchten wieder ein und wiederholten diese Prozedur 3—5 mal, bis eine dünne Haut auf der äußeren Seite des Reagenzglases sichtbar blieb. Dann stellt man das Rohr etwa eine halbe bis eine Minute lang in die Vulkanisierflüssigkeit, wäscht den Überschuß davon schnell mit Äther, trocknet gut und reibt mit Talkum ein. Es gelingt darauf, die Haut leicht abzuziehen, sie wird dann noch von innen mit Talkum eingerieben und zuletzt zur Probe auf ihre Dehnbarkeit und Festigkeit über einen Finger gezogen. Hier haben wir nun sehr interessante Befunde gemacht. Es hat sich ergeben, daß vielleicht die besten Sorten gewonnen werden, wenn man Isopren bei möglichst niederer Temperatur ohne alle Zusätze nach dem Elberfelder Verfahren polymerisiert. Es zeigt sich aber auch, daß man sehr auf die Dauer der Vulkanisation achten muß, bei manchen Arten ist eine halbe Minute zu kurz und eine Minute Eintauchen zu lang. Dies sind aber Beobachtungen, die schon lange vorher in der Kautschukindustrie bei den natürlichen Produkten gemacht wurden. Zum Vergleich haben wir nach derselben Methode den besten natürlichen Kautschuk (Para) vulkanisiert und große Ähnlichkeit gefunden. Der mehrfach umgefällte natürliche Kautschuk wird auch nach der Vulkanisation leicht spröde und ist praktisch nicht mehr brauchbar.

Unter demselben Gesichtspunkte haben wir auch die anderen später beschriebenen Kautschuksorten geprüft.

Derivate des Isoprenkautschuks.

Tetrabromid.

Das älteste bekannte Derivat des natürlichen Kautschuks ist wohl das Tetrabromid, welches schon von Gladstone und Hilbert[1]) aufgefunden wurde. Seine Formel wurde von ihnen zu $C_{10}H_{16}Br_4$ aufgestellt. Neuerdings ist das Tetrabromid von Budde[2]) zur quantitativen Bestimmung der Kautschuksubstanz im Rohkautschuk herangezogen worden.

Von mir und Rimpel[3]) ist später (vgl. S. 12) gezeigt worden, daß bei der Einwirkung von Bromlösung auf dreimal umgefällten Parakautschuk reichlich Bromwasserstoff entwickelt wird, woraus wir folgerten, daß ein Teil des Kautschuks in ein anderes Bromid umgewandelt werden müsse. Die Analyse des abgeschiedenen Tetrabromids ergab allerdings damals mit den von der Theorie geforderten Werten Übereinstimmung. Die Ausbeute an Bromid lieferte aber ein Minus zuungunsten des angewandten Reinkautschuks. Neuerdings sind noch andere gewichtige Bedenken von Spence[4]) und Hinrichsen[5]) gegen die jetzige Ausführungsform der sog. „Tetrabromidmethode" vorgebracht worden. Ich möchte aber an dieser Stelle keinerlei Kritik der auf dem „Tetrabromid" begründeten analytischen Methode ausüben. So viel sei nur bemerkt, daß ich bei der Darstellung dieses Derivats aus dem künstlichen Isoprenkautschuk Gelegenheit genommen habe, Vergleiche mit den aus natürlichen Arten gewonnenen Produkten anzustellen. Hier habe ich ganz in Übereinstimmung mit Spence und Hinrichsen

1) Trans. chem. soc. **53**, 679 [1888].
2) Pharm. Ztg. **50**, H. 32 [1905].
3) Gum.Ztg. **23**, Nr. 43 [1909].
4) D. Spence, J. C. Galletly u. J. H. Scott, Gum.Ztg. **25**, Nr. 22 [1911].
5) Hinrichsen u. Kindscher, Chem. Ztg. **1911**, 37.

konstatiert, daß es sehr schwierig ist, Präparate zu erhalten, welche genau auf die Formel $C_{10}H_{16}Br_4$ stimmende Werte bei der Analyse liefern. Je reiner der Kautschuk, und zwar sowohl der natürliche wie der künstliche, desto lebhafter entwickelt er beim Stehen mit der Buddeschen Bromlösung Bromwasserstoff.

Die Zusammensetzung des isolierten Tetrabromids schwankt ständig. Ich erhielt nach Carius 60,75, 55,92, 65,38, 61,70 und 66,42% bei künstlichem, 55,98 und 68,16% bei natürlichem[1]), während sich 70,14% Brom für die Formel $C_{10}H_{16}Br_4$ berechnen. Zur Reinigung waren die Tetrabromide mehrfach mit Schwefelkohlenstoff und Petroläther umgefällt, man erhält besser stimmende Werte, wenn man nicht umfällt.

Ein genauer Vergleich des künstlichen und natürlichen gereinigten Kautschuks (Para) ergab folgendes: Nach Übergießen der Proben mit der Bromierungsflüssigkeit beginnen beide Bromwasserstoff zu entwickeln, der künstliche etwas stärker. Nachdem das Bromid nach sechsstündigem Stehen mit 50 ccm Alkohol gefällt, filtriert und mit einem Gemisch von 2 Teilen Chloroform und 1 Teil Alkohol gewaschen ist, löst sich dasjenige aus künstlichem Kautschuk glatt in wenig Schwefelkohlenstoff auf, während das aus natürlichem nicht vollständig in Lösung geht, es bleiben hier dick aufgequollene Teilchen zurück, die der unlöslichen Kautschukmodifikation „c" gleichen, und ein Filtrieren nur bei Anwendung von Glaswolle möglich machen. Läßt man die Schwefelkohlenstofflösungen der beiden Bromide in Alkohol oder Petroläther tropfen, so scheidet sich das vom künstlichen abstammende Produkt in Form eines feinen weißen Pulvers aus, das andere dagegen in zusammenhängenden Klumpen, die auch beim Trocknen nicht eine so feine Verteilung wie beim künstlichen erreichen. Das Tetrabromid zeigt keinen scharfen Zersetzungspunkt beim Erhitzen, es verfärbt sich ganz langsam, um sich gewöhnlich bei 140—150° vollständig zu zersetzen. Auch aus diesem Grunde ist es für den Nachweis des Kautschuks nicht zu empfehlen.

Vergleich des Verhaltens der Bromide beim Erhitzen.

Bromid aus natürlichem Kautschuk.	Bromid aus künstlichem Kautschuk.
Bei 125° schwache Färbung	Etwas stärkere Färbung
„ 140° stärkere „	wird dunkel
„ 145—150° schwarz	schwarz
unter Abspaltung von HBr	unter Abspaltung von HBr.

[1]) Hierzu wurde dasselbe Kautschukmuster ganz unter denselben Bedingungen bromiert.

Künstliches[1]) normales Kautschukdihydrochlorid[2]). Weißgraue zähe Masse, die sich kaum von der des natürlichen Kautschukdihydrochlorids unterscheidet. Ausbeute wie dort, dieselben Löslichkeitsverhältnisse. Der Zersetzungspunkt liegt etwas höher, etwa bei 200°, während bei 180° die Abspaltung von Chlorwasserstoff beginnt. Verhält sich beim Umlösen genau wie das natürliche Kautschukdihydrochlorid.

0,1153 g Sbst.: 0,2430 g CO_2, 0,0876 g H_2O. — 0,2011 g Sbst. (nicht umgefällt, nach Carius): 0,2781 g AgCl. — 0,200 g Sbst. (dreimal umgefällt, nach Carius): 0,2300 g AgCl.

$C_{10}H_{18}Cl_2$. Ber.	Cl 33,97,	C 57,40,	H 8,68.
Gef.	„ 34,19, 32,97,	„ 57,48,	„ 8,50.

Künstliches normales Kautschukdihydrobromid bildet eine weißgraue zähe, bald sich bräunende Masse. Löslich in Chloroform, unlöslich in Alkohol. Ausbeute ca. 93%. Spaltet beim Erhitzen bei ca. 155° Bromwasserstoff ab und zersetzt sich völlig oberhalb 200°.

0,1143 g Sbst. (nach Dennstedt): 0,1708 g CO_2, 0,0658 g H_2O, 0,0598 g Br.

$C_{10}H_{18}Br_2$. Ber.	C 40,27,	H 6,09,	Br 53,64.
Gef.	„ 40,75,	„ 6,44,	„ 53,32.

Künstliches normales Kautschukhydrojodid[3]), einmal umgefällt, bildet eine grauweiße, sehr schnell schwarz werdende zähe Masse; Ausbeute etwa 84—85%. Wird von Chloroform aufgenommen, quillt in Benzol auf und ist in Alkohol unlöslich. Beim Erhitzen spaltet sich bei 125—135° Jod und Jodwasserstoff ab, nachdem sie sich schon gegen 100° deutlich zu zersetzen anfängt.

0,1044 g Sbst. (nach Dennstedt): 0,1754 g CO_2, 0,0648 g H_2O, 0,0494 g J. — 0,1274 g Sbst. (nach Dennstedt): 0,2131 g CO_2, 0,0793 g H_2O, 0,0578 g J.

$C_{10}H_{17}J$. Ber.	C 45,44,	H 6,49,	J 48,00.
Gef.	„ 45,82, 45,62,	„ 6,95, 6,97,	„ 47,32, 45,45.

Es liegt also ein Monohydrojodid vor, da der Jodgehalt des Dijodhydrins bedeutend höher liegt.

Der künstliche Kautschuk unterscheidet sich also von dem Naturkautschuk darin, daß er nach dem Umfällen ein Monohydrojodid bildet, während letzterer hierbei noch ein Dihydrojodid liefert.

---

[1]) Wärmepolymerisat.

[2]) Harries u. Fonrobert, Ber. **46**, 733 [1913].

[3]) Harries u. Fonrobert, Ber. **46**, 733 [1913]. Nicht umgefällt, erhält man Werte, die für ein Dihydrojodid sprechen.

0,1154 g Sbst. (nach Dennstedt): 0,1313 g CO_2, 0,0581 g H_2O, 0,0735 g J.

$C_{10}H_{18}J_2$. Ber.	C 30,61,	H 4,63,	J 64,76.
Gef.	„ 31,03,	„ 5,63,	„ 63,69.

Erhitzt man das Dihydrochlorid des künstlichen Isoprenkautschuks mit Pyridin nach dem früher beschriebenen Verfahren, so spaltet sich ebenso wie beim Naturkautschuk-Dihydrochlorid der Chlorwasserstoff praktisch und vollständig ab, und man erhält den α-Isokautschuk[1]) (Regenerat I), der äußerlich demjenigen aus Naturkautschuk in vielen Beziehungen gleicht.

Regenerat I aus künstlichem normalem Isoprenkautschukdihydrochlorid.

Ebenso bereitet, verhält es sich genau so wie das aus natürlichem.

0,1595 g Sbst. (nach Dennstedt): 0,5148 g CO_2, 0,1642 g H_2O, 0,0003 g Cl.

$C_{10}H_{16}$. Ber. C 88,15, H 11,85, Cl —
Gef. „ 88,03, „ 11,52, „ 0,19.

Diozonid. Genau wie beim Regenerat aus natürlichem Kautschuk.

0,1559 g Sbst.: 0,2974 g CO_2, 0,1045 g H_2O.

$C_{10}H_{16}O_6$. Ber. C 51,70, H 6,95.
Gef. „ 52,03, „ 7,50.

Die Zersetzungsprodukte liefern nicht die Pyrrolprobe.

Nitrosit[2]).

Bei der Einwirkung der salpetrigen Säure, entwickelt aus Arsenik und Salpetersäure vom spez. Gew. 1,3, bilden sich bei den natürlichen Kautschukarten in der Kälte zwei Produkte. Filtriert man den aus der benzolischen Lösung bei peinlichem Ausschluß von Feuchtigkeit abgeschiedenen amorphen gelben Körper nach $^1/_2$ bis $^3/_4$ Stunden ab, so ist er ganz unlöslich in allen Lösungsmitteln und besitzt nach der Analyse annähernd die Zusammensetzung $C_{10}H_{16}N_2O_3$. Läßt man aber den Niederschlag in der Flüssigkeit längere Zeit mit einem Überschuß an salpetriger Säure stehen, so wird er nunmehr von Essigester oder Azeton spielend aufgenommen. Nach dreimaligem Umfällen aus Essigesteräther kommt ihm nach der Analyse und Molekularbestimmung die Formel $(C_{10}H_{15}N_3O_7)_2$ zu. Letztere Verbindung, das sogenannte Nitrosit „c", habe ich zum Nachweis kautschukartiger Stoffe öfter benutzt, weil sie einen bestimmten Zersetzungspunkt von 158—162° aufweist. Allerdings ist dieser Zersetzungspunkt nur bei sorgfältig gereinigten natürlichen Kautschukarten zu erhalten. Gewöhnlich beobachtet man Zersetzungspunkte, die zwischen 140 und 150° liegen.

Nach der besprochenen Methode habe ich auch den künstlichen Kautschuk untersucht und dasselbe Verhalten bei ihm gegenüber der

[1]) Harries u. Fonrobert, s. a. a. O.
[2]) Harries, Lieb. Ann. **393**, 198 [1911].

salpetrigen Säure konstatieren können. Zuerst bildet sich wie beim natürlichen Produkt ein unlösliches, gelbgrünes Pulver, welches bei längerem Stehen mit salpetriger Säure löslich in Essigester und Azeton wird. Das Nitrosit „a" besitzt meistenteils einen höheren Zersetzungspunkt als das aus dem natürlichen Kautschuk bereitete. Bei dem hieraus gewonnenen Nitrosit „c" habe ich nach dreimaligem Umfällen dieselben amorphen Eigenschaften, dieselbe Färbung und den Zersetzungspunkt 158—162° gefunden. Auch bei der Analyse zeigten diese Präparate eine ähnliche Zusammensetzung.

I. Nitrosit „c" von künstlichem Kautschuk, roh, nach dem Elberfelder Verfahren bei 100° aus Reinisopren dargestellt.

II. Dasselbe von künstlichem Kautschuk, aus natürlichem Isopren ebenso dargestellt.

I. 0,1261 g Sbst.: 0,1930 g CO_2, 0,0653 g H_2O. — 0,1404 g Sbst.: 16,4 ccm Stickgas bei 16° und 764,6 mm Druck. — II. 0,1259 g Sbst.: 0,1877 g CO_2, 0,0674 g H_2O.

$C_{10}H_{15}N_3O_7$. Ber. C 41,52, H 5,23, N 14,54.
I. Gef. „ 41,74, „ 5,79, „ 13,70.
II. „ „ 40,66, „ 5,98, „ —

	Zersetzungspunkte vom (sämtlich nur annähernd)				
	Nitrosit „a"	Nitrosit „c"			
		roh	1 mal umgefällt	2 mal umgefällt	3 mal umgefällt
1. Nat. Parakautschuk (roh)	etwa 95°	115°	140—145°	140—145°	145—150°
2. Desgleichen umgefällt leicht löslich	90—95°	130°	140°	144—145°	desgl.
3. Desgleichen nach dem Trocknen nicht mehr löslich, mit Benzol ausgekocht, zum Nitrosieren in Benzol suspendiert	125—130°	80° Bräunung 130—135°	143°	144—145°	145—147°
4. Normaler Isoprenkautschuk (Wärmepolymerisation)	115—120°	145° Bräunung 154—160°	156°	162°	162°
5. Normaler Isoprenkautschuk (Eisessigverfahren)	125° Bräunung 130—135°	140°	—	140° Bräunung 160—165°	desgl.
6. Natriumisoprenkautschuk (anormal)	170° Bräunung 220° unzersetzt	—	—	170° Bräunung 220° unzersetzt	170° Bräunung 220° unzersetzt

I. Angewandt 0,2184 g Kautschuk, Ausbeute 0,5095 g Nitrosit, daraus berechnet sich 0,2397 g Kautschuk.

II. 0,2010 g Kautschuk, Ausbeute 0,4304 g Nitrosit, daraus berechnet sich 0,2024 g Kautschuk.

Im allgemeinen habe ich aber bei dem künstlichen Isoprenkautschuknitrosit nicht so genau auf die Formel $C_{10}H_{15}N_3O_7$ stimmende Werte wie bei dem natürlichen erhalten können. Möglicherweise ist der Grund hierfür in der Beimengung eines anderen Kautschuks zu suchen, die dem natürlichen fehlt. Wie wir später sehen werden, gibt der (Natrium)-Isoprenkautschuk bei der Analyse starke Abweichungen von der Formel $C_{10}H_{15}N_3O_7$.

In der auf Seite 179 stehenden Tabelle sind die Zersetzungspunkte der Nitrosite „a" und „c" von natürlichem und künstlichem Kautschuk gegenübergestellt.

Verhalten des normalen künstlichen Kautschuks gegen Ozon.

Diozonid[1] $(C_{10}H_{16}O_6)_x$.

Der künstliche normale Isoprenkautschuk verhält sich ganz ähnlich gegenüber dem Ozon wie der natürliche. Es ist nicht nötig, zur Behandlung mit Ozon eine klare Lösung in Chloroform oder Tetrachlorkohlenstoff anzuwenden. Man übergießt nur den Kautschuk mit den genannten Flüssigkeiten, läßt einige Stunden zum Aufquellen stehen und leitet dann das Gas ein. Dabei geht das Kolloid allmählich in Lösung, der Endpunkt ist leicht mit Hilfe der Bromentfärbungsprobe zu erkennen. Für 5 g braucht man ungefähr 3 Stunden Ozon von 12%, indessen ist zu bemerken, daß zuletzt meistens eine Verlangsamung der Aufnahme des Ozons zu konstatieren war, gerade so, als ob darin ein schwerer zu ozonisierender Anteil enthalten sei. Diese Beobachtung konnte bei den natürlichen Kautschukarten nicht gemacht werden.

Die klare Ozonidlösung wird dann im Vakuum bei 20° Heiztemperatur im Wasserbade eingedampft, der ölige Rückstand 2—3 mal aus wenig Essigester und viel Petroläther umgefällt und zuletzt im Vakuumexsikkator über konz. Schwefelsäure getrocknet. Man erhielt so 7,5 g Ozonid, als sehr dickes Öl, von denselben Eigenschaften, wie man es gewöhnlich aus natürlichem gewinnt. Glasig erstarrt dasselbe nur bei sehr reinem Ausgangsmaterial und langem Trocknen.

0,1571 g Sbst.: 0,2926 g CO_2, 0,098 g H_2O.

$C_{10}H_{16}O_6$. Ber. C 51,72, H 6,95.
Gef. „ 50,80, „ 6,99.

---

[1]) Harries, s. a. a. O.

Das Ozonid verpufft auf dem Platinblech lebhaft, es löst sich zunächst in heißem Wasser unzersetzt, erst bei einigem Kochen erfolgt die Spaltung ganz wie bei dem Präparat aus natürlichem Produkt. Nach dieser Methode wurden fast sämtliche aus Isoprenen verschiedener Herkunft stammende Kautschukarten untersucht.

I. 5,9 g Rohkautschuk, bei 105—110° aus reinem Isopren nach dem Elberfelder Verfahren polymerisiert, wurden in 100 ccm Chloroform gelöst und 6—7 Stunden ozonisiert. Das Destillat aus dem Diozonid bei der Spaltung mit überhitztem Wasserdampf lieferte mit salzsaurem Phenylhydrazin 4 g Phenylmethyldihydropyridazin vom Schmelzpunkt 193°, entsprechend 2,3 g Lävulinaldehyd, der eingedampfte, die Lävulinsäure enthaltene Rückstand betrug 3 g. Von dem Lävulinaldehydperoxyd waren nur Spuren entstanden. Der Verlust betrug also etwa 0,6 g.

II. 5 g Kautschuk, Isopren aus Terpentinöl bereitet, bei etwa 95—98° nach dem Elberfelder Verfahren polymerisiert, einmal aus Äther-Alkohol umgefällt, in 100 ccm Tetrachlorkohlenstoff gelöst, 6 Stunden ozonisiert. Das Diozonid hatte sich zum größten Teil als dickes Öl abgeschieden, es wurde einmal aus Essigester-Ligroin umgefällt.

Ausbeute 6,2 Diozonid, diese lieferten

1,7 g Lävulinaldehyd,
2,3 g Lävulinsäure,
0,2 g unzersetzt
4,2 g. Verlust 2,0 g.

III. 5 g Kautschuk, Isopren aus Amylenbromid mittels des Natronkalkverfahrens bereitet, bei 95—98° polymerisiert, zweimal aus Äther-Alkohol umgefällt, 12 Stunden im Soxhlet mit Azeton extrahiert, darauf noch einmal aus Äther-Alkohol umgefällt, wurden in 100 ccm Chloroform gelöst und 6 Stunden ozonisiert. Das Diozonid dreimal aus Essigester-Ligroin umgefällt und 14 Tage getrocknet. Ausbeute 7,5 g.

7 g Diozonid lieferten bei der Spaltung

3,2 g Lävulinsäure, Siedep. 130—160° bei 12 mm Druck,
1,5 g Lävulinaldehyd,
0,4 g unzersetztes Harz,
4,8 g. Verlust etwa 2,2 g.

Spaltungsgeschwindigkeit, Kautschuk aus Reinisopren[1]): 11,6 g in 100 ccm H_2O,

in 15′ sind gespalten 11 g,
in 30′ sind gespalten 11,4 g (Kurve Fig. 9, S. 222).

[1]) Hagedorn, Lieb. Ann. **395**, 235 [1913].

Quantitative Bestimmung: 11,4 g gaben 5,2 g Pyridazin entspr. 3,3 g Aldehyd, 2,2 g Säure, 2,8 g Peroxyd und Harz, berechnete Abgabe von Sauerstoff 1,2 g, Sa. 9,5 g; Verlust 1,9 g.

Dioxozonid $(C_{10}H_{16}O_8)_x$.

Diese Verbindung wurde auf zwei Wegen dargestellt. 1. Durch direkte Oxydation von Kautschuk mit ungewaschenem, starkem Ozon (18 proz.). Eigenschaften und Ausbeute die gleichen wie beim Naturkautschuk. 2. Durch Weiterbehandlung eines Diozonids (O_6) mit ungewaschenem, starkem Ozon (18 proz.). Ausbeute ebenso.

I. 0,1820 g Sbst.: 0,3125 g CO_2, 0,1043 g H_2O. — II. 0,1869 g Sbst.: 0,3123 g CO_2, 0,1009 g H_2O. — III. 0,1664 g Sbst.: 0,2821 g CO_2, 0,0873 g H_2O.

$C_{10}H_{16}O_8$. Ber.	C 45,45,	H 6,06.
Gef. I.	„ 46,83,	„ 6,41.
„ II.	„ 45,57,	„ 6,04.
„ III.	„ 46,23,	„ 5,87.

Molbestimmung kryoskopisch nach Raoult im Beckmannschen Apparat.

0,1992 g Sbst.: 27,48 g Eisessig: $\Delta = 0,13°$.

Ber. M 264. Gef. M 218.

Spaltungsgeschwindigkeit (Analyse II): 11,1 g Oxozonid in 85 ccm H_2O,

in 15′ sind gespalten 10,8,
in 30′ sind gespalten 10,85.

Umgerechnet[1]) auf 13,2 g Dioxozonid und 100 ccm H_2O sind in 15′ 12,84 g, in 30′ 12,9 g gespalten, genau dieselben Werte wie beim Naturkautschuk (Kurve Fig. 9, S. 222).

Quantitative Bestimmung: 10,85 g gaben 1,3 Pyridazin entspr. 0,8 g Aldehyd, 3,2 g Säure, 2,7 g Peroxyd und Harz. Umgerechnet auf 13,2 g Dioxozonid: 1,0 g Aldehyd, 3,9 g Säure, 3,3 g Peroxyd und Harz. Abgabe von Sauerstoff, ber. 2,2 g, in Summa 10,4 g; Verlust 2,8 g.

Künstlicher Isoprenkautschuk (nach dem Eisessigverfahren bei 95° dargestellt).

Diozonid. 4,7 g Kautschuk gaben 6,2 g Diozonid dreimal umgefällt, statt 8 g, also geringe Löslichkeit in Petroläther.

---

[1]) Aus Materialmangel ist es des öfteren nötig gewesen, geringere Mengen als molekulare zur Spaltung zu verwenden; wir benutzten dann aber auch eine entsprechend kleinere Menge Wassers. Um einen Vergleich zu ermöglichen, werden dann die Resultate auf molekulare Mengen umgerechnet.

0,1035 g Sbst.: 0,1866 g CO_2, 0,0640 g H_2O.

$C_{10}H_{16}O_6$. Ber. C 51,72, H 6,90.
Gef. „ 49,17, „ 6,92.

Spaltungsgeschwindigkeit: 5,8 g Ozonid in 50 g H_2O,
in 15′ sind gespalten 5,3 g,
in 30′ sind gespalten 5,7 g.
Umgerechnet auf 11,6 g Diozonid und 100 ccm H_2O:
in 15′ sind gespalten 10,6 g.
in 30′ sind gespalten 11,4 g (Kurve Fig. 9, S. 222).

Quantitative Bestimmung: 5,5 g gaben 2,6 g Pyridazin, entsprechend 1,5 g Aldehyd, 1,2 g Säure, 1,9 g Peroxyd und Harz.
Umgerechnet auf 11,6 g Diozonid: 3,0 g Aldehyd, 2,4 g Säure, 3,8 g Peroxyd und Harz, 0,6 g unzersetzt, Abgabe von Sauerstoff 1,3 g, Summa 11,1 g; Verlust 0,5 g.

Der Eisessigkautschuk zeigt hiernach kleine Abweichungen von dem Parakautschuk und dem Wärmepolymerisationskautschuk, die auch in den Kurven zum Ausdruck kommen.

Das *Dioxozonid*, $C_{10}H_{16}O_8$, erhält man durch längeres Behandeln des Diozonids mit starkem Ozon. Es verhält sich genau wie die bisher beschriebenen Dioxozonide.

0,1201 g Sbst.: 0,2005 g CO_2, 0,0595 g H_2O.

$C_{10}H_{16}O_8$. Ber. C 45,45, H 6,06.
Gef. „ 45,53 „ 5,54.

Unterschiede zwischen natürlichem Kautschuk und Isoprenkautschuk bei der Ozonidspaltung.

Man erhält also bei der Zersetzung ziemlich dieselben Quantitäten Lävulinaldehyd und Lävulinsäure beim Isoprenkautschuk wie beim Naturkautschuk. Es war mir[1]) indessen bereits aufgefallen, daß künstliche Kautschuksorten, zu deren Bereitung nicht ganz reines Isopren, wie z. B. aus Karven vermittels der Isoprenlampe gewonnenes verwendet war, beim Ozonisieren am Schluß der Operation Reaktionsverzögerung anzeigten und bei der quantitativen Bestimmung der Spaltungsprodukte einen erheblich größeren Verlust als bei dem aus ganz reinem Isopren gewonnenen aufwiesen. Ich glaubte diese Erscheinung schon auf eine Beimengung eines Isomeren deuten zu sollen. Ich kam wieder von dieser Erklärung ab[2]), als sich herausstellte, daß die Spaltungsgeschwindigkeit der Ozonide aller dieser Kautschuksorten gleichartig waren und ihre Spaltungskurven sich deckten. Steimmig[3])

[1]) Lieb. Ann. **383**, 201 [1911] (s. S. 180).
[2]) Vortrag Freiburg.
[3]) Ber. **47**, 350 [1914]; ebenda **47**, 852 [1914].

zeigte aber, daß in den von ihm untersuchten Isoprenkautschukarten ein anderer an Struktur verschiedener Kautschuk beigemengt sein muß, da man bei der Spaltung Azetonylazeton und Bernsteinsäure nachweisen kann, während sich diese Produkte beim Naturkautschuk nicht auffinden lassen.

Er versetzt das von der Spaltung des Ozonids erhaltene wässerige Destillat mit essigsaurem Phenylhydrazin und einigen Kubikzentimetern Mineralsäure und behandelt das Reaktionsprodukt mit Wasserdampf. Hierbei bleibt das Phenylhydrazinderivat des Lävulinaldehyds, das früher beschriebene Methylphenyldihydropyridazin (S. 56), im Kolbenrückstand, während mit dem Wasserdampf eine kristallinische Masse übergeht, die das Phenylhydrazinderivat des Azetonylazetons, das Anildimethylpyrrol[1]) vom Schmelzpunkt 90—92° ist. In dem Rückstand von der Wasserdampfdestillation finden sich neben Lävulinsäure ständig gewisse Mengen von Bernsteinsäure. Daraus folgert Steimmig, daß der aus Isopren gewonnene normale künstliche Kautschuk ein Gemisch ist von Polymeren des 1,5 Dimethylzyklooktadiens (1,5) und 1, 6-Dimethylzyklooktadiens (1, 5) (alte Strukturformeln) und erklärt den Vorgang in folgender Gegenüberstellung:

```
    CH3          CH3                     CH3              CH3
     .            .                       .                .
    /C\\         /CO                     .C\\             /CO
H2C     CH   H2C     HO2C            H2C     CH       H2C     HO2C
 |       |    |       |               |       |        |        |
H2C     CH2 → H2C    CH2 ;           H2C     CH2  →   H2C      CH2
 |       |    |       |               |       |        |        |
HC      CH2  HCO     CH2         CH3.C       CH2    CH3.CO     CH2
  \\C/              OC/                \\CH/              HO2.C/
    .               .
   CH3             CH3
```

1,5-Dimethylzyklooktadien (1,5) — gibt Lävulinaldehyd und Lävulinsäure — 1,6-Dimethylzyklooktadien (1,5) — gibt Azetonylazeton und Bernsteinsäure

Ich[2]) habe zu dieser Publikation wie folgt Stellung genommen:

G. Steimmig[3]) vertritt die Ansicht, daß nach den bisherigen Verfahren überhaupt kein künstlicher Kautschuk aus Isopren darstellbar sei, der dem natürlichen völlig gleiche, derselbe sei vielmehr stets ein Gemenge von 8 : 2 der Polymeren des (1,5)-Dimethylzyklooktadiens-(1,5) und (1,6)-Dimethylzyklooktadiens-(1,5)[4]). — Auf

---

1) Knorr, Ber. **18**, 1568 [1885].

2) Ber. **47**, 573 [1914]; ebenda **48**, 863 [1915]; vgl. auch Ber. **47**, 1999 [1914].

3) Ber. **47**, 350 [1914].

4) Alte Nomenklatur.

meine Entgegnung[1]), daß die Fassung dieser Behauptung wohl zu allgemein sei, und daß die Bildung des beigemengten Isomeren wahrscheinlich von dem Einfluß einer katalytisch wirkenden Verunreinigung in den Isoprenen verschiedener Herkunft abhänge, hielt Steimmig[2]) seine Behauptung in einer zweiten Mitteilung voll und ganz aufrecht, und spricht die Überzeugung aus, daß bei Innehaltung der von ihm gegebenen Methode zur Trennung der gebildeten Spaltungsprodukte sich in jedem Falle seine Angabe bestätigen lassen wird, wonach alle nach dem bisherigen Verfahren aus dem Isopren gewonnenen kautschukähnlichen Produkte im Gegensatz zum Naturkautschuk Gemische von Polymeren des (1,5)-Dimethylzyklooktadiens-(1,5) und (1,6)-Dimethylzyklooktadiens-(1,5) sind. Sein Verfahren besteht darin, daß man das Ozonid eines Kautschuks durch Kochen mit Wasser spaltet und aus dem Destillat nach Zusatz von essigsaurem Phenylhydrazin und etwas Mineralsäure das Phenylmethyldihydropyridazin (gebildet aus Lävulinaldehyd) und das Anilopyrrol (gebildet aus Azetonylazeton) mit Wasserdampf trennt. Aus dem eingedampften Rückstand scheidet sich die Bernsteinsäure kristallinisch ab.

Ich habe in einer zweiten Mitteilung[3]) „zur Kenntnis der physikalischen Konstanten des Isoprens" bereits nachgewiesen (siehe S. 159), daß das von Steimmig gebrauchte Isopren, welches mir von der Badischen Anilin- und Sodafabrik zur Verfügung gestellt wurde, beim Destillieren mit Birektifikator unter Verwendung von 700 ccm ca. 30 ccm eines Rückstandes hinterließ, während bei der gleichen Menge eines synthetischen Präparates der Elberfelder Farbenfabriken, welches mindestens ebensolange aufbewahrt worden war, ein viel geringerer Rückstand bemerkt wurde. Die Isoprene beider Herkunft zeigten nach dieser sorgfältigen Reinigung deutlich verschiedene optische Konstanten.

Diese beiden so gereinigten Isoprene, Siedepunkt 33,75—34°, habe ich nun durch 6 Wochen langes Erhitzen auf ca. 70° im Einschlußrohr polymerisiert, wobei insofern ein unterschiedliches Verhalten beobachtet werden konnte, als der Kautschuk aus Isopren der Badischen Anilin- und Sodafabrik fast vollkommen von heißem Benzol aufgenommen wurde, während derjenige aus Isopren der Elberfelder Farbenfabriken bei dieser Behandlung etwa zu einem Drittel ungelöst blieb, und letzteres auch auf keine Weise in Lösung gebracht werden konnte. Dieser Anteil wurde daher getrennt und gesondert

---

[1]) Ber. 47, 573 [1914].
[2]) Ber. 47, 852 [1914].
[3]) Ber. 47, 1999 [1914].

ozonisiert[1]). Der in Lösung gegangene Kautschuk wurde mit Alkohol wieder ausgefällt, im Vakuum getrocknet und in Chloroform suspendiert ozonisiert. Diese Ozonide wurden dann noch einmal aus Essigester-Petroläther umgefällt und getrocknet. Bei der Zerlegung der Ozonide wurde das Hauptgewicht auf die Isolierung des Anilopyrrols zur Bestimmung des Azetonylazetons und der Bernsteinsäure gelegt[2]). Hier zeigte sich nun, daß, wenn ganz genau nach dem von Steimmig angegebenen Verfahren, auch in bezug auf die angewandte Materialmenge, gearbeitet wurde, nicht eine Spur von Anilopyrrol mit Wasserdampf übergetrieben werden konnte. Man beobachtete zwar im Kühlerrohr das Auftreten eines bräunlichen Anflugs, doch erhielt man diesen auch bei einem Vergleichspräparat von natürlichem Kautschuk in ähnlicher Weise, so daß hieraus kein Schluß auf das Vorhandensein von Anilopyrrol gezogen werden konnte. Auch Bernsteinsäure ließ sich in kristallinischem Zustand nicht abscheiden. Durch die von mir vorgenommene Reinigung des Isoprens ist also ganz augenscheinlich eine wesentliche Änderung der Zusammensetzung der synthetischen Kautschuke gegenüber denen, welche Steimmig untersucht hat, eingetreten.

Mit diesen Ergebnissen hätte ich mich eigentlich zufrieden geben können, da es mir aber nicht auf eine nur formelle Berichtigung der Steimmigschen Angaben, sondern auf eine wirkliche Feststellung der Tatsachen ankam, nahm ich die Untersuchung unter veränderten Arbeitsbedingungen wieder auf.

Ich habe in meinen letzten Publikationen[3]) gezeigt, daß man bei der Trennung der Spaltungsprodukte der Ozonide viel genauere Resultate erhält, wenn man die Aldehyde und Ketone von den Säuren durch Kalziumkarbonat trennt und dann die Säuren aus ihren Kalziumsalzen in Freiheit setzt und verestert.

Daher wurden die auf vorhin geschilderte Weise bereiteten Ozonide der Kautschukarten aus den gereinigten Isoprenen nochmals nach dieser

[1]) Anm.: Die Resultate der Spaltung stimmten mit denen, welche bei der löslichen Modifikation gefunden wurden, durchaus überein. Der künstliche Kautschuk verhält sich also auch hier ganz wie der natürliche, der auch leicht, wie ich des öfteren früher erwähnt habe, in ein ganz unlösliches Produkt, sog. Kautschuk „b", übergeht. Ozon: 9—10 proz., gewaschen.

[2]) Die anderen Spaltungsprodukte sind ebenfalls sämtlich quantitativ festgelegt worden, da sie indessen keine bemerkenswerten Abweichungen von früher erhaltenen Resultaten aufwiesen, sollen sie hier nicht noch einmal in extenso angeführt werden. Bemerkenswert ist nur, daß sämtliche hier untersuchten künstlichen Kautschuke sehr schnell Ozon aufnahmen und bei der Säurebestimmung 6,6% Ameisensäure lieferten, sich also wie der natürliche Kautschuk verhielten.

[3]) Lieb. Ann. **406**, 182 [1914].

Methode verarbeitet. Z. B. 52 g einmal umgefälltes Ozonid aus Isopren (Badische Anilin- und Sodafabrik) werden in ca. 350 ccm Wasser $^1/_2$ Stunde im Ölbad auf 125° erhitzt, die hellgelbe Lösung wird vom Harz (3,5 g) filtriert und mit Kalziumkarbonat unter Turbinieren neutralisiert. Die Reaktionsflüssigkeit wird dann im Vakuum bei 50—60° Heizbadtemperatur völlig eingedampft und der trockene pulverisierte Rückstand so lange im Soxhlet mit Äther behandelt, bis nichts mehr in Lösung geht. Das wässerige Destillat wird mit der genügenden Menge essigsauren Phenylhydrazins und etwas Mineralsäure versetzt und mit Wasserdampf behandelt. Hierbei ging eine sehr kleine Menge eines schon im Kühler zu Nadeln erstarrenden Körpers über, der sich als Anilopyrrol erwies. Der ätherische Extrakt, welcher den anderen Teil, das Gemisch der Ketone und Aldehyde enthält, wog 4,6 g, bestand aber fast nur aus Lävulinaldehyd, da hier bei der gleichen Behandlung mit essigsaurem Phenylhydrazin Mineralsäure und Wasserdampf kein Anilopyrrol mehr gewonnen werden konnte. Die gesamte beobachtete Menge an Anilopyrrol betrug bei diesem Versuch direkt gewogen 0,19 g, woraus sich 0,13 g Azetonylazeton berechnen. Steimmig gibt dagegen bei 50 g Ozonid 2 g Azetonylazeton als gefunden an, das ist ungefähr die 16fache Menge[1]).

Die Kalziumsalze 34,3 g (15,9% Kalzium) wurden mit der berechneten Menge 30proz. Schwefelsäure umgesetzt, der abgeschiedene Gips mit Wasser ausgekocht, die gesamte wässerige Lösung zur Sirupkonsistenz im Vakuum eingedampft, darauf mit 6 Teilen 3proz. methylalkoholischer Salzsäure aufgenommen und durch 3tägiges Stehenlassen verestert. Nach dieser Zeit wird der Methylalkohol im Vakuum möglichst eingedampft, der Rückstand mit Bariumkarbonat und etwas Wasser neutralisiert, filtriert und wieder im Vakuum eingedampft, mit Äther oder Essigester ausgezogen und im Vakuum fraktioniert. Hierbei wird die Fraktion von 80—110° unter 10—12 mm Druck, welche den Lävulinsäuremethylester und Bernsteinsäuredimethylester enthält, in wenig Alkohol aufgenommen und mit essigsaurem Phenylhydrazin versetzt. Das Phenylhydrazon des Lävulinsäuremethylesters fällt beinahe quantitativ aus. Durch Einengen im Vakuum kann man noch die letzten Reste desselben kristallinisch erhalten und entfernen. Der Rückstand wird zur Abtrennung des überschüssigen Phenylhydrazins mit verdünnter Schwefelsäure versetzt und der sich hierbei abscheidende Bernsteinsäuredimethylester mit Äther aufgenommen. Derselbe siedet dann bei 80—95°

[1]) Anm.: Hierbei will ich nicht einmal berücksichtigen, daß sich seine Angabe auf ein weniger genaues Verfahren bezieht.

unter 12 mm. Die Fraktion betrug etwa 2 g. Da bei dieser geringen Menge nicht genau fraktioniert werden kann, so ist diese Zahl für Bernsteinsäureester sehr reichlich bemessen. Steimmig erhielt durch direkte Kristallisation etwa 3—3,3 g Bernsteinsäure. Diese Säure bildet sich aber auch aus dem Naturkautschukozonid, wenn auch nicht regelmäßig, kann infolgedessen nicht ganz zugunsten des 1,6-Dimethylzyklooktadiens-(1,5) angerechnet werden.

Bei gleicher Bearbeitung des Kautschuks aus Isopren (Elberfeld) wurden von 68,3 g Ozonid, 9,4 g Harz, 0,25 g Anilopyrrol bzw. 0,16 g Azetonylazeton und ca. 1,1 g Bernsteinsäureester, Siedepunkt 80—95°, 12 mm erhalten, also noch ein ganz Teil weniger als im ersteren Fall, nämlich auf 50 g Ozonid umgerechnet 0,11 g Azetonylazeton und 0,8 g Bernsteinsäureester, das sind kaum nachweisbare Mengen.

Zum Vergleich wurde außerdem ein Präparat von künstlichem Kautschuk, welches mir von den Elberfelder Farbenfabriken fertig zur Verfügung gestellt wurde, das zwar ebenfalls aus demselben synthetischen aber nur technisch gereinigten Isopren gewonnen war, das also noch kleine Verunreinigungen enthält, nach derselben Methode untersucht. 65,5 g Ozonid, ebenso wie vorher bereitet, lieferten hier 4,7 g Harz und wie ich es erwartete, etwas mehr, aber immerhin lange nicht so viel Anilopyrrol, wie Steimmig angibt, nämlich 0,6 g bzw. 0,4 g Azetonylazeton[1]). Auf 50 g Ozonid würde dies nur 0,3 g Azetonylazeton oder den siebenten Teil der von Steimmig gefundenen Menge bedeuten. Die Ausbeute an Bernsteinsäuredimethylester, Siedepunkt 80—95° unter 12 mm, betrug 1,5 g.

Man sieht daraus, daß ich recht hatte, als ich voraussagte, daß das Auftreten des (1,6)-Dimethylzyklooktadiens-(1,5) von gewissen katalytisch wirkenden Beimengungen im Isopren abhängig sei, und ich zögere auch jetzt nicht, ebensowenig wie früher, aus meinen Versuchsergebnissen den Schluß zu ziehen, daß unter Umständen — nämlich wenn man auf die Reinigung des Isoprens noch größere Sorgfalt legte — der isomere Kautschuk gar nicht gebildet wird.

Am Schluß seiner ersten Abhandlung hat Steimmig folgenden Ausspruch getan: „Es wird jetzt leicht verständlich, warum alle bisher aus dem Isopren gewonnenen synthetischen kautschukähnlichen Produkte in ihren Eigenschaften mit dem Naturkautschuk nicht völlig übereinstimmen.“ Schon in meiner ersten Abhandlung[2]) habe ich darauf hingewiesen, daß die Natur der künstlichen Kautschuke ganz von der Art des angewandten Isoprens abhängt; hiervon hat Steimmig keine Notiz genommen.

---

[1]) Anm.: Aus diesem Kautschuk konnte das Anilopyrrol auch schon nach dem Steimmigschen Verfahren nachgewiesen werden.

[2]) Lieb. Ann. **383**, 191ff. [1911].

Destillation im Vakuum[1].

Der normale künstliche Kautschuk verhält sich beim Erhitzen ganz ähnlich wie der natürliche.

Mir schien es von besonderem Interesse zu untersuchen, wie er sich bei der Destillation unter stark vermindertem Druck verhalten würde. Früher[2]) ist gezeigt worden, daß sich eine solche Destillation im Vakuum mit der Ölpumpe, wenn man eine durch flüssige Luft gekühlte Vorlage einschaltet, sehr gut realisieren läßt.

Natürlicher und künstlicher verhalten sich hierbei ganz ähnlich. Bei 120—140° unter 0,1—0,2 mm beginnt die Zersetzung, die Masse ist geschmolzen und schäumt stark auf, dann steigt das Thermometer und es gehen von 180° an Öle über, die allmählich bei höherer Temperatur dickflüssiger werden und sich verfärben. Der Hauptanteil siedet zwischen 220—260° unter 0,1 mm bis 1,0 mm als dickes gelbes Öl. Niedrig siedende isoprenhaltige Anteile bilden sich bei dieser Versuchsanordnung sehr wenig. Um festzustellen, ob die bei 220—260° siedende Fraktion noch zum Kautschuk in naher Beziehung steht, wurde sie in Chloroformlösung ozonisiert. Das Ozonid verhielt sich aber gänzlich verschieden von dem des Kautschuks und ergab bei der Spaltung nicht eine Spur von Lävulinaldehyd, so daß man eine totale Umwandlung des Kautschukmoleküls selbst bei der Destillation im niedrigen Vakuum annehmen muß.

Über die Nebenprodukte bei der Polymerisation des Isoprens.

Von G. Bouchardat[3]) ist bereits entdeckt worden, daß sich beim Erhitzen des Isoprens im Rohr auf 250—300° ein Terpen bildet, welches von Wallach[4]) als Dipenten erkannt wurde. Ich habe später[5]) darauf aufmerksam gemacht, daß außer Dipenten hierbei noch ein anderes Terpen der Formel $C_{10}H_{16}$ entsteht. Von Lebedew[6]) ist die Autopolymerisation bei 150° ausgeführt worden.

Wie die Terpenfraktion vom frisch polymerisierten Kautschuk getrennt werden kann, ist vorhin besprochen worden. Man erhält eine Rohfraktion von 40—100° bei 12 mm Druck, die sich durch nochmaliges Fraktionieren reinigen läßt. Die Hauptmenge siedet dann bei 63—65° unter 14 mm Druck und bildet ein farbloses Öl von eigentümlichem,

---

1) Harries, Lieb. Ann. **383**, 204 [1911].
2) E. Fischer u. C. Harries, Ber. **35**, 2162 [1902].
3) Bull. [2] **24**, 112 [1875].
4) Lieb. Ann. **227**, 295 [1885].
5) Ber. **35**, 3265 [1902] (vgl. S. 131).
6) Journ. russ. phys.-chem. Ges. **42**, 999 [1910]

stark an Myrzen erinnerndem Geruch. Die Ausbeute ist schwankend und hängt von der Temperatur ab.

Die Fraktion 63—65° 14 mm, dargestellt aus ganz reinem Isopren, zeigte folgende optische Eigenschaften.

$$D \frac{18^\circ}{18^\circ} = 0{,}8451,$$

$$n_d\ 18^\circ = 1{,}47408,\quad n_\alpha\ 18^\circ = 1{,}47113,\quad n_\gamma\ 18^\circ = 1{,}48860.$$

Die Wallachsche Probe auf Dipenten mit Brom und Eisessig ergab bei diesem Präparat nur wenig Dipententetrabromid, woraus hervorgeht, daß der größte Teil des Öles eine andere Konstitution besitzen muß. Bei der Ozonisation entstand ein öliges Ozonid. Wenn man den Siedepunkt, den niedrigen Brechungsindex und den eigentümlichen Geruch in Rücksicht zieht, so möchte man zu dem Resultat kommen, daß hier ein Körper $C_{10}H_{16}$ mit offener Kette vorliegt, der in folgender Weise aus 2 Molekülen Isopren entstanden sein könnte:

$$CH_3-\underset{\underset{CH_2}{\|}}{C}-CH=CH_2 + CH_2=\underset{\underset{CH_3}{|}}{C}-CH=CH_2$$

$$\rightarrow CH_3 . \underset{\underset{CH_2}{\|}}{C} . CH_2 . CH_2 . CH=\underset{\underset{CH_3}{|}}{C} . CH=CH_2$$

Mit Ozon wäre man vielleicht in der Lage, den Beweis hierfür zu erbringen.

Natrium-[Kohlensäure]-Isoprenkautschuk.

Zu den normalen Kautschukarten muß auch diese Verbindung gezählt werden. Holt[1]) hat darüber in einem Vortrage in der Heidelberger chemischen Gesellschaft mitgeteilt, daß sie sich beim längeren Schütteln von Isopren mit Natriumdraht in einer Kohlendioxydatmosphäre bildet. Es wurde gefunden[2]), daß es hierbei nötig ist, auf peinlichen Ausschluß von Feuchtigkeit Rücksicht zu nehmen, da bei Gegenwart von kleinen Mengen von Wasser nicht dieses, sondern ein anderes Produkt entsteht, welches mehr die Eigenschaften des sog. anormalen Natriumisoprenkautschuks besitzt (vgl. S. 216). Zu dem Ende füllt man in je eine vorher zur Druckkapillare ausgezogene Röhre 20 ccm über Natrium destilliertes Isopren, steckt drei bis vier 40 cm lange dünne Drähte von Natrium hinein, leitet danach ca. 3 Minuten einen langsamen scharf getrockneten Strom von Kohlendioxyd ein und schmilzt schnell die Kapillare ab. Man erwärmt dann auf ca. 60° im

---

[1]) Chem. Ztg. **1914**, 188; vgl. auch Steimmig, Ber. **47**, 350 [1914].

[2]) Harries, unveröffentlichte Mitteilung.

Wasserbad ca. 14 Tage bis 3 Wochen. Das Natrium überzieht sich wurmartig mit einer schwärzlichen porösen Masse, während das Isopren vollständig verschwindet. Die Reaktion verläuft fast quantitativ. Zur Reinigung wird der Kautschuk in verdünnten Alkohol eingetragen, wobei das Natrium herausgelöst und nunmehr ein schönes weißes festes Produkt gebildet wird. Dieses ist in allen Lösungsmitteln unlöslich und gleicht dem weißen Produkt, welches durch Belichtung des Isoprens mit ultraviolettem Licht entsteht. Es muß sorgfältig unter Luftabschluß aufbewahrt werden, da es sonst in kurzer Zeit in eine weiche zähe, bräunliche Masse übergeht, die nunmehr in gewissen Lösungsmitteln löslich ist. Der Natrium(kohlensäure)-Kautschuk verhält sich also ähnlich wie das weiße Kältepolymerisat des Dimethylbutadiens von Kondakow (siehe S. 204). Bei der Spaltung seines Ozonids mit Wasser erhält man nach Holt[1]) dieselben Produkte wie aus normalem Isoprenkautschuk, so daß er also noch zu diesem in Beziehung steht. Weitere Angaben sind bisher über diesen Kautschuk nicht bekanntgeworden.

Autopolymerisation des Isoprens bei Zimmertemperatur.

Wie S. 125 u. 168 erwähnt, polymerisiert sich Isopren bei kürzerem oder längerem Stehen bei Zimmertemperatur von selbst und erstarrt dabei zu einer gelatinösen Masse. Dieser Vorgang ist schon von Bouchardat und Tilden[2]) beobachtet worden. Ich habe mich lange bemüht, denselben eintreten zu lassen, konnte aber zu keinem Ergebnis kommen. Größere Mengen Reinisopren zeigten sich noch nach mehreren Jahren unverändert. Kleine Reste, die in leeren Flaschen stehen geblieben waren, wurden zwar dicklich (Williams), wobei sie bräunliche Farbe annahmen, zeigten aber beim Erhitzen auf dem Platinblech explosive Eigenschaften, ein Zeichen, daß sich hierbei Peroxyde gebildet hatten. Im Jahre 1910 hat dann Pikles[3]) mit den von mir empfohlenen Methoden nachgewiesen, daß in einem Präparat von Isopren, welches drei Jahre aufbewahrt worden war, wirklich gewisse Mengen von Kautschuk durch spontane Polymerisation vorhanden waren.

Im Jahre 1916 ist es mir durch Zufall geglückt, in den Besitz von größeren Mengen dieses Autopolymerisationskautschuks zu gelangen. Eine Flasche mit Reinisopren war von Kiel nach Berlin sorgfältig verpackt geschickt worden. Während der Fahrt muß sich der Glasstopfen gelockert haben, denn ein großer Teil des Isoprens war allmählich durchgesickert. Dieses war aber nicht verdunstet, sondern war sofort am

[1]) S. a. a. O.

[2]) S. a. a. O.

[3]) Trans. Soc. **97**, 1085 [1910].

Flaschenhalse gelatiniert, so daß die ganze Flasche mit einer dicken Schicht eines farblosen weichen kautschukartigen Stoffes überzogen war. Später habe ich noch verschiedene Proben Isopren zur Autopolymerisation bringen und dabei gleichartige Produkte erhalten können. Diese unterscheiden sich aber scharf vom Wärmepolymerisat, sie bleiben weich, klebrig und besitzen keinen Nerv. Sie sind leichter löslich in den üblichen Kautschuklösungsmitteln als dieses und bleiben auch beim Umfällen aus Benzol-Alkohol weich und klebrig. Das Autopolymerisat[1]) wurde dann im Vakuum bei 100° erhitzt, wobei kleine Mengen eines Terpen übergingen. Dieses Produkt bildet sich bei der Autopolymerisation also auch in der Kälte. Es hinterbleibt dabei eine gelbliche, durchscheinende, leicht zerreißbare Masse. Diese wurde mit Chloroform übergossen und nach Vorschrift ozonisiert. Aus 4 g solchen Kautschuks wurde 4,7 g dreimal aus Essigester-Petroläther umgefälltes Ozonid erhalten. Nach der Analyse enthielt das Ozonid bereits kleine Mengen Oxozonid.

0,1247 g Sbst.: 0,2261 g CO_2, 0,0762 g H_2O.
$C_{10}H_{16}O_6$. Ber. C 51,7, H 6,9.
Gef. „ 49,5, „ 6,7.

Zur Spaltung wurden 4 g Ozonid und 35 g H_2O angewandt.

Nach 1/4 Stunde zersetzten sich 3,6 g
Nach 1/2 Stunde „ „ 3,8 g
Rückstand . . . . 0,2 g.

Umgerechnet auf 1/20 Mol. zum Vergleich mit den früher beim natürlichen Kautschuk[2]) erhaltenen Werten ergeben sich folgende Zahlen:

Zeit	Kältepolymerisat 11,6 g	natürl. Kautschuk 11,6 g	Wärmepolymerisat 11,6 g
1/4 Std.	1,2 g	0,4 g	0,6 g
1/2 „	0,58 g	0,2 g	0,2 g

Die Spaltungskurve verläuft also anders als diejenige des Naturkautschuks und des Wärmepolymerisats. An Spaltungsprodukten wurden gefunden aus 4 g Ozonid:

Lävulinaldehyd	0,3 g	Lävulinsäure	2,2 g
Rückstand	1,2 g	Verlust	0,3 g

Zum Vergleich umgerechnet auf 11,4 g (S. 182):

---

[1]) Unveröffentlichte Mitteilung.

[2]) Siehe S. 54.

Kältepolymerisat		Wärmepolymerisat	
Lävulinaldehyd	0,85 g	Lävulinaldehyd	3,3 g
Lävulinsäure	6,27 „	Lävulinsäure	2,2 „
Peroxyd und Harz . . .	3,42 „	Peroxyd und Harz . . .	2,8 „
ber. Abgabe von O . . .	1,2 „	ber. Abgabe von O . . .	1,2 „
		Verlust	1,9 „
	11,74 g		11,4 g

Man sieht aus der Gegenüberstellung, daß diese beiden Produkte sich außerordentlich verschieden verhalten, die Differenzen sind so groß, daß sie außerhalb der Versuchsfehler liegen. Demnach entsteht bei der Kälteautopolymerisation des Isopren zwar ein Gebilde, welches nach seinen äußeren gelatinösen Eigenschaften noch als Kautschuk angesprochen werden kann, aber nach den Ozonidspaltungsprodukten wesentlich andere Zusammensetzung besitzen muß.

Die Angaben von Pikles, welcher nur Nitrosit und Bromid zur Identifizierung des Kautschuks im Autopolymerisat benutzte, müssen also ergänzt werden. In betreff des Verhaltens von Isopren bei der Belichtung bzw. mit ultravioletten Strahlen vergleiche S. 126.

2. Normaler Butadien-Kautschuk $(C_8H_{12})_x$[1].

Bei der Überführung des Butadiens in Kautschuk muß, sowohl beim Erhitzen mit Eisessig (I), wie für sich allein (II), die Temperatur etwas höher als beim Isopren gewählt werden. Die ersten Versuche, welche nebeneinander auf 100—103° während 10 Tagen und Nächten gehalten wurden, zeigten den größten Teil des Kohlenwasserstoffes unverändert, nur sehr wenig einer klaren, plastischen Masse hatte sich abgeschieden. Darauf wurde die Temperatur erhöht, und als 10 Tage auf 110—120° erhitzt worden war, zeigte sich ein günstigeres Resultat. Röhre I (Eisessig) ergab einen festen, durchsichtigen, gelatineartigen, nicht dehnbaren, sondern beim Ziehen leicht reißenden Kautschuk, welcher aber von Lösungsmitteln außer Chloroform schwer aufgenommen wird.

Röhre II (ohne Zusatz), das Butadien war vollständig erstarrt. Der Inhalt wurde in einen Fraktionskolben gebracht und im Vakuum auf 100—110° erhitzt, es ging hierbei ein Liquidum von terpenartigen Eigenschaften über. Der Kautschuk verblieb im Rückstand. Dieses Produkt ähnelte in allen Eigenschaften dem vermittels Eisessig polymerisierten Präparat, nur in der Löslichkeit nicht ganz, indem es von keinem Lösungsmittel, auch nicht von Chloroform, aufgenommen wurde.

[1]) Harries, Lieb. Ann. **383**, 206 [1911].

Zur Reinigung konnte der Körper daher nur mit Chloroform oder Benzol ausgekocht und mit Äther gewaschen werden. Darauf wurde er im Vakuumexsikkator über Schwefelsäure einige Tage getrocknet und direkt analysiert.

I. 0,1269 g Sbst.: 0,4050 g CO_2, 0,1283 g H_2O. — II. 0,1245 g Sbst.: 0,3968 g CO_2, 0,1220 g H_2O.

C_8H_{12}.	Ber.	C 88,88,	H 11,11.
	Gef. I.	„ 87,04,	„ 11,31.
	„ II.	„ 86,93,	„ 10,96.

Die Präparate von I und II rühren von den verschiedenen Darstellungen her und zeigen dieselbe Erscheinung wie beim Isoprenkautschuk. Wenn man bei der Polymerisation der Butadiene nicht sorgfältig durch Destillation über Natrium gereinigte Kohlenwasserstoffe anwendet und nicht die Luft in den Einschlußgefäßen durch CO_2 verdrängt, gewinnt man keine ganz reinen Produkte, sie haben sich immer etwas autoxydiert.

Um nun einen ganz reinen Butadien-Kautschuk zu bereiten, wurde das Butadien mit Natriumdraht zur Entfernung sauerstoffhaltiger Bestandteile im Einschlußrohr bei etwa 35° im Wasserbad 3 Stunden erwärmt. Doch ergab sich hierbei die unerwartete Tatsache, daß das Butadien durch diese Behandlung mit Natrium katalytisch zu einem neuen Kautschuk polymerisiert wird. Infolgedessen wurden die weiteren Bemühungen, reinen Normal-Butadien-Kautschuk auf diesem Wege zu erzielen, vorläufig aufgegeben, es besteht aber kein Zweifel, daß sie, in geeigneter Form wiederholt, zum Ziele führen würden.

Es wurden eine Reihe Versuche unternommen, den Kautschuk in Lösung zu bringen. Aber weder durch längeres Kochen mit Toluol, Erhitzen mit Chloroform im Einschlußrohr bis 120° u. a. m. erbrachten Erfolge, es gingen immer nur Spuren in Lösung. Wir mußten daher auf eine weitere Charakterisierung dieses Produktes verzichten, da es weder durch salpetrige Säure noch durch Ozon, in einem Lösungsmittel suspendiert, verändert wurde. Auch durch Erhitzen mit Eisessig am Rückflußkühler oder im Einschmelzrohr konnte keine Veränderung der Lösungsverhältnisse erreicht werden.

Später ist diese Schwierigkeit behoben worden[1]). Wendet man auf je 1 g Kautschuk, der vorher durch längeres Erhitzen im Vakuum auf 100° im Ölbade von Terpen möglichst befreit war, 80—100 ccm Tetrachlorkohlenstoff an und erwärmt 12 Stunden im Einschlußrohr im Schüttelofen auf etwa 80°, so gelingt es ganz gut, das Produkt in Lösung zu bringen. Zur weiteren Reinigung wird dann die Hälfte des Tetrachlorkohlenstoffs im Vakuum abdestilliert und der Rück-

[1]) Harries, Lieb. Ann. **395**, 259 [1913].

stand mit Alkohol gefällt. Der umgefällte Stoff, eine gelbliche zähe Masse, kann nun durch kurzes Kochen mit Tetrachlorkohlenstoff am Rückflußkühler leicht wieder aufgelöst werden. Allerdings verliert man beim Umfällen nicht unerheblich an Material. Von vornherein leichter löslich ist die Verbindung, welche durch Polymerisation des Butadiens bei niederer Temperatur gewonnen wird.

Bei 105° dauert die Polymerisation etwa 4 Wochen, nach welcher Zeit der Röhreninhalt ganz erstarrt ist. Bei noch niederen Temperaturen, unter 100°, erhält man das schönste Produkt, doch muß dann ein mehrmonatliches Erhitzen erfolgen. Dasselbe ist ganz weiß, durchsichtig und äußerst zähe.

Diozonid[1]. Zur Bereitung desselben wurde (aus Materialmangel) kein ungefällter, sondern nach dem Abdestillieren des Terpens im Vakuum direkt mit Tetrachlorkohlenstoff in Lösung gebrachter Kautschuk benutzt, und etwa 5proz. gewaschenes Ozon eingeleitet. Das Ozonid fällt als gelatinöse Masse aus, die nach dem Absaugen und Waschen mit Äther zu einem festen Pulver zerfällt. Ausbeute aus 12,5 g Kautschuk nur 9,5 g Ozonid, d. i. etwa 50%. Die Verbindung ist ganz unlöslich, sehr explosiv, färbt sich beim Aufbewahren allmählich gelblich und zersetzt sich nach etwa 8 Tagen unter Bräunung. Sie wird beim Kochen mit Wasser schwer gespalten, wobei Gasentwicklung zu beobachten ist; die wässerige Lösung liefert selbst mit Titansäure keine Reaktion auf Wasserstoffsuperoxyd. Die Pyrrolprobe fällt sehr stark aus. Alle diese Eigenschaften gleichen denen des Diozonids des Zyklooktadiens[2], welches ich früher beschrieben habe.

0,1248 g Sbst.: 0,2106 g CO_2, 0,0639 g H_2O.

$C_8H_{12}O_6$. Ber. C 47,03, H 5,92.
Gef. „ 46,02, „ 5,72.

Zersetzungsgeschwindigkeit: 9,5 g Diozonid in 95 ccm Wasser. Zersetzung halbstündlich gemessen.

	Butadien-Kautschuk	Zyklooktadien angewandt 9,8 g
in 30′	wurden gespalten 5,9 g	3,45 g
in 60′	wurden gespalten 7,7 „	7,66 „
in 90′	wurden gespalten 8,5 „	9,00 „
in 120′	wurden gespalten 8,5 „	9,01 „

Die sich aus diesen Zahlen ergebende Spaltungskurve deckt sich im wesentlichen mit der des Zyklooktadiendiozonids, dessen Zersetzungsgeschwindigkeit zum Vergleich danebengestellt worden ist (vgl. Fig. 7).

[1]) Ebenda.
[2]) Ber. **41**, 674 [1908].

Isolierung der Spaltungsprodukte.

Die wässerige Lösung wurde im Vakuum eingeengt, wobei ein Teil des Suzzindialdehyds mit den Wasserdämpfen überging. Der später bei der Fraktionierung in Fraktion I, Siedepunkt 50—120° unter 16 mm Druck, übergehende Suzzindialdehyd, der zum Teil in der Destillationsröhre glasig erstarrte, wurde zu der wässerigen Lösung gegeben und das Ganze mit essigsaurem Phenylhydrazin versetzt. Hierbei schied sich das Hydrazon alsbald in fester Form ab, welches nach dem Trocknen 2,06 g wog. Bei der gleichen Zersetzung des Zyklooktadiendiozonids wurden aus 9,8 g 1,9 g erhalten.

Fraktion II, 120—200° (das Thermometer stieg sehr schnell), bestand zum größten Teil aus kristallinischer Bernsteinsäure. Die Menge konnte infolge eines Versehens nicht quantitativ bestimmt werden.

Um den Einfluß kennenzulernen, welchen eine Beimengung des *Butadien-Terpens*, dessen Formel zu

$$HC \overset{\displaystyle\diagup CH - CH_2}{\underset{\displaystyle\diagdown CH_2 - CH_2}{\Big\langle}} \!\!\!>\! CH \,.\, CH = CH_2$$

angegeben worden ist, auf die Spaltungsgeschwindigkeit des Butadienkautschukozonids hervorzurufen imstande ist, habe ich das Diozonid dieser Verbindung in Gemeinschaft mit Hrn. W. Schönberg genauer untersucht und seine Spaltungskurve extra bestimmt. Das Terpendiozonid ähnelt zwar äußerlich dem des normalen Butadien-Kautschuks in manchen Stücken, es ist ebenfalls ein weißes, unlösliches Pulver, aber nicht so explosiv, auch zersetzt es sich beim Kochen mit Wasser schneller; das wässerige Destillat liefert nicht die Pyrrolprobe, und die Reaktion auf Wasserstoffsuperoxyd fällt positiv aus.

10,27 g in 100 ccm H_2O, halbstündliche Wägung:

in 30′ wurden gespalten 8,03 g,
in 60′ wurden gespalten 9,0 g,
in 90′ wurden gespalten 10,39 g,
in 120′ wurden gespalten unverändert.

Daraus ergibt sich, daß eine Beimengung dieses Terpenozonids in der Tat einen Einfluß auf den Abfall der Spaltungskurve ausüben kann (vgl. Fig. 7).

Bromid des normalen Butadien-Kautschuks. Versetzt man eine Lösung des Kautschuks in Tetrachlorkohlenstoff mit einer solchen von Brom im gleichen Lösungsmittel, bis das Brom nicht mehr entfärbt wird, so fällt eine hellgebe, amorphe Masse aus, die nach dem Waschen mit Tetrachlorkohlenstoff und Äther weiß und fest wird. Vom Schwefelkohlenstoff wird sie nicht aufgenommen, dagegen löst sie sich in

Chlorbenzol. Sie besitzt keinen genauen Schmelzpunkt, sondern zersetzt sich über 100° ganz allmählich unter Abgabe von Bromwasserstoff.

Das Produkt wurde verschiedentlich von neuem dargestellt und analysiert, man erhielt aber keine übereinstimmenden Analysenresultate, es scheint sehr leicht Bromwasserstoff abzugeben.

I. 0,2128 g Sbst. (nach Carius): 0,3519 g AgBr. — II. 0,2234 g Sbst. (nach Carius): 0,3768 g AgBr. — III. 0,2002 g Sbst. (nach Carius): 0,2935 g AgBr.

	Ber.			Gef.		
	$C_8H_{12}Br_4$	$C_8H_{11}Br_3$	$C_8H_{10}Br_2$	I	II	III
Br	74,73	69,14	60,1	70,37	71,8	62,4[1])

Man kann nicht von einem bestimmten Körper sprechen. Da die anderen Kautschukarten sich bei der Bromierung ähnlich verhalten, so neige ich der Ansicht zu, daß die Bromide gar keine regelmäßige Zusammensetzung besitzen, sondern Adsorptionsverbindungen oder Perbromide der Kolloide sind, die sich dann unter Bromwasserstoffabgabe allmählich zersetzen.

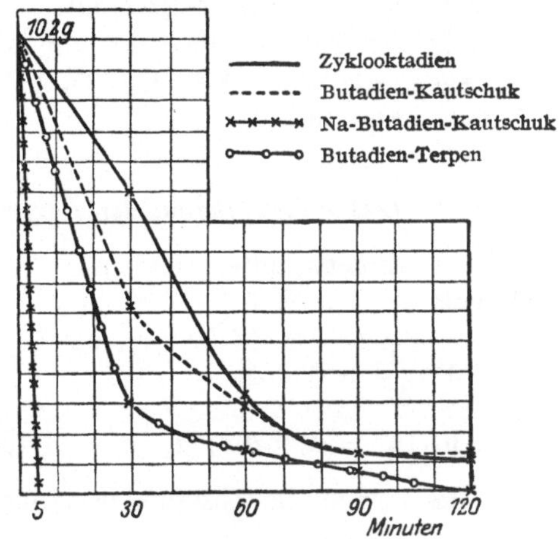

Fig. 7.

Nitrosite. Leitet man in der früher beschriebenen Weise Salpetrigsäuregas in eine Tetrachlorkohlenstofflösung des Butadien-Kautschuks bis zur Sättigung ein und filtriert den Niederschlag sofort ab, so erhält man ein gelbes, amorphes Pulver, welches durch Essigester zum größten Teil aufgenommen wird. Das unlösliche Produkt hat keinen Schmelzpunkt und wird gegen 200° schwarz (Analyse I).

Die lösliche Verbindung zeigte nach dreimaligem Umfällen aus Essigester-Petroläther den schon früher angegebenen Zersetzungs- und Schmelzpunkt von 80—85° (Analyse II und III).

I. 0,0894 g Sbst.: 8,7 ccm Stickgas bei 17° und 756 mm Druck. — II. 0,1246 g Sbst.: 0,1949 g CO_2, 0,0553 g H_2O. — III. 0,1293 g Sbst.: 13,7 ccm Stickgas bei 15° und 757 mm Druck. — IV. 0,1255 g Sbst.: 0,1996 g CO_2, 0,0585 g H_2O. —

[1]) Das nach Ostromysslenski (S. 138) durch Sonnenlicht polymerisierte Vinylbromid ähnelt dem oben beschriebenen Bromid in manchen Punkten. Bei der Analyse erhält man aber Zahlen, die ziemlich genau auf die Formel $C_8H_{12}Br_4$ stimmen. Es ist außerordentlich schwer, bei solchen amorphen Produkten zu beweisen, ob sie identisch sind oder nicht.

V. 0,1352 g Sbst.: 12,1 ccm Stickgas bei 16° und 755 mm Druck. — VI. 0,1212 g Sbst.: 12,3 ccm Stickgas bei 20° und 758 mm Druck.

$C_8H_{12}N_2O_6$.	Ber.	C 41,01,	H 5,17,	N 11,97.
	Gef. I.	„ —	„ —	„ 11,23.
	„ II.	„ 42,66,	„ 4,96,	„ —
	„ III.	„ —	„ —	„ 12,35.
	„ IV.	„ 43,38,	„ 5,21,	„ —
	„ V.	„ —	„ —	„ 10,38.
	„ VI.	„ —	„ —	„ 11,58.

Da die Substanz von Analyse IV und V weniger Stickstoff als die vorangehenden Bestimmungen ergeben hatte, wurde sie nochmals in Essigäther aufgenommen und mit Salpetrigsäuregas erschöpfend behandelt. Nach dem Umfällen aus Essigester-Ligroin besaß sie noch denselben Schmelzpunkt, ergab aber bei der Analyse (VI) einen etwas höheren Stickstoffgehalt. Nach diesen Ergebnissen scheint hier in der Tat ein Produkt von konstanter Zusammensetzung vorzuliegen, die Formel $C_8H_{12}N_2O_6$ habe ich aber nur unter allem Vorbehalt aufgestellt.

Das Nebenprodukt der Polymerisierung des Butadiens,

das vorhinerwähnte Terpen, siedet bei 36° unter 23 mm Druck.

$$D\frac{16°}{4°} = 0{,}8523.$$

n_d 16° = 1,46768; n_α 16° = 1,46423; n_γ 16° = 1,48812.

Es besitzt die Zusammensetzung C_8H_{12}.

0,1578 g Sbst.: 0,5105 g CO_2, 0,1552 g H_2O.

C_8H_{12}.	Ber.	C 88,88,	H 11,11.
	Gef.	„ 88,23,	„ 11,00.

Es liefert mit konz. Schwefelsäure nach Art der Terpene eine Gelbfärbung und mit alkoholischer Schwefelsäure eine Rotgelbfärbung. Bei der Ozonisation in Chloroform gewinnt man daraus mit 12—14 proz. Ozon ein schwer lösliches weißes Ozonid, welches ziemlich explosiv ist, wie aus Tetrahydrobenzol; dasselbe zerfällt beim Kochen mit Wasser ebenfalls unter Bildung eines stark die Pyrrolreaktion liefernden Aldehyds. Lebedew[1]) hat nach Analogie mit der Bildung des Dipentens aus Isopren die folgende Formel aufgestellt und damit wohl das Richtige getroffen.

---

[1]) S. a. O.

$$\begin{array}{l} \quad CH_2 \quad CH_2 \\ CH_3 . C\!\!\diagup\!\!\!\!\diagup \qquad \diagdown\!\!\!\!\diagdown \qquad\quad \diagup CH_3 \qquad\qquad\qquad \diagup\!\!\!\!\diagup CH . CH_2 \diagdown \qquad\quad \diagup CH_3 \\ \quad | \qquad\qquad CH . C \qquad\quad \rightarrow \quad CH_3 . C \qquad\qquad\qquad CH . C \\ HC\diagdown\!\!\!\!\diagdown \qquad\qquad\quad \diagdown\!\!\!\!\diagdown CH_2 \qquad\qquad\quad \diagdown CH_2 . CH_2 \diagup \qquad\quad \diagdown\!\!\!\!\diagdown CH_2 \\ \quad CH_2 \qquad\qquad\qquad\qquad\qquad\qquad \text{Dipenten} \end{array}$$

$$\begin{array}{l} \quad CH_2 \quad CH_2 \\ HC\!\!\diagup\!\!\!\!\diagup \qquad \diagdown\!\!\!\!\diagdown \qquad\qquad\qquad\qquad\qquad\quad \diagup\!\!\!\!\diagup CH . CH_2 \diagdown \\ \quad | \qquad\qquad CH . CH{=}CH_2 \quad \rightarrow \quad HC \qquad\qquad\qquad CH . CH{=}CH_2 . \\ HC\diagdown\!\!\!\!\diagdown \qquad\qquad\qquad\qquad\qquad\qquad\quad \diagdown CH_2 . CH_2 \diagup \\ \quad CH_2 \end{array}$$

Ein solcher Kohlenwasserstoff muß bei der Spaltung seines Diozonids einen Abkömmling des Suzzindialdehyds ergeben. Indessen möchte ich auch dieses Produkt für nicht einheitlich halten.

Vulkanisationsproben habe ich bisher mit diesem Kautschuk nicht anstellen können.

3. Verhalten des Dimethylbutadien bei der Polymerisation.

Aus dem Dimethylbutadien kann man ohne jeden Zusatz mindestens 3 verschiedene Stoffe erhalten.

Nämlich erstens den *normalen Dimethylbutadien-Kautschuk*, welcher durch längeres Erwärmen im geschlossenen Gefäß nach dem Elberfelder Verfahren erhalten wird.

Zweitens das Produkt, welches sich bei *längerem Aufbewahren* von Dimethylbutadien als weiße, feste, praktisch in allen Solvenzien unlösliche Masse bildet. Diese ist zuerst von Kondakow[1]) beschrieben worden.

Drittens den *harzartigen*, in organischen Solvenzien leicht löslichen Stoff, der beim Stehen des Kondakowschen Körpers an der Luft entsteht. In physikalischer Beziehung sind alle drei wesentlich voneinander verschieden. Es erschien daher nicht unmöglich, daß auch in chemischer Hinsicht sich unter ihnen Differenzen ergeben würden. Dies ist auch in der Tat der Fall. Allerdings ist bei allen drei Stoffen nur ein Spaltungsprodukt isoliert worden, nämlich Azetonylazeton, indessen ist die Ausbeute daran eine sehr verschiedene. Während der normale Dimethylbutadienkautschuk fast quantitativ Azetonylazeton liefert, geben das Kondakowsche und das daraus an der Luft entstehende Harz nur höchstens 40—50% davon, neben anderen nicht definierbaren Substanzen. Auffallend ist, daß man bei letzteren beiden immer das Auftreten eines, in den gleichen Intervallen wie Azetonylazeton sieden-

[1]) J. f. pr. Chem. [2] **64**, 109 [1901].

den Aldehyds beobachtet, der sich indessen der Isolierung entzog. Die Spaltungskurve des normalen Dimethylbutadien-Kautschukdiozonids und diejenige des Diozonids des Kondakowschen Körpers zeigen große Abweichungen voneinander. Augenscheinlich sind also das Wärme- und Kältepolymerisat verschieden. Letzteres ist gar kein richtiger Kautschuk.

Auf eine Eigentümlichkeit im Verhalten der drei Polymerisate des Dimethylbutadiens gegenüber Ozon sei noch hingewiesen. Alle drei werden auffallend schnell von Ozon angegriffen, und zwar werden sie, wenn man nicht mit sehr verdünntem Ozon arbeitet, sofort in die Dioxozonide $C_{12}H_{20}O_8$ übergeführt.

Durch ein Patent der Elberfelder Farbenfabriken[1]) ist bekannt geworden, daß man durch nachträgliches Erhitzen des weißen Kältepolymerisats von Kondakow auf 80—100° eine plastische Masse erhält, die sich für mancherlei Zwecke praktisch benutzen läßt. Die Untersuchung dieses Produktes mit Ozon hat ergeben, daß auch hier nicht etwa der normale Dimethylbutadien-Kautschuk entsteht. Bei der Spaltung des Dioxozonids aus diesem Produkt ergab sich eine Ausbeute an Azetonylazeton von etwa 50% wie beim Dioxozonid des weißen Kältepolymerisates[2]).

a) *Normaler Dimethylbutadien-Kautschuk*[3]) $(C_{12}H_{20})_x$.

Das Dimethylbutadien verhält sich dem Isopren gegenüber ziemlich analog, nur verläuft der Polymerisationsvorgang träger. Ich habe sowohl nach dem Eisessig- wie nach dem Elberfelder Verfahren gearbeitet. Das erstere ergibt wenig zufriedenstellende Resultate, das Produkt ist klebrig und gelblich. Nach dem Wärmepolymerisationsverfahren erhält man dagegen einen sehr schönen Kautschuk, der äußerlich kaum vom Isoprenkautschuk zu unterscheiden ist. Hierzu wurden 50 g Dimethylbutadien im Einschlußrohr etwa 23 Tage und Nächte auf 100° erhitzt. Der sehr dickflüssige Röhreninhalt wird nachher genau wie vorher beschrieben durch Destillation im Vakuum bis 110° von den terpenartigen Nebenprodukten befreit, es resultierten 16 g Kautschuk, die Terpenfraktion war sehr gering, der übrige Teil des Kohlenwasserstoffes blieb unverändert. Der Kautschuk wurde einmal aus Äther mit Alkohol umgefällt und getrocknet. Er ähnelt seinem niederen Homologen sehr, ist wenig gefärbt, in dünnen Häuten durchsichtig, im allgemeinen aber leichter löslich als dieser. Er läßt sich auch leicht kalt vulkanisieren.

---

[1]) D. R. P. 254 668, Kl. 39b, 1 (15. III. 12).

[2]) Harries, unveröffentlichte Mitteilung.

[3]) Lieb. Ann., s. a. a. O., vgl. Gottlob, Gum.Ztg. **33**, 508 ff. [1919].

Die Umwandlungsprodukte des Dimethylbutadien-Kautschuks verhalten sich denjenigen des Isoprenkautschuks durchaus analog.

Bromid. Dieser Körper entsteht genau nach dem früher beschriebenen Verfahren, ist amorph, von grauer Farbe und schwer in Schwefelkohlenstoff löslich. Er besitzt keinen charakterisierten Schmelz- oder Zersetzungspunkt, spaltet bei etwa 130° Bromwasserstoff ab und wird bei weiterem Erhitzen allmählich schwarz.

Die Ausbeute ist nicht quantitativ.

0,2 g ergaben 0,46 g Bromid, während die Theorie 0,59 g verlangt.

Die Analyse deutet auf das Vorliegen eines Tetrabromids hin.

0,1911 g Sbst.: 0,2974 g AgBr.

$C_{12}H_{20}Br_4$. Ber. Br. 66,08. Gef. Br 66,23.

Dimethylbutadien-Kautschukdihydrochlorid[1]) bildet eine erst feste bräunliche, später schmierig werdende Masse. Ausbeute ca. 97%. Es ist löslich in Benzol, Chloroform; nicht in Alkohol-Äther. Die Abspaltung von Chlorwasserstoff beginnt bei 108°, während völlige Zersetzung erst oberhalb 170° eintritt.

0,1046 g Sbst. (nach Dennstedt): 0,2355 g CO_2, 0,0911 g H_2O, 0,0305 g Cl.

$C_{12}H_{22}Cl_2$. Ber. C 60,73, H 9,36, Cl 29,91.
Gef. „ 61,40, „ 9,75, „ 29,16.

Dimethylbutadien-Kautschukdihydrobromid bildet eine braune, später braunschwarze, zähe Masse. Ausbeute 98%. In Chloroform, Benzol und Alkohol nicht löslich. Spaltet bei 145° Bromwasserstoff ab und zersetzt sich völlig oberhalb 200°.

0,0997 g Sbst. (nach Dennstedt): 0,1589 g CO_2, 0,0605 g H_2O, 0,0841 g Br.

$C_{12}H_{22}Br_2$. Ber. C 44,17, H 6,80, Br 49,03.
Gef. „ 43,60, „ 6,81, „ 48,39.

Dimethylbutadien-Kautschukdihydrojodid bildet zunächst eine rein weiße, später gelbe bis braune, bröcklige Masse. Ausbeute ca. 90—91%. Löslich in Chloroform, nicht in Alkohol. Zersetzt sich völlig bereits bei 100°.

0,1020 g Sbst. (nach Dennstedt): 0,1302 g CO_2, 0,053 g H_2O, 0,0612 g J.

$C_{12}H_{22}J_2$. Ber. C 34,28, H 5,28, J 60,44.
Gef. „ 34,81, „ 5,82, „ 60,00.

Dieser künstliche Kautschuk liefert trotz Umfällens also ein Dihydrojodid.

---

[1]) Harries u. Fonrobert, Ber. **46**, 739 [1911].

Regenerat aus Dimethylbutadien-Kautschukdihydrochlorid $(C_{12}H_{20})_x$[1].

(α-Isodimethylbutadienkautschuk.)

Dieses Produkt wird nach dem früher beschriebenen Verfahren durch Erhitzen des Dihydrochlorids mit Pyridin unter Druck erhalten und durch Lösen in Benzol und Fällen mit Alkohol gereinigt. Es besitzt kautschukähnliche Eigenschaften, ist löslich in Benzol und Chloroform. Zur Analyse wurde es nur mit Benzol ausgekocht, mit Alkohol gewaschen und getrocknet.

0,1308 g Sbst. (nach Dennstedt): 0,4117 g CO_2, 0,1388 g H_2O, 0,0026 g Cl.

$C_{12}H_{20}$.	Ber.	C 87,72,	H 12,28,	Cl —
	Gef.	„ 85,84,	„ 11,87,	„ 1,99.

Diozonid aus dem Dihydrobromid. Zur Darstellung wurde der Kautschuk in Chloroform suspendiert; dreimal umgefällt aus Essigester, Petroläther, bildet es eine feste, gelbliche, lackartige Masse.

0,1584 g Sbst.: 0,3198 g CO_2, 0,1129 g H_2O.

$C_{12}H_{20}O_6$.	Ber.	C 55,35,	H 7,75.
	Gef.	„ 55,06,	„ 7,98.

Die Untersuchung wird nach verschiedenen Richtungen fortgesetzt.

Nitrosit[2]. Der normale Kautschuk verhält sich bei der Behandlung mit Salpetrigsäuregas analog wie sein niederes Homologes. Es scheidet sich ein gelbes, amorphes Produkt aus, welches nach mehrstündigem Stehen in der mit Stickoxydgasen gesättigten benzolischen Lösung leicht von Essigester aufgenommen wird. Die Ausbeute beträgt aus 0,22 g 0,44 g, während sich 0,43 g berechnen, ist daher als quantitativ zu betrachten. Nach zweimaligem Umfällen aus Essigester, Azeton oder Petroläther färbt es sich beim Erhitzen bei 120° braun, ist aber bei 200° noch nicht zersetzt.

I. 0,1259 g Sbst.: 0,2194 g CO_2, 0,0692 g H_2O. — II. 0,1303 g Sbst.: 14,3 ccm Stickgas bei 21° und 748,3 mm Druck. — III. 0,1348 g Sbst.: 14,8 ccm Stickgas bei 22° und 761,3 mm Druck.

$C_{12}H_{19}N_3O_7$.	Ber.	C 45,40,	H 6,04,	N 13,25.
Gef.	I.	„ 47,53,	„ 6,14,	„ —
„	II.	„ —	„ —	„ 12,29.
„	III.	„ —	„ —	„ 12,44.

Diozonid. 7,5 g wurden in 100 ccm Tetrachlorkohlenstoff wie früher beschrieben ozonisiert, bis Brom nicht mehr von der Lösung entfärbt wurde. Dauer der Operation 9 Stunden. Das Reaktionsprodukt scheidet sich nicht ab und muß durch Eindampfen im Vakuum isoliert wer-

[1] Harries u. Fonrobert, Ber. **46**, 743 [1913].

[2] Harries, Lieb. Ann. **383**, 211 [1911].

den. Rohausbeute 11 g Ozonid als dicker, klarer Sirup, während die Theorie 11,8 erfordert.

Beim Umfällen aus Essigester-Petroläther beobachtet man, daß ein Teil dieses Sirups von dem anderen verschiedene Löslichkeitsverhältnisse besitzt. Es bleibt nämlich im Essigester-Petroläther sehr viel gelöst. Diesen Anteil kann man durch Eindampfen wiedergewinnen, er unterscheidet sich von dem ausgefällten Anteil etwas bei der Spaltung. Der erstere wurde 4 Tage im Vakuumexsikkator über Chlorkalzium und Paraffin getrocknet und analysiert.

0,1263 g Sbst.: 0,2516 g CO_2, 0,089 g H_2O.

$C_{12}H_{20}O_6$. Ber. C 55,34, H 7,74.
Gef. „ 54,38, „ 7,88.

Man sieht, daß hier ein normales Diozonid vorliegt. Das leichter lösliche Ozonid wurde bisher nicht analysiert, aber beide durch zweistündiges Erwärmen mit Eisessig auf dem Wasserbade gespalten. Das schwer lösliche bleibt nach dem Erhitzen mit Eisessig ganz farblos, während sich das andere braun färbt. Nach dem Abdampfen des Eisessigs im Vakuum erhält man bei ersterem ein wenig gefärbtes Öl, das, ohne einen wesentlichen Rückstand zu hinterlassen, von 70—90° siedet. Es ergibt mit essigsaurem Phenylhydrazin sofort einen gelben kristallinischen Niederschlag, der nach dreimaligem Umkristallisieren aus verdünntem Alkohol bei 119° schmilzt (Paal[1]) 120°). Es besteht daher zur Hauptsache aus Azetonylazeton. Analyse des *Azetonylazetondiphenylhydrazons.*

0,1263 g Sbst.: 0,3400 g CO_2, 0,0865 g H_2O. — 0,1209 g Sbst.: 20,7 ccm Stickgas bei 22° und 739,1 mm Druck.

$C_{18}H_{22}N_4$. Ber. C 73,47, H 7,48, N 19,05.
Gef. „ 73,42, „ 7,66, „ 18,87.

Hierbei ist aber zu bemerken, daß die Fraktion des Azetonylazetons schon in der Kälte Fehlingsche Lösung reduziert, woraus man auf eine Beimengung von einem in gleichen Temperaturintervallen siedenden empfindlichen Ketoaldehyd schließen dürfte, doch konnte derselbe bisher nicht isoliert werden. Die Ausbeute an destillierbarem Azetonylazeton war nicht quantitativ, da es mit Eisessig recht flüchtig ist, darum wurde es aus dem Vorlauf mit Phenylhydrazin bestimmt.

Zersetzungsgeschwindigkeit[2]): 5,8 g Ozonid in 44,6 ccm H_2O:
in 15′ sind zersetzt 4,7 g,
in 30′ sind zersetzt 5,1 g,
in 45′ sind zersetzt 5,4 g,
in 60′ sind zersetzt 5,5 g, *Rückstand* 0,3 g.

---

[1]) Ber. **18**, 60 [1885].
[2]) Hagedorn, Lieb. Ann. **395**, 269 [1913].

Umgerechnet auf 13 g und 100 g H_2O:
nach 15′ sind zersetzt 10,5 g,
nach 30′ sind zersetzt 11,4 g,
nach 45′ sind zersetzt 12,1 g,
nach 60′ sind zersetzt 12,3 g.
Spaltungskurve siehe Fig. 8.

Quantitative Bestimmung des Azetonylazetons: 5,5 g gaben 4,2 g Azetonylazeton, während theoretisch 5,1 g erhalten werden müßten. Hiervon wurden 2,9 g durch Fraktionierung rein aus der wässerigen Lösung gewonnen, während 1,3 g in Form des schön kristallisierenden Diphenylhydrazons aus den wässerigen Vorläufen isoliert werden konnte.

Dioxozonid, $C_{12}H_{20}O_8$. Dasselbe erhält man sehr leicht beim Ozonisieren einer chloroformischen Lösung des Kautschuks bis zur Sättigung. Es bildet ein farbloses dickflüssiges Öl, welches wie die anderen Dioxozonide der Kautschukarten etwas leichter löslich in Petroläther als das Diozonid ist. Es wurde dreimal aus Essigester-Petroläther umgefällt.

0,1403 g Sbst.: 0,2538 g CO_2, 0,0820 g H_2O.
$C_{12}H_{20}O_8$. Ber. C 49,32, H 6,85.
Gef. „ 49,34, „ 6,54.

Zersetzungsgeschwindigkeit: 4,0 g Ozonid in 27,4 ccm H_2O:
in 15′ sind zersetzt 3,2 g,
in 30′ sind zersetzt 3,4 g,
in 45′ sind zersetzt 3,5 g,
in 60′ sind zersetzt 3,6 g, *Rückstand* 0,4 g.

Umgerechnet auf 14,6 g Ozonid und 100 ccm H_2O:
in 15′ sind zersetzt 11,7 g,
in 30′ sind zersetzt 12,4 g,
in 45′ sind zersetzt 12,8 g,
in 60′ sind zersetzt 13,1 g, *Rückstand* 1,5 g.
Spaltungskurve siehe Fig. 8.

Quantitative Bestimmung des Azetonylazetons: 3,6 g Ozonid gaben 2,5 g Azetonylazeton, während theoretisch 3,1 g verlangt werden. Davon wurden direkt 2,0 g rein erhalten, während 0,5 g als Diphenylhydrazon sich abscheiden ließen.

b) Weißes unlösliches Kältepolymerisat.

(Kondakow.)

Diozonid, $C_{12}H_{20}O_6$. Zur Bereitung dieses Körpers wird das weiße Produkt in Chloroform suspendiert und gewaschenes schwachprozentiges Ozon so lange eingeleitet, bis alles in Lösung gegangen ist, wozu verhältnismäßig kurze Zeit erforderlich ist. Zur Isolierung des Ozonids wird wie früher verfahren. Auch dieses Produkt ist schwer frei vom Dioxozonid zu erhalten; dreimal umgefällt, dicker Sirup wie in *a*.

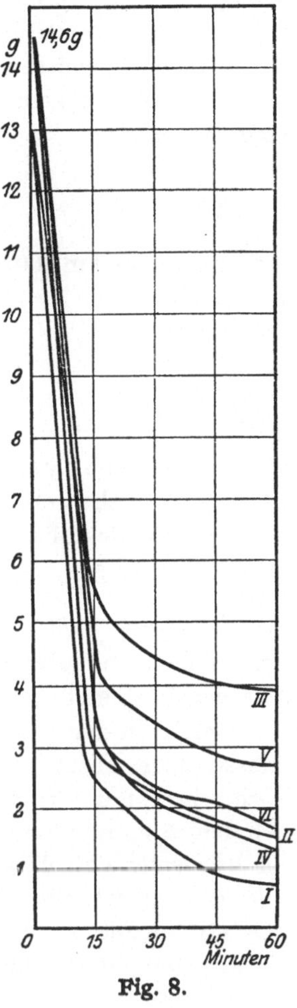

Fig. 8.

I. O_6-Ozonid des warmpolymerisierten Dimethylbutadien-Kautschuks.

II. O_8-Ozonid des warmpolymerisierten Dimethylbutadien-Kautschuks.

III. O_6-Ozonid des weißen kaltpolymerisierten Dimethylbutadien-Kautschuks.

IV. O_8-Ozonid des weißen kaltpolymerisierten Dimethylbutadien-Kautschuks.

V. O_6-Ozonid des gelben kaltpolymerisierten Dimethylbutadien-Kautschuks.

VI. O_8-Ozonid des gelben kaltpolymerisierten Dimethylbutadien-Kautschuks.

0,1306 g Sbst.: 0,2538 g CO_2, 0,0947 g H_2O.
$C_{12}H_{20}O_6$. Ber. C 55,4, H 7,7.
Gef. „ 53,0, „ 8,1.

Zersetzungsgeschwindigkeit: 13 g in 100 ccm Wasser:
in 15′ werden zersetzt 7,5 g,
in 30′ werden zersetzt 8,6 g,
in 45′ werden zersetzt 8,9 g,
in 60′ werden zersetzt 9,1 g, *Rückstand* 4,9 g.

Quantitative Bestimmung des Azetonylazetons: Aus 13 g Ozonid wurden 0,9 g reines Azetonylazeton und 1,48 g als Diphenylhydrazon, insgesamt 2,38 g Azetonylazeton oder 30% Ausbeute erhalten. Die Rückstände von der Spaltung und der Destillation betrugen zusammen 7,78 g. Im Destillationsrückstand konnte eine leicht lösliche Säure, wahrscheinlich eine Ketosäure, nachgewiesen werden.

Dioxozonid, $C_{12}H_{20}O_8$. Wird ebenso, aber mit starkem Ozon bereitet; dreimal umgefällt, dickes Öl, wenig explosiv.

0,1455 g Sbst.: 0,2596 g CO_2, 0,0865 g H_2O.

$C_{12}H_{20}O_8$. Ber. C 49,3, H 6,9.
Gef. „ 48,7, „ 6,7.

Zersetzungsgeschwindigkeit: 14,6 g Oxozonid in 100 ccm H_2O:

in 15′ werden zersetzt 10,9 g,
in 30′ werden zersetzt 12,5 g,
in 45′ werden zersetzt 12,9 g,
in 60′ werden zersetzt 13,3 g,
Spaltungskurve siehe Fig. 8.

Quantitative Bestimmung des Azetonylazetons: Aus 14,6 g Oxozonid wurden insgesamt 6 g statt theoretisch 11,4 g Azetonylazeton erhalten. Davon wurden 5 g rein destilliert und 1 g als Diphenylhydrazon isoliert. Der Rückstand betrug 3,5 g.

c) Gelbes lösliches Harz aus dem weißen Kältepolymerisat.

Dioxozonid, $C_{12}H_{20}O_8$. Läßt man das weiße Kältepolymerisat des Dimethylbutadiens nur einige Stunden an der Luft stehen, so sintert es zusammen und geht in eine gelbliche, nunmehr in den gewöhnlichen Solvenzien leicht lösliche, harzartige Masse über. Diese wurde zunächst mit starkem, ungewaschenem Ozon in Chloroformlösung bis zur Sättigung behandelt. Man erhielt nach dem Abdampfen des Chloroforms ein dickes Öl, welches dreimal aus Essigester-Petroläther umgefällt wurde. Die Eigenschaften waren die gleichen wie die in *b*. Man erhält aber nicht so genau auf $C_{12}H_{20}O_8$ stimmende Analysenwerte, woraus wir entnehmen, daß bei der Umwandlung der beiden Stoffe eine Autoxydation vor sich geht.

0,1244 g Sbst.: 0,2352 g CO_2, 0,0800 g H_2O.

$C_{12}H_{20}O_8$. Ber. C 49,3, H 6,9.
Gef. „ 51,56, „ 7,19.

Zersetzungsgeschwindigkeit: 14,6 g Dioxozonid in 100 ccm Wasser:

in 15′ werden zersetzt 11,1 g,
in 30′ werden zersetzt 12,3 g,
in 45′ werden zersetzt 12,5 g,
in 60′ werden zersetzt 12,9 g.

Quantitative Bestimmung des Azetonylazetons: Aus 14,6 g wurden 4,05 g Azetonylazeton oder 35% Ausbeute erhalten. Und zwar wurden 3 g rein destilliert und 1,05 g als Bisphenylhydrazon isoliert. Rückstand 5,85 g.

Diozonid[1]), $C_{12}H_{20}O_6$. Wie in *b* bereitet, dreimal aus Essigester-Petroläther umgefällt, dicker Sirup.

0,1662 g Sbst.: 0,3375 g CO_2, 0,1285 g H_2O.

$C_{12}H_{20}O_6$. Ber. C 55,35, H 7,75.
Gef. „ 55,38, „ 8,65.

Zersetzungsgeschwindigkeit: 13 g Diozonid in 100 ccm Wasser:

in 15′ wurden zersetzt 8,78 g,
in 30′ wurden zersetzt 9,55 g,
in 45′ wurden zersetzt 10,25 g,
in 60′ wurden zersetzt 10,3 g.
Spaltungskurve siehe Fig. 8.

Quantitative Bestimmung des Azetonylazetons: Von 13 g Diozonid wurden direkt 2,60 g Azetonylazeton rein destilliert, durch Phenylhydrazin wurden gefällt 1,67, also insgesamt 4,27 Azetonylazeton oder etwa 36% gefunden. Der Destillationsrückstand betrug 3,95 g und der Zersetzungsrückstand 2,70 g.

4. Normaler Piperylenkautschuk $(C_{10}H_{16})_x$[2]).

(α-Methylbutadien-Kautschuk.)

Erhitzt man das Piperylen im Einschlußrohr, in dem die Luft durch Kohlendioxyd verdrängt war, etwa 14 Tage nach dem *Elberfelder Polymerisationsverfahren* bei 105—110°, so wird der Röhreninhalt etwas gelblich und dickflüssig. Darauf wird in der früher beschriebenen Weise[3]) das unveränderte Piperylen abgetrieben und darauf im Vakuum weiter erhitzt; unter 15 mm Druck geht dann bei 50—70° ein terpenartiger Körper über. Der Rückstand ist schwach gelblich durchsichtig, beinahe fest. Derselbe wird zur Abscheidung des Kautschuks in Äther aufgenommen und mit Alkohol wieder ausgefällt.

Nach einigen Tagen Trocknens über Schwefelsäure im Vakuumexsikkator nimmt das Produkt ganz die Eigenschaften eines guten Kautschuks an, ist elastisch und nicht mehr klebrig. Die Analyse dieses so bereiteten Körpers ergab Zahlen, die man gewöhnlich bei nicht mit besonderer Sorgfalt gereinigtem Kautschuk erhält.

---

[1]) Der nachstehende Teil ist von Ewald Fonrobert bearbeitet.
[2]) Harries u. Schoenberg, Lieb. Ann. **395**, 243 [1913].
[3]) Lieb. Ann. **383**, 192 [1911].

0,2070 g Sbst.: 0,6565 g CO_2, 0,2159 g H_2O.

$C_{10}H_{16}$. Ber. C 88,2, H 11,8.
Gef. „ 86,5, „ 11,6.

Derivate des Piperylenkautschuks.

Dieser Kautschuk ähnelt dem Isoprenkautschuk in vielen Beziehungen, so daß es gar nicht leicht ist, festzustellen, ob er mit ihm identisch oder von ihm verschieden ist.

So verhält er sich gegenüber der salpetrigen Säure ganz genau wie dieser, liefert bei kurzer Nitrosierung ein unlösliches Nitrosit, welches beim Stehen mit salpetriger Säure in Benzollösung in einen gelben, amorphen Körper übergeht, der von Essigester und Azeton leicht aufgenommen wird und sich nach dreimaligem Umfällen aus Essigester und Petroläther bei 162—164° unter Aufschäumen zersetzt, ganz ähnlich wie das Nitrosit „c" des Isoprenkautschuks.

Auch das Bromid, welches sehr veränderlich ist, kann man nicht von demjenigen des Isoprenkautschuks unterscheiden, ohne damit jedoch behaupten zu wollen, daß es identisch damit sei. Man sieht nur wieder, wie schwierig es ist, mit Hilfe der Nitrosite oder Bromide Identitätsnachweise führen zu wollen.

Viel besser gelingt dies mit Hilfe des Diozonids, welches schon an und für sich in seinen Eigenschaften vom Isoprenkautschukdiozonid abweicht und sich besonders bei der Spaltung ganz anders verhält.

Nitrosite.

Nitrosit „a". Der Piperylenkautschuk wurde in Benzol gelöst und bis zur Sättigung der Lösung mit Salpetrigsäuregas behandelt. Die abgeschiedene, gelbgrüne, gelatinöse Masse wird nach dem Abfiltrieren und Waschen mit Azeton und Essigester hart und läßt sich zu einem gelben Pulver zerreiben, das den Zersetzungspunkt 118—122° anzeigt. Obwohl es nicht sehr wahrscheinlich ist, daß diese Verbindung eine konstante oder normale Zusammensetzung besitzt, wurde sie dennoch analysiert. Die Werte stimmen nicht mit den für die Formel $C_{10}H_{16}N_2O_3$ berechneten Werten, wohl aber mit denen für $C_{10}H_{16}N_2O_5$ überein. Indessen müßten darüber noch weitere Untersuchungen angestellt werden, ehe man diese Formel endgültig akzeptiert.

0,1279 g Sbst.: 0,2379 g CO_2, 0,0770 g H_2O. — 0,1792 g Sbst.: 19,3 ccm Stickgas bei 19° und 755,5 mm Druck.

$C_{10}H_{16}N_2O_5$. Ber. C 50,00, H 6,66, N 11,66.
Gef. „ 50,47, „ 6,73, „ 12,25.

---

[1]) Ber. **35**, 4429 [1902] (s. S. 26).

Nitrosit „c". Suspendiert man das Nitrosit „a" in einer Lösung von Salpetrigsäuregas in Benzol oder Essigester, so verwandelt es sich binnen 24 Stunden in ein Produkt, welches nunmehr leicht von Essigester oder Azeton aufgenommen wird. Nach dreimaligem Umfällen aus Essigester-Petroläther zeigt es den Zersetzungspunkt 162—164°. Nach wiederholter Behandlung mit Salpetrigsäuregas in Essigesterlösung in der früher beschriebenen Weise erhält man ein Produkt von folgender Zusammensetzung.

0,1274 g Sbst.: 0,2024 g CO_2, 0,0654 g H_2O. — 0,1731 g Sbst.: 20,2 ccm Stickgas bei 20° und 752,7 mm Druck.

$(C_{10}H_{15}N_3O_7)_2$.	Ber.	C 41,52,	H 5,23,	N 14,45.
	Gef.	„ 43,22,	„ 5,70,	„ 13,32.

Es stimmt also annähernd auf die Formel des *Nitrosits „c"*, indessen sind doch größere Abweichungen als beim Isoprenkautschuk vorhanden.

Bromid. Der Piperylenkautschuk wurde in 20 g Chloroform gelöst und unter guter Kühlung 2 Mol. Brom, durch Chloroform verdünnt, eingetragen, Zuletzt blieb die braune Farbe des Broms stehen. Da sich kein festes Produkt abschied, wurde im Vakuum eingedampft und der feste blättrige gelbe Rückstand, Ausbeute 2,05 g statt 2,01 g aus 0,5 g Kautschuk, dreimal aus Chloroform und Äther umgefällt. Der Körper wird auch von Petroläther und Alkohol nicht aufgenommen. Er bildet in diesem Zustande ein blaßgelbes amorphes Pulver, welches sich beim Erhitzen bei 140° schwach braun färbt, bei 150° dunkel wird und bei 150—160° unter Zersetzung Bromwasserstoff abgibt. Beim Stehen im Exsikkator verliert er ständig Bromwasserstoff, so daß die Resultate der Analyse I zwischen den für $C_{10}H_{16}Br_4$ und $C_{10}H_{15}Br_3$ berechneten Werten liegen.

Nach weiterem zweimaligen Umfällen scheint nach den Ergebnissen der Analyse II die Abspaltung von Bromwasserstoff vollständig geworden zu sein.

I. 0,1708 g Sbst.: 0,1918 g CO_2, 0,0629 g H_2O, 0,1116 g Br. (nach Dennstedt) — II. 0,1786 g Sbst. (nach Dennstedt): 0,2077 g CO_2, 0,0725 g H_2O, 0,1138 g Br.

$C_{10}H_{16}Br_4$.	Ber.	Br 70,18,	H 3,51,	C 26,32.
$C_{10}H_{15}Br_3$.	„	„ 64,00,	„ 4,00,	„ 32,00.
	Gef. I.	„ 65,34,	„ 3,62,	„ 30,62.
	„ II.	„ 63,72,	„ 4,51,	„ 31,71.

Ähnliche Erscheinungen sind auch früher bei der Bromierung des Isoprenkautschuks beobachtet worden. Man ist aber nicht berechtigt, von einer Identität dieser Bromide verschiedener Herkunft zu sprechen.

Diozonid. Der Kautschuk wurde genau in der früher beschriebenen Weise mit gewaschenem Ozon behandelt, bis die Chloroformlösung nicht mehr Brom entfärbte. Nach dem Abdampfen des Chloroforms im Vakuum hinterblieb ein farbloser Sirup, der durch dreimaliges Lösen in Essigester und Fällen mit Petroläther gereinigt wurde. Nach einigem Stehen im Vakuumexsikkator über Schwefelsäure wurde er hart und spröde. Er zeigt die gewöhnlichen Ozonideigenschaften und verpufft, erhitzt, sehr lebhaft. Nach den Resultaten der Analyse liegt ein ziemlich reines normales Diozonid vor. Nach den äußeren Eigenschaften zu schließen, ist es von dem normalen Isoprenkautschukdiozonid verschieden.

I. 0,1223 g Sbst.: 0,2222 g CO_2, 0,0787 g H_2O. — II. 0,1330 g Sbst.: 0,2126 g CO_2, 0,0828 g H_2O.

$C_{10}H_{16}O_6$. Ber. C 51,72, H 6,90.
Gef. I. „ 49,55, „ 7,19.
„ II. „ 51,80, „ 6,94.

Analyse II stammt von einem Präparat, welches durch fünfstündiges Überozonieren mit stärkstem Ozon bereitet worden war. Hieraus ergibt sich, daß der Piperylenkautschuk nur sehr schwer in ein *Dioxozonid* übergeführt werden kann.

Molbestimmung kryoskopisch nach Raoult im Beckmannschen Apparat.

I. 0,2376 g Sbst., 21,65 g Eisessig: $\Delta = 0{,}185°$. — II. 0,2439 g Sbst., 20,58 g Eisessig: $\Delta = 0{,}189°$.

Mol. Ber. 232. Gef. I. 231,4, II. 244,5.

In den Essigester-Petroläthermutterlaugen blieb beim Eindampfen im Vakuum ein farbloser dickflüssiger Sirup zurück, der ebenfalls Ozonideigenschaften aufwies.

Spaltungsgeschwindigkeit. 1,543 g in 13,2 ccm Wasser (125°):
nach 15′ wurden gespalten 1,241 g,
nach 30′ wurden gespalten 1,321 g,
nach 45′ wurde gespalten fast nichts,

Umgerechnet auf 11,6 g Diozonid in 100 ccm H_2O ergeben sich folgende Zahlen:
nach 15′ wurden gespalten 9,3 g,
nach 30′ wurden gespalten 9,9 g.

Die Spaltungskurve, die sich in diesen Werten aufstellen läßt, ist mit den anderen Kurven in Fig. 9, S. 222 wiedergegeben worden.

Untersuchung der Spaltungsprodukte.

Unter den Spaltungsprodukten, die in der früher beschriebenen Weise verarbeitet wurden, gelang es nicht, den Lävulinaldehyd mittels seiner Phenylhydrazinverbindung in irgendwie nennenswerten Mengen nachzuweisen. Dennoch gaben sowohl die wässerigen Vorläufe wie die öligen Fraktionen nach der Destillation unter 12 mm Druck stark die Pyrrolprobe, ebenso reduzierten sie Fehlingsche Lösung in der Kälte.

Man erhält zunächst zwei Fraktionen:

I. von 35—50° wenig,

II. von 50—150° Hauptanteil (liefert mit Phenylhydrazin und Salzsäure eine kaum wahrnehmbare Trübung, also Lävulinaldehyd nicht zugegen),

III. Rückstand; er bildet an den Gefäßwandungen farblose Kristalle, wahrscheinlich α-Methylbernsteinsäure, sie konnte aber der geringen Menge wegen nicht näher identifiziert werden.

Fraktion II wurde nochmals destilliert und wieder in zwei Fraktionen zerlegt.

Fraktion I 50—100°, 12 mm, gelbes Öl, in Wasser leicht löslich, gibt mit essigsaurem p-Nitrophenylhydrazin einen orangeroten Niederschlag, der aber zu einer schwarzbraunen Masse verschmiert und deshalb nicht weiter untersucht werden konnte.

Fraktion II 100—150°, dunkelbraunes Öl, in Wasser löslich, reduziert stark. Der schwarzbraune Niederschlag mit Phenylhydrazin konnte durch Umfällen aus Alkohol und Petroläther schließlich in ein hellbraunes, amorphes Pulver vom Schmelzpunkt zu 150—155° übergeführt werden.

Da bei wiederholten Malen auf diese Weise kein aldehydisches Produkt isoliert werden konnte, aus welchem sich ein wohldefiniertes festes Derivat herstellen ließ — es schienen immer dabei peroxydartige Verbindungen aufzutreten —, versuchten wir die Bildung derselben zu umgehen, indem wir das Diozonid in ätherischer Lösung mit einem Reduktionsmittel behandelten.

Zu diesem Zwecke wurde der neuerdings häufig angewandte Kupferwasserstoff[1]) benutzt. Man erhielt aber hierbei nur dieselben Resultate wie bei der direkten Spaltung des Diozonids mit Wasser.

Es scheint aber doch nicht zweifelhaft, daß in den um 70—90° siedenden Fraktionen der Methylsuzzindialdehyd

$$\begin{array}{l} CH_3\,.\,CH\,.\,CHO \\ \qquad\;\; | \\ \qquad\; CH_2.CHO \end{array}$$

enthalten ist.

Wenn der Methylsuzzindialdehyd bei der Spaltung des Piperylenkautschuks wirklich entstehen sollte, so kommt für diesen selbst nur die

[1]) Vorländer u. Meyer, Lieb. Ann. **320**, 143 [1902]; vgl. ferner Wohl u. Mylo, Ber. **45**, 328 [1912].

Formel eines polymeren Derivates des 1,5-Dimethylzyklooktadiens (2,6) in Betracht, wie sich nach der Bildungsweise aus Piperylen gemäß dem (S. 226) nach der alten Formulierung angegebenen Polymerisationsschema voraussehen läßt.

$$\left(CH_3 \cdot CH \begin{matrix} \diagup CH = CH - CH_2 \diagdown \\ \diagdown CH_2 - CH = CH \diagup \end{matrix} CH \cdot CH_3 \right)_x .$$

Nebenprodukte bei der Polymerisation des Piperylens.

Wie vorhin beschrieben, entsteht bei der Darstellung des Piperylenkautschuks ein Terpen als Nebenprodukt, welches bei der Destillation im Vakuum bei 50—70° übergeht. Zur weiteren Verarbeitung wurde es zunächst unter gewöhnlichem Druck fraktioniert, wobei sich die Fraktion 165—180° als Hauptanteil gesondert auffangen ließ; hiervon siedete die größte Menge unter 11 mm Druck bei 58—59°. Dies farblose Öl zeigte einen eigentümlichen scharfen Geruch und unterscheidet sich von dem bei der Isoprenpolymerisation entstehenden Nebenprodukt in verschiedenen Beziehungen. Der Siedepunkt des letzteren liegt bei 68—70° unter 15 mm Druck, ist also höher.

Weiter erhält man bei der Bromierung aus dem Isoprenterpen *Dipententetrabromid* vom Schmelzpunkt 116°, wenn auch nicht in guter Ausbeute.

Im Piperylenterpen konnte kein *Dipenten* nachgewiesen werden, indessen schied sich ein kristallinisches Bromid in kleiner Menge ab, welches bei 178° schmolz.

0,1879 g Sbst.: 0,6059 g CO_2, 0,1964 g H_2O.

$C_{10}H_{16}$. Ber. C 88,23, H 11,76.
Gef. „ 87,97, „ 11,67.

$$D_4^{20,5} = 0,8313,\ n_d^{20,5} = 1,46196,\ n_\alpha = 1,46620,\ n_\gamma = 1,48373.$$

Molrefraktion: MR_d. Ber. f. $C_{10}H_{16}|\overline{}_2$ 45,24. Gef. 45,62.
Moldispersion: M_α—M_γ. Ber. 1,426. Gef. 1,4247.

Das Terpen lieferte bei der Behandlung mit Salzsäuregas in Eisessig ein dunkles Öl, aus dem sich bei längerem Stehen eine geringe Menge farbloser Kristalle abschied. Die Probe auf *Terpinennitrosit* verlief negativ.

Diozonid. Diese Verbindung wurde in Chloroformlösung mit gewaschenem Ozon dargestellt, nach dem Abdampfen des Lösungsmittels erhält man einen dicken, farblosen Sirup, der durch Umfällen aus Essigester-Petroläther gereinigt werden kann.

Er wird dann bald fest und zerfällt zu einem weißen Pulver, welches beim Erhitzen verpufft.

0,1244 g Sbst.: 0,2390 g CO_2, 0,0807 g H_2O.

$C_{10}H_{16}O_6$. Ber. C 51,73, H 6,90.
Gef. „ 52,40, „ 7,12.

Molbestimmung kryoskopisch nach Raoult im Beckmannschen Apparat.

0,2045 g Sbst. in 33,68 g Eisessig: $\Delta = 0{,}095°$.
M Ber. 232. Gef. 217,1.

Spaltungsgeschwindigkeit. 5,05 g in 43,7 ccm Wasser bei 125°:

nach 15′ waren zersetzt 4,81 g,
nach 30′ waren zersetzt 4,85 g.

Umgerechnet auf 11,6 Ozonid in 100 ccm H_2O:
nach 15′ waren zersetzt 11,05 g,
nach 30′ waren zersetzt 11,14 g.

Das Diozonid zeigt also eine sehr große Zersetzlichkeit. Die Spaltungskurve ist sehr steil.

Die Untersuchung der Spaltungsprodukte führte bisher nicht zu einem endgültigen Ergebnis, da nicht genügend Material beschafft werden konnte.

Man erhält fünf Fraktionen unter 15 mm Druck.

Fraktion I, bei 30°, reduziert ammoniakalische Silberlösung: hauptsächlich Wasser (Azetaldehyd?).

Fraktion II, 30—60°, farbloses Öl, reduziert stark Fehlingsche Lösung, gibt mit p-Nitrophenylhydrazin in essigsaurer Lösung einen orangeroten Niederschlag, der sich nach dem Umlösen aus verdünntem Alkohol bei 115—120° dunkel färbt und bei 145—150° schmilzt, also augenscheinlich noch nicht rein war.

Fraktion III, 80—100°, farbloses Öl, reduziert kräftig in der Kälte. Gibt mit p-Nitrophenylhydrazon ein schönes gelbbraunes Hydrazon, welches bei etwa 100—105° schmilzt.

Fraktion IV, 150—200° (unter teilweiser Zersetzung), dickes braunes zähflüssiges Öl, anscheinend eine Aldehydosäure, da daraus ebenfalls ein p-Nitrophenylhydrazon, Schmelzpunkt etwa 166—167°, gewonnen werden konnte.

Keine der Fraktionen liefert die Pyrrolprobe. Es scheint ein Gemisch von isomeren Terpenen vorzuliegen.

II. Reihe. Die anormalen künstlichen Kautschukarten.

1. (Natrium)-Butadien-Kautschuk[1] $(C_8H_{10})_x$.

Diese Verbindung wurde zuerst entdeckt und besitzt wahrscheinlich wegen ihrer Eigenschaften die größte Bedeutung in dieser Reihe.

Als 9 g reines Butadien mit etwa 0,5 g Natriumdraht im Rohre eingeschlossen und auf etwa 35—40° im Wasserbad drei Stunden erwärmt wurden, hatte sich der flüssige Inhalt um das Natrium in Form einer braunen, dicken, gelatinösen Masse verdichtet. Druck war beim Öffnen der Röhre nicht zu konstatieren. Als man die braune Masse zur Entfernung des unangegriffenen Natriums mit verdünntem Alkohol wusch, wurde sie hellgelb und bot sich nun als ein vortrefflicher, in dünnen Lagen durchsichtiger Kautschuk dar. Die Ausbeute betrug reichlich 8 g, war also fast quantitativ. Terpenartige Nebenprodukte konnten nicht oder nur in sehr geringen Mengen beobachtet werden.

Es zeigte sich nachher, daß man dieselbe Polymerisation schon bei Zimmertemperatur erreichen kann, nur dauert der Versuch etwas länger. Die Erscheinung an sich ist sehr merkwürdig. Der Kautschuk klettert förmlich an den Natriumfäden hinauf, bei der Polymerisation findet eine Volumverringerung statt. Der Kautschuk besitzt, solange das Natrium zugegen ist, stahlgraue Farbe, wird aber nach dem Waschen mit Alkohol hellgelb. In frisch dargestelltem Zustande ist er in Äther, Chloroform und Benzol ziemlich leicht löslich, später, besonders ausgewalzt, verliert er diese Eigenschaften mehr und mehr, wird äußerst zähe und nervig. Wenn er fest mit dem Lösungsmittel übergossen wird, quillt er enorm auf. Die Lösungen sind sehr viskos. In nicht weiter gereinigtem Zustande wird er beim Reiben elektrisch, eine Eigenschaft, die ihn für Isolierzwecke geeignet erscheinen läßt.

Er läßt sich nach dem früher angegebenen Verfahren kalt vulkanisieren.

Bei der Analyse eines aus Äther mit Alkohol einmal umgefällten Präparates wurden nach dem Trocknen im Vakuumexsikkator über Schwefelsäure ähnliche Werte wie beim normalen Kautschuk erhalten.

0,1173 g Sbst.: 0,3782 g CO_2, 0,1164 g H_2O.

C_8H_{12}.	Ber.	C 88,89,	H 11,11.
	Gef.	„ 87,92,	„ 11,10.

Wenn man nach diesen Erfahrungen noch immer glauben konnte, daß hier nur eine andere Modifikation des normalen Butadien-Kautschuks gebildet sei, so zeigte die Untersuchung der Ozonisation, daß man es mit einem von diesem ganz verschiedenen Präparat zu tun habe.

---

[1]) Harries, Lieb. Ann. **383**, 213 [1911].

Ozonide. Je nachdem man die Lösung des Natriumbutadienkautschuks in Chloroform mit etwa 6—7 proz. oder mit 12—14 proz. Ozon behandelt, gewinnt man ein öliges oder festes, sehr explosives Ozonid. Es dauert sehr lange, bis Sättigung erfolgt, bei 2 g etwa 10 Stunden mit verdünntem und etwa 3 Stunden mit konz. Ozon, also die doppelte Zeit wie beim gewöhnlichen Kautschuk. Im ersteren Falle bleibt das Ozonid gelöst, im letzteren scheidet es sich als feste, weiße Masse aus. Man muß beim Abfiltrieren derselben vom Chloroform sehr vorsichtig sein, da sie im trocknen Zustande bei Berührung leicht explodiert. Beim Stehen unter Äther verliert sie aber nach einiger Zeit ihre Gefährlichkeit und läßt sich dann besser verarbeiten, obwohl auch hier noch Vorsicht geboten ist. Das feste Ozonid wird von Essigester, Chloroform und Eisessig nicht aufgenommen, während das ölige darin löslich ist.

Die Elementaranalyse des festen Produktes ergab ein unerwartetes Resultat.

0,1255 g Sbst.: 0,2326 g CO_2, 0,0726 g H_2O.

$C_8H_{12}O_3$.	Ber.	C 61,5,	H 4,4.
$C_8H_{12}O_6$.	„	„ 47,05,	„ 5,8.
	Gef.	„ 50,54,	„ 6,47.

Diese Zahlen deuten darauf hin, daß teilweise statt 2 nur 1 Mol. Ozon an das Molekül C_8H_{12} herangetreten ist. Ich nehme an, daß hier ein Körper mit konjugierter Doppelbindung vorliegt. Bei solchen Systemen reagiert das Ozon an und für sich schon langsamer und manchmal werden dabei nur Monozonide gebildet[1]). Wahrscheinlich ist das sehr explosive Produkt ein Oxozonid $C_8H_{12}O_4$, welches nach einigem Stehen in Äther Sauerstoff abgibt und in $C_8H_{12}O_3$ übergeht. Ähnlich verhält sich auch das Pinenoxozonid. Das *ölige Ozonid* ist ein Diozonid, aber schwer ganz rein zu erhalten, anscheinend bleibt immer etwas Monozonid darin zurück. Es bildet nach dem Trocknen eine weiße, feste, blasige Masse, die wenig explosiv ist, und zeigt nach der Spaltung ebenso wie das feste Ozonid sehr schwache oder keine Pyrrolprobe, wohl aber Reaktion auf Wasserstoffsuperoxyd.

0,1453 g Sbst.: 0,2417 g CO_2, 0,0820 g H_2O.

$C_8H_{12}O_6$.	Ber.	C 47,05,	H 5,8.
	Gef.	„ 45,37,	„ 6,31.

Seine *Spaltungsgeschwindigkeit* weicht von allen anderen Kautschukarten ab. Eine Spaltungskurve läßt sich kaum konstruieren, da es enorm zersetzlich ist (vgl. Fig. 7, S. 197).

10,2 g Ozonid in 100 ccm H_2O waren beim Kochen in 5 Minuten

[1]) Vgl. Lieb. Ann. **374**, 304 [1910].

vollständig zersetzt. Unter den Spaltungsprodukten ließ sich durch Phenylhydrazin und Semikarbazid deutlich Glyoxal nachweisen.

Da nun das feste Ozonid nach der Analyse durch Ozon nicht vollständig abgesättigt war, so löste man es unter schwachem Erwärmen in Eisessig, wobei allerdings schon ein Teil zersetzt wurde, und behandelte es nochmals längere Zeit mit starkem Ozon. Aber nach der Spaltung zeigte sich auch hier wieder, daß die Bildung von Suzzinaldehyd nicht nachgewiesen werden konnte. Die Versuche, die Natur der Zersetzungsprodukte dieser Ozonide aufzuklären, sind bisher erfolglos geblieben und müssen unter anderen Bedingungen fortgesetzt werden. Übrigens ergaben sich auch bei dem Studium der anderen Abkömmlinge dieses Kautschuks besondere Schwierigkeiten, dieselben sind nicht nach dem Typus der „Normalen“ zusammengesetzt.

Nitrosit. Beim Einleiten von Salpetrigsäuregas in die Lösung des Na-Butadienkautschuks bildet sich ganz analog, wie in den früher geschilderten Fällen, sofort ein gelber Niederschlag, derselbe wird aber selbst bei tagelanger Berührung mit einem Überschuß der Säure nicht in Essigester oder Azeton löslich. Das Produkt mußte daher ohne weitere Reinigung, nur mit Essigester und Azeton gewaschen, zur Analyse gebracht werden. Hierbei zeigte es sich, daß es eine wechselnde und nicht normale Zusammensetzung besaß.

I. 0,1280 g Sbst.: 13,2 ccm Stickgas bei 20° und 768,7 mm Druck. — II. 0,1264g Sbst.: 14,4 ccm Stickgas bei 20,5° und 770,2 mm Druck.

$C_8H_{12}O_3N_2$. Ber. N 15,51. Gef. N I. 11,91, II. 13,18.

0,65 g ergaben 1,2 g Nitrosit, dasselbe zeigt bei 140° beginnende Bräunung, wird allmählich dunkler und bei 230° ganz schwarz.

Bromid. Diese Verbindung nach der früher angegebenen Methode bereitet, bildet ein weißes Pulver von ungenauem Zersetzungspunkt. Es wird schwer von Schwefelkohlenstoff aufgenommen, kann dann daraus durch Ligroin gefällt werden. Die Ausbeute ist wechselnd.

0,2136 g Sbst.: 0,3451 g AgBr.

$C_8H_{12}Br_4$. Ber. Br 74,7. Gef. Br 68,74.

Wahrscheinlich besteht diese Substanz aus einem Gemenge von Tetra- und Dibromid, für welch letzteres sich 60% Brom berechnen.

2. (Natrium)-Isoprenkautschuk[1]) $(C_{10}H_{16})_x$.

Das Isopren wird durch Natrium katalytisch viel langsamer als das Butadien verändert. Es hat längerer Versuche bedurft, um hier die günstigsten Bedingungen herauszufinden, auch zeigte es sich, daß es bei diesem Polymerisationsverfahren viel mehr auf die Reinheit des

[1]) Harries, s. a. a. O.

Kohlenwasserstoffes selbst ankommt, als bei den früher besprochenen Methoden. Die günstigsten Resultate erhält man mit Reinisopren, welches sich nach etwa 50stündigem Erwärmen auf 60° mit Natriumdraht im Einschlußrohr fast quantitativ zu einem festen Kautschuk umsetzt. Ich habe meine Versuche hauptsächlich mit Isopren aus Karven, welches vermittels der Isoprenlampe bereitet und über Natrium destilliert war, angestellt. Dieses benötigt zur quantitativen Umwandlung 4—5 Tage und Nächte Erwärmen auf 60°. Isopren, nach dem Natronkalkverfahren aus Amylendibromid gewonnen, eignet sich ohne weitere Reinigung nicht für diese Art der Polymerisation. Für 10 g Kohlenwasserstoff wurden etwa 0,2—0,5 g feiner Natriumdraht (40—80 cm Länge) angewendet. Der Inhalt ist teilweise bräunlich, teilweise aber glasklar und läßt sich nur schwierig aus den Röhren entfernen, da er sehr zähe ist. Man kann ihn entweder mechanisch herausbringen und zur Entfernung des Natriums in verdünnten Alkohol eintragen oder aber mit Äther herauslösen und nachher den Kautschuk mit Alkohol fällen. In letzterem Falle bleibt das Natrium zum Teil unangegriffen zurück. Wenn der Versuch gut gelungen ist, erhält man ein sehr schönes Produkt in fast quantitativer Ausbeute, das sich äußerlich von dem normalen Isoprenkautschuk dadurch unterscheidet, daß es breite Bänder, ähnlich wie natürlicher Parakautschuk, das andere aber mehr runde Schnüre beim mechanischen Ziehen bildet. Im allgemeinen scheinen beide aber ähnliche physikalische Eigenschaften zu besitzen, nur wird der Na-Kautschuk zunächst von den üblichen Lösungsmitteln leichter aufgenommen. Da er sich auch vulkanisieren läßt, so erschien er mir zuerst technisch von großer Bedeutung zu sein, was sich aber nicht bestätigt hat.

Die Elementaranalyse zeigte, daß das einmal aus Ätheralkohol umgefällte Produkt eine hohe Reinheit besaß.

0,1232 g Sbst.: 0,3974 g CO_2, 0,1284 g H_2O.

$C_{10}H_{16}$.	Ber. C 88,16,	H 11,84.
	Gef. „ 87,97,	„ 11,66.

Daß man es hier aber mit einem vom normalen Isoprenkautschuk durchaus verschiedenen Körper zu tun hat, geht aus dem Studium des Verhaltens der Derivate, besonders aber aus demjenigen gegenüber Ozon hervor. Da sich das Isopren bei längerem Erwärmen ohne Zusatz auf 60° zu einem, wenn auch geringen Teil, selbst polymerisiert, so ist vorauszusehen, daß der Na-Isoprenkautschuk eine geringe Quantität der normalen Verbindung beigemengt enthalten muß, die desto kleiner wird, je schneller die Reaktion zu Ende geführt werden konnte. In der Tat konnte dies mit Hilfe der Ozonidspaltung bestätigt werden.

Diozonid. 5 g (Natrium)-Isoprenkautschuk wurden in 60 ccm Tetrachlorkohlenstoff gelöst und mit 12—14 proz. Ozon behandelt, bis zur Sättigung war außerordentlich lange Zeit, nämlich 10 Stunden, erforderlich. Es scheidet sich ein gelatinöses, weißes Produkt aus, welches nach dem Abfiltrieren über Glaswolle und Waschen mit Äther fest und bröcklich wird. Die Ausbeute betrug etwa 8 g, während sich für die Formel $C_{10}H_{16}O_6$ 8,5 g berechnet. In der Tetrachlorkohlenstoffmutterlauge und in dem zum Waschen des Niederschlags benutzten Äther waren nur geringe Mengen eines öligen Ozonids enthalten.

Das feste Ozonid ist in Essigester löslich, ein geringer Teil wird aber davon nicht aufgenommen. Durch Ligroin fällt aus der filtrierten Lösung zunächst ein dickes Öl aus, welches, abgehoben und im Vakuumexsikkator über Schwefelsäure getrocknet, bald wieder ganz fest und pulvrig wird. Es ist nicht so explosiv wie das Na-Butadienderivat, aber explosiver als dasjenige des normalen Isoprenkautschuks.

0,1251 g Sbst.: 0,2515 g CO_2, 0,0864 g H_2O.

$C_{10}H_{16}O_6$. Ber. C 51,71, H 6,94.
Gef. „ 54,82, „ 7,72.

Es liegt daher auch hier ein Gemisch von Diozonid und Monozonid $C_{10}H_{16}O_3$ vor, für das sich C 65,2 und H 8,7 berechnen.

Da sich auch der normale wie der natürliche Isoprenkautschuk in Tetrachlorkohlenstoff schwieriger als in Chloroform ozonisieren lassen, wurde der Versuch noch einmal in letzterem Lösungsmittel unter Anwendung von nur 6—7 proz. Ozon wiederholt. Hierbei wurde nicht die Abscheidung einer festen Verbindung beobachtet. Beim Abdampfen des Chloroforms hinterblieb ein dickes farbloses Öl, welches nach dem Umfällen aus Essigester und Petroläther alsbald beim Trocknen zu einer festen, weißen, pulverisierbaren Masse erstarrte. Dieselbe verbrennt sehr lebhaft und liefert nach dem Kochen mit Wasser die Wasserstoffsuperoxydreaktion.

Nach der Analyse liegt hier ein Diozonid, welches sehr wesentlich reiner ist, vor.

0,1283 g Sbst.: 0,2420 g CO_2, 0,0813 g H_2O.

$C_{10}H_{16}O_6$. Ber. C 51,71, H 6,94.
Gef. „ 51,44, „ 7,08.

Molbestimmung kryoskopisch nach Raoult im Beckmannschen Apparat.

I. 0,3231 g Sbst. in 31,54 g Eisessig: 1. $\Delta = 0,150°$, 2. $\Delta = 0,160°$. — II. 0,3537 g Sbst. in 32,87 g Eisessig: 1. $\Delta = 0,120°$, 2. $\Delta = 0,160°$.

Ber. M 232. Gef. M I. 266, 250, II. 350, 262.

Diese Zahlen sind mit Vorsicht aufzunehmen. Der Kautschuk wird viel schwerer zum Dioxozonid oxydiert als die normalen Kautschuke. Indessen gelang es doch einmal bei mehrtägigem Einleiten eine solche Verbindung $(C_{10}H_{16}O_8)$ zu erhalten.

Spaltungsgeschwindigkeit[1]: 11,6 g in 100 ccm H_2O, Temp. 120°,

in 15′ werden gespalten 7,7 g,
in 30′ werden gespalten 8,7 g,
in 45′ werden gespalten 9,0 g.

Die sich hieraus ergebende Spaltungskurve ist mit den anderen in Fig. 9, S. 222 wiedergegeben worden.

Die beschriebenen Ozonide verhalten sich nun von dem gewöhnlichen Diozonid des Kautschuks ganz verschieden, da sie bei der Spaltung mit Wasser oder Eisessig nicht oder nur schwach die Pyrrolprobe liefern. Sie sind in Wasser schwerer löslich als dieses und werden daher auch schwieriger vollkommen zersetzt. Ich habe diese Spaltung sowohl mit Wasser wie mit Eisessig durchgeführt, konnte aber bisher außer einer ganz kleinen Menge von Lävulinaldehyd (isoliert als Phenylmethyldihydropyridazin) keinerlei Zersetzungsprodukte isolieren, die sich wohl charakterisieren ließen. Es entstanden immer braune, beim Destillieren sich zersetzende Öle. Beim Kochen des Ozonids mit Wasser bleiben ziemlich beträchtliche Mengen von gelbem Harz ungelöst zurück, während in der Lösung neben Ameisensäure und einem in geringen Mengen auftretenden leichtflüchtigen Aldehyd mindestens zwei hochmolekulare Säuren, die wegen ihrer reduzierenden Eigenschaften als Aldehyd- bzw. Ketosäuren angesprochen wurden, enthalten sind. Bei ihrer Analyse wurden Werte gefunden, die für die eine sirupöse Säure sich ungefähr auf $C_{16}H_{20}O_{10}$ und für die andere amorphe Säure die Formel $C_{23}H_{36}O_{10}$ berechnen ließen[2]. Ich folgere aus diesem Befunde, daß die Natriumkautschuke ein hohes kompliziertes, an dasjenige der Harze erinnerndes Molekul besitzen müssen.

Nitrosit. Man erhält anscheinend bei der Behandlung dieses Kautschuks mit salpetriger Säure nach dem Verfahren zur Gewinnung des Nitrosits „c“ zwei Verbindungen nebeneinander. Die eine wird von Essigester schwer, von Azeton leichter aufgenommen, die andere ist darin unlöslich. Die erstere bildet weitaus die Hauptmenge.

Sie ist ein gelbweißes Pulver, welches sich bei 170° bräunt, bei 180° dunkelbraun wird und sich dann bis 260° nicht weiter verändert. Die Ausbeute betrug aus 0,5 g Kautschuk 1 g Nitrositgemisch. Die

[1]) Harries u. Hagedorn, s. a. a. O.

[2]) Harries, Lieb. Ann. **406**, 180 [1914].

Zusammensetzung ist eine andere als die des Nitrosits „c" aus normalem Kautschuk.

Zur Analyse wurde das Präparat dreimal aus Azeton und Äther umgefällt und im Vakuum über Schwefelsäure bis zur Gewichtskonstanz getrocknet.

0,1239 g Sbst.: 0,2212 g CO_2, 0,0616 g H_2O. — 0,1554 g Sbst.: 17,2 ccm Stickgas bei 19° und 753,6 mm Druck.

$C_{10}H_{16}O_5N_2$. Ber. C 49,20, H 6,50, N 11,50.
Gef. „ 48,69, „ 5,56, „ 12,62.

Ich habe bisher keine Formel aufstellen können, die diesen Befunden hinreichend Rechnung trägt. Die beste ist immer noch $C_{10}H_{16}N_2O_5$, aber auch hier finden sich erhebliche Differenzen. Die Nitrosite sollen noch weiter untersucht werden.

Bromid. Dieser Körper, nach der üblichen Methode bereitet, ist ein weißes Pulver, in Schwefelkohlenstoff löslich und daraus durch Ligroin fällbar. Die Ausbeute betrug aus 0,2 g Kautschuk 0,4 g. Es zeigte viel Ähnlichkeit mit dem normalen Kautschuktetrabromid, so daß die beiden Kolloide mit Hilfe dieses Derivates nicht zu unterscheiden sind.

0,1968 g Sbst.: 0,3147 g AgBr.

$C_{10}H_{16}Br_4$. Ber. Br 70,14. Gef. Br 68,05.

(Natrium-) Isoprenkautschukdihydrochlorid[1]).

Rein weiße, zähe, später grauweiße, bröcklige Masse, löslich in Chloroform, unlöslich in Alkohol. Spaltet bei 145° Halogenwasserstoff ab, zersetzt sich oberhalb 200°.

0,1358 g Sbst. (nach Dennstedt): 0,2843 g CO_2, 0,1084 g H_2O, 0,0465 g Cl.

$C_{10}H_{18}Cl_2$. Ber. C 57,40, H 8,68, Cl 33,92.
Gef. „ 57,10, „ 8,93, „ 34,24.

(Natrium-) Isoprenkautschukhydrobromid[2]).

Grauweiße, zähe, später harte Masse, löslich in Chloroform, unlöslich in Alkohol. Schmelzpunkt 175°, Beginn der Bromwasserstoffentwicklung bei ca. 125°.

0,1058 g Sbst. (nach Dennstedt): 0,2104 g CO_2, 0,0764 g H_2O, 0,0378 g Br.

$C_{10}H_{18}Br_2$. Ber. C 40,27, H 6,09, Br 53,64.
$C_{10}H_{17}Br$. „ „ 55,28, „ 7,90, „ 36,82.
Gef. „ 54,24, „ 8,08, „ 35,73.

---

[1]) Harries u. Fonrobert, Ber. **46**.

[2]) Dieses wie das folgende Produkt sind zur Analyse nur mit Alkohol gewaschen, aber nicht umgefällt worden.

Nach den Resultaten der Analyse liegt also ein Monohydrobromid vor. Ebenso verhält sich dieser Kautschuk auch gegen Jodwasserstoff, während das durch Pyridin aus natürlichem und künstlichem Kautschuk regenerierte Produkt mit allen drei Halogenwasser stoffsäuren Diadditionsprodukte liefert.

(Natrium-) Isoprenkautschukhydrojodid.

Zunächst rein weiße, langsam aber gelb werdende, harte, beständige Masse. Löslich in Chloroform und Benzol, unlöslich in Alkohol. Zersetzungspunkt gegen 100°.

0,1152 g Sbst. (nach Dennstedt): 0,1894 g CO_2, 0,0692 g H_2O, 0,0546 g J.

$C_{10}H_{18}J_2$.	Ber.	C 30,61,	H 4,63,	J 64,76.
$C_{10}H_{17}J$.	„	„ 45,44,	„ 6,49,	„ 48,00.
	Gef.	„ 44,84,	„ 6,72,	„ 47,40.

Regeneratl aus (Natrium-) Isoprenkautschukdihydrochlorid.

Hellbraune, ziemlich dehnbare, kautschukähnliche Masse, in Chloroform, Benzol löslich, in Alkohol unlöslich.

0,0758 g Sbst.: 0,2458 g CO_2, 0,0821 g H_2O.

$C_{10}H_{16}$.	Ber.	C 88,15,	H 11,85.
	Gef.	„ 88,44,	„ 12,12.

Enthält nur Spuren von Chlor. Interessant ist es zu erfahren, ob dieser Kautschuk mit dem Ausgangsmaterial identisch ist.

3. (Natrium)-Dimethylbutadien-Kautschuk $(C_{12}H_{20})_x$.

Die Polymerisation des Dimethylbutadiens mit Natriumdraht läßt sich genau unter denselben Bedingungen wie beim Isopren in 10—12 Tagen und Nächten bei 60° erreichen, der feste Röhreninhalt ist aber bräunlich gefärbt: er wurde zur weiteren Verarbeitung in Äther aufgenommen, wobei ein Teil als feste, weiße Masse ungelöst blieb, die ganz unlöslich in allen Lösungsmitteln ist. Von dieser wurde filtriert und im Filtrat durch Alkohol der Kautschuk ausgefällt.

Der lösliche Kautschuk ist sehr verschieden von der normalen Verbindung, er erinnert im äußeren etwas an die Guttapercha, mit der er allerdings wenig Verwandtschaft besitzt. Es verhält sich beim Ozonisieren ähnlich wie die analoge Isoprenverbindung.

Das *Ozonid.* Ausbeute aus 6 g 9 g, ist in Chloroform löslich und bleibt beim Abdampfen desselben als dickes Öl zurück. Es liefert bei der Spaltung die Reaktion auf Wasserstoffsuperoxyd und etwas Azetonylazeton, der Kautschuk enthält daher wohl etwas von dem normalen Produkt. Die Zusammensetzung der Hauptmenge der Spaltungsprodukte ließ sich bisher nicht ermitteln.

Das *Nitrosit* ist zum großen Teil in Äther löslich und muß deshalb aus Essigester mit Petroläther umgefällt werden. 0,22 g Substanz ergaben 0,5 g Nitrosit. Ein charakteristischer Zersetzungspunkt ist nicht vorhanden.

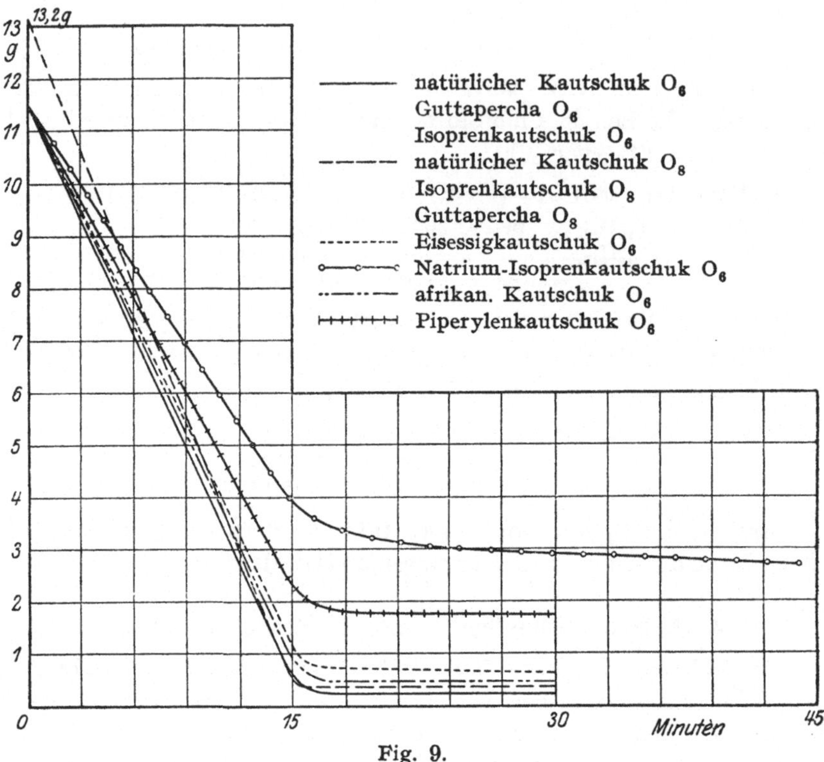

Fig. 9.

Spaltungskurven der verschiedenen natürlichen und künstlichen Kautschukozonide der Zusammensetzung $C_{10}H_{16}O_6$ und $C_{10}H_{16}O_8$.

I. 0,1227 g Sbst.: 0,2141 g CO_2, 0,0672 g H_2O. — II. 0,1454 g Sbst.: 14,2 ccm Stickgas bei 22° und 755 mm Druck.

$C_{12}H_{19}N_3O_7$. Ber. C 45,40, H 6,04, N 13,25.
Gef. „ 47,59, „ 6,13, „ 11,00.

Das *Bromid* ist weiß, feinpulvrig, in Schwefelkohlenstoff löslich und daraus durch Ligroin fällbar. Spaltet beim Erhitzen auf 130° Bromwasserstoff ab, schmilzt aber noch nicht bei 200°. Ausbeute aus 0,2 g Kautschuk 0,3 g Bromid.

0,1571 g Sbst.: 0,2310 g AgBr.

$C_{12}H_{20}Br_4$. Ber. Br 66,08. Gef. Br 62,57.

4. (Natrium)-Piperylenkautschuk[1] $(C_{10}H_{16})_x$.

Auch das Piperylen läßt sich beim Erwärmen mit Natrium im Einschlußrohr auf 60° ganz ähnlich wie das Isopren polymerisieren. Man erhält durch Lösen des Produktes in Äther und Fällen mit Alkohol einen Kautschuk, der beim längeren Stehen wenig elastisch wird und klebrig bleibt. Auch dieses Produkt liefert Nitrosit und Bromid, welche aber bisher noch nicht näher untersucht wurden.

In der beifolgenden Tabelle, Fig. 9, sind die Spaltungskurven der Ozonide und der Oxozonide der verschiedenen künstlichen und natürlichen Kautschukarten aufgetragen. Man erhält sie durch Bestimmung der Zersetzungsgeschwindigkeit dieser Körper beim Kochen mit Wasser und Auftragen der gefundenen Werte in Gramm auf die Ordinate und der Zeiten auf die Abszisse. Es genügt meistens, 4 Punkte festzustellen. Man kann daraus entnehmen, daß die nach den verschiedenen Methoden gewonnenen künstlichen Produkte, wie Wärmepolymerisat und Eisessigpolymerisat sich in ihren Kurven gut mit denen des Parakautschuks und der Guttapercha decken, während Piperylenkautschuk und (Natrium)-Isoprenkautschuk starke Abweichungen zeigen. Die Spaltungskurven der Butadien-Kautschukarten sind in Fig. 7, S. 197, und die Dimethylbutadien-Kautschukarten in Fig. 8, S. 205 tabellarisch wiedergegeben worden.

---

[1]) Harries u. Schönberg, Lieb. Ann. **395**, 253 [1913].

III. Abteilung.

Kapitel I.

Konstitution des Kautschuks und seiner Homologen.

Um die Überlegungen zu verstehen, die zur Aufstellung der neueren Konstitutionsformeln für die Kautschukarten führten, ist es notwendig, zuerst die Gründe auseinanderzusetzen, welche für die ältere Konstitutionsformel gesprochen haben. Denn die neueren haben sich daraus entwickelt und sind auch prinzipiell nicht davon verschieden.

A. Ältere Formel (Harries 1905).[1])

Der Kautschuk ist ein Kohlenwasserstoff der empirischen Formel $C_{10}H_{16}$, er ist optisch inaktiv und hat deshalb kein asymmetrisches Kohlenstoffatom. Bei der Bromierung nimmt er vier Atome Brom auf, mit Chlorwasserstoff behandelt, addieren sich zwei Chlorwasserstoffmolekule, infolgedessen besitzt er zwei Äthylenbindungen auf die Formel $C_{10}H_{16}$. Behandelt man ihn mit Ozon, so werden zwei Moleküle Ozon aufgenommen und es entsteht ein Diozonid $C_{10}H_{16}O_6$. Diese Verbindung liefert bei der Gefrierpunktserniedrigung in Eisessig Werte, die auf die einfache Molekulargröße hinweisen Demnach schien es so, als wenn bei der Behandlung des Kautschuks mit Ozon eine Depolymerisierung seines hohen Moleküls der Addition des Ozons vorhergeht, wie man in folgender Gleichung ausdrücken kann:

$$(C_{10}H_{16})_x + x\,2\,O_3 = x(C_{10}H_{16}O_6)\,.$$

Bei der Spaltung des Ozonids mit Wasser entstehen wenig Kohlendioxyd Lävulinaldehyd $CH.CO.CH_2.CH_2.CHO$ und die zugehörige Säure $CH_3.CO.CH_2.CH_2.COOH$, etwas Ameisensäure und kleine Mengen Bernsteinsäure, unter gewissen Umständen auch das Lävulinaldehyddiperoxyd $CH_3.CO_2.CH_2.CH_2.CHO_2$. Wenn man nun annimmt, daß das Ozon sich an die Äthylenbindungen des Kautschukgrundkohlenwasserstoffes angelagert hat, so muß das Molekül bei der Spaltung an den Stellen, wo das Ozon eingetreten ist, unter Bildung von sauer-

---

[1]) Ber. **38**, 1195 [1905].

stoffhaltigen Produkten, Aldehyd und Säure getrennt werden und man erhält folgende Formulierung:

```
     O—O                                OC.CH3                      OC—CH3
    /    \                                \                            \
   O      C—CH3                            CH2           HCO2           CH2
    \    / \                               |              |             |
   HC      CH2        HCO                  CH2    bzw.   H2C            CH2
   |        |          |                   |              |             |
   H2C     CH2        H2C                  COOH          H2C            OCH
   |        |          |                                    \
   H2C      CH        H2C                                    CO2
     \    /   \          \                               HC3/
   CH3—C       O          CO
        \     /      CH3/
         O—O

   Diozonid       Lävulin-       Lävulin-       Lävulin-          Lävulin-
                  aldehyd        säure          aldehyd           aldehyd
                                                diperoxyd
```

Die Frage ob tatsächlich eine ringförmige oder eine offene Kette vorliegt, ist schon Seite 69 behandelt worden. Sie führte zu dem Ergebnis, daß ein ringförmiges Produkt vorhanden sein muß.

Der Kohlenwasserstoff, der dem Kautschuk zugrunde liegt, sollte demnach die Konstitution eines 1,5-Dimethylzyklooktadien (1,5) besitzen.

```
        C.CH3
       //  \
     HC     CH2
     |       |
    H2C     CH2 .
     |       |
    H2C      CH
       \   //
     CH3.C
```

Durch dessen Polymerisation unter gegenseitiger Absättigung der Partialvalenzen nach J. Thiele kommt dann der Kautschuk selbst zustande und läßt sich etwa folgendermaßen versinnbildlichen[1]):

```
 [      C.CH3  ]
 [     //  \   ]             CH3        CH3
 [   HC     CH2]              .          .
 [   |       | ]    ····CH2 . C·········C . CH2 . CH2 . CH····HC . CH2····
 [  H2C     CH2]  =             ||         ||                 ||     ||
 [   |       | ]    ····CH2 . CH····HC . CH2 . CH2 . C·········C . CH2····
 [  H2C      CH]                                      .         .
 [     \   //  ]                                     CH3       CH3
 [ CH3.C       ]x
```

[1]) Lieb. Ann. 383, 222 [1911].

Die Spaltung des Kautschuks bei der trockenen Destillation in Isopren und Dipenten läßt sich mit der Zyklooktadienformel leicht in Übereinstimmung bringen. Beim Übergang dieses Kohlenwasserstoffes in Isopren trennt sich ein Molekül im Sinne der punktierten Linie

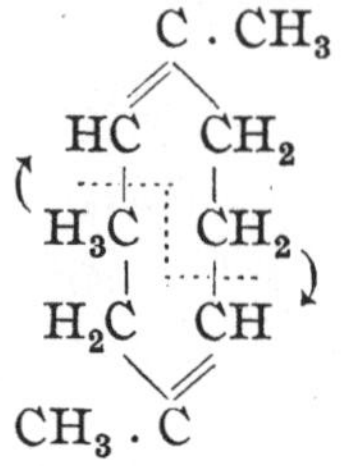

```
        C . CH3
       //  \
     HC     CH2
      :     |
    H3C  :  CH2
      |     :
    H2C     CH
       \   //
     CH3 . C
```

unter Verschiebung zweier Wasserstoffatome, während durch einfache Umlagerung Dipenten entsteht:

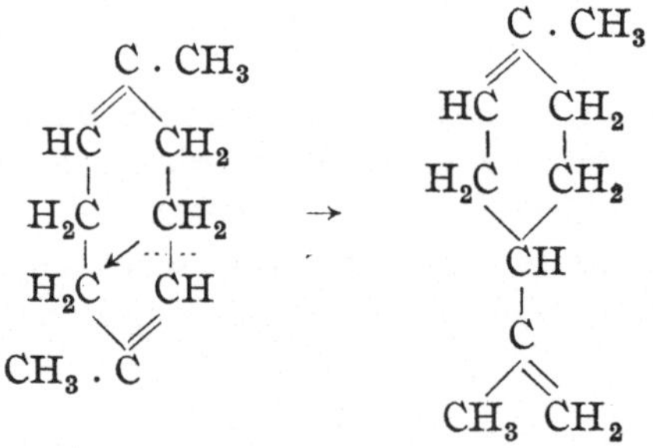

```
                            C . CH3
       C . CH3             //  \
      //  \              HC     CH2
    HC     CH2            |     |
     |     |             H2C    CH2
    H2C    CH2     →        \  /
     |  ↙  :                 CH
    H2C    CH                 |
       \  //                  C
     CH3 . C                //  \\
                          CH3   CH2
```

Umlagerung von Ringen mit höherer in solche mit niederer Kohlenstoffzahl sind vielfach beobachtet worden, sie gehen sehr leicht vor sich. Es ist unzulässig, aus den alten Angaben von Berthelot[1]) über das Verhalten des Kautschuks bei der Reduktion mit Jodwasserstoff bei hoher Temperatur, wobei aliphatische Kohlenwasserstoffe mit längerer Kette auftreten sollen, irgendwelche Rückschlüsse auf die Konstitution des Kautschuks zu ziehen, denn man weiß, daß beim Erhitzen des Kautschuks schon an und für sich Körper mit hohem Siedepunkt entstehen.

Für die Polymerisation des Isoprens, Butadiens und Dimethylbutadiens kommen zwei Möglichkeiten in Frage[2]). Einmal könnten sich zunächst zwei Moleküle Isopren in der Weise zusammenschließen

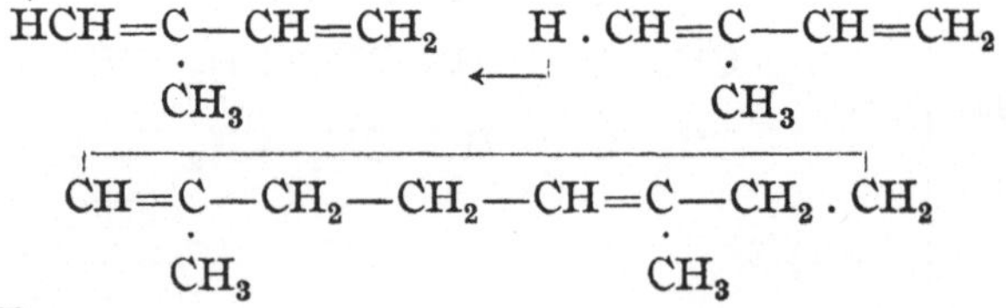

```
 |--->
HCH=C—CH=CH2      H . CH=C—CH=CH2
    .                     .
    CH3        <---'      CH3

 |------------------------------------|
CH=C—CH2—CH2—CH=C—CH2 . CH2
   .               .
   CH3             CH3
```

---

[1]) Harries, Vortrag Freiburg.

[2]) Bull. 11, 33 [1869].

daß sich je ein Wasserstoffatom des einen Molekül Isopren an je eine Doppelbindung des anderen Moleküls anlagert, wodurch Ringschluß erfolgt und ein Kohlenwasserstoff entsteht, der bei der Ozonidspaltung nur Lävulinaldehyd bzw. Säure bilden kann. Diese Interpretation ist aber höchstwahrscheinlich nicht richtig. Darüber gibt nämlich das Verhalten des Dimethylbutadiens bei der Polymerisation Aufschluß.

Würde hier der Zusammentritt zweier Moleküle in der eben beim Isopren geschilderten Weise vor sich gehen, so erhielte man folgendes Bild:

$$\begin{array}{c} CH_2{=}\underset{\displaystyle CH_3}{C}{-}\underset{\displaystyle CH_3}{C}{=}CH_2 + CH_2{=}\underset{\displaystyle CH_3}{C}{-}\underset{\displaystyle CH_3}{C}{=}CH_2 \end{array}$$

$$\overline{\underline{|}CH{=}\underset{\displaystyle CH_3}{C}{-}\underset{\displaystyle CH_3}{CH}{-}CH_2{-}CH{=}\underset{\displaystyle CH_3}{C}{-}\underset{\displaystyle CH_3}{CH}{-}CH_2\underline{|}}$$

Dabei müßte sich also ein Kautschuk bilden, der bei der Spaltung seines Ozonids Methyllävulinaldehyd bzw. Säure liefert. In Wirklichkeit erhält man aber fast quantitativ Azetonylazeton, woraus hervorgeht, daß eine Verschiebung der Doppelbindungen bei der Polymerisation eintreten muß zu

$$\begin{array}{ccc} \begin{array}{rcl} & CH_3\,C & \\ & \diagup\!\!\diagdown\!\!\diagdown & \\ H_2C & & C\cdot CH_3 \\ | & & | \\ H_2C & & CH_2 \\ | & & | \\ CH_3\cdot C & & CH_2 \\ & \diagdown\!\!\diagdown\!\!\diagup & \\ & C\cdot CH_3 & \end{array} & \rightarrow & \begin{array}{rcl} CH_3\cdot CO & & \\ \diagup & & \\ H_2C & & OC\cdot CH_3 \\ | & & | \\ H_2C & & CH_2 \\ | & & | \\ CH_3\cdot CO & & CH_2 \\ & & \diagup \\ & & OC\cdot CH_3 \end{array} \end{array}$$

Aus dieser Beobachtung ergibt sich daher ein anderes Schema für die Polymerisation der Butadiene. Zuerst verschiebt sich die Doppelbindung ganz wie bei den 1,4-Additionsreaktionen nach der Mitte der Kette zu (J. Thiele), wodurch an den Enden der Kohlenstoffkette in 1,4-Stellung die Valenzen frei werden und sich nun mit einem oder mehreren Molekülen des gleichen Stoffes zusammenschließen können. Isopren polymerisiert sich also demnach folgendermaßen

$$CH_2{=}\underset{\displaystyle CH_3}{C}{-}CH{=}CH_2 \qquad CH_2{=}\underset{\displaystyle CH_3}{C}{-}CH{=}CH_2$$

$$\vdots CH_2{-}\underset{\displaystyle CH_3}{C}{=}CH{-}CH_2 \vdots \qquad \vdots CH_2{-}\underset{\displaystyle CH_3}{C}{=}CH{-}CH_2 \vdots$$

und zwar liegen dann zwei Möglichkeiten für den Zusammentritt zweier Moleküle Isopren vor, die asymmetrische I und die unsymmetrische II:

$$\begin{array}{llll}
\text{I} & \quad & \text{II} & \\
 & \;\;\,CH_3 & & \;\;\,CH_3 \\
 & CH_2-C=CH-CH_2 & & CH_2-C=CH\,.\,CH_2 \\
 & \;| \qquad\qquad\quad\;\; | & & \;| \qquad\qquad\quad\;\; | \\
 & CH_2-CH=C-CH_2 & & CH_2-C=CH\,.\,CH_2\,. \\
 & \qquad\qquad\;\; CH_3 & & \;\;\,CH_3
\end{array}$$

Bei der Spaltung gibt I Lävulinaldehyd und Lävulinsäure, während II Azetonylazeton und Bernsteinsäure liefert. Wir haben gesehen, daß bei der Analyse mancher künstlichen Isoprenkautschuksorten mit Ozon tatsächlich neben Lävulinaldehyd auch Azetonylazeton und Bernsteinsäure nach Steimmig[1]) nachgewiesen werden kann. Unter bestimmten Bedingungen bilden sich also beide Strukturisomeren nebeneinander, wobei der Anteil von II bis zu 20% ausmachen kann.

Ferner ergibt sich aus dieser Spekulation, daß das Piperylen bei der Polymerisierung einen anderen Kautschuk als das Isopren erzeugen muß, indem die Doppelbindungen an verschiedenen Stellen wie beim Isoprenkautschuk liegen:

$$\begin{array}{ll}
CH_3\,.\,CH=CH-CH=CH_2 & \quad CH_3\,.\,CH=CH\,.\,CH=CH_2 \\
\qquad\;\;\vdots \qquad\qquad\qquad\;\; \vdots & \quad\qquad\;\;\vdots \qquad\qquad\qquad\;\; \vdots \\
CH_3\,.\,CH-CH=CH-CH_2 & \quad CH_3\,.\,CH-CH=CH-CH_2
\end{array}$$

$$\begin{array}{ccc}
 & \diagup CH_2\,.\,CH=CH_2 \diagdown & \\
CH_3\,.\,CH & & CH\,.\,CH_3\,. \\
 & \diagdown CH=CH\,.\,CH_2 \diagup &
\end{array}$$

Willstätter hat bei der erschöpfenden Methylierung des Pseudopelletierin, einem Alkaloid der Granatwurzelrinde, einen Kohlenwasserstoff abgebaut, für den er die Formel eines Zyklooktadien aufstellte. Harries zeigte, daß das Zyklooktadien mit Ozon ein festes weißes Diozonid liefert, welches mit Wasser in Suzzindialdehyd zerfällt, wodurch die Formel bewiesen wurde

$$\begin{array}{ccccccc}
 & CH & & & CHO & & \\
\diagup & & \diagdown\!\!\diagdown & \diagup & & & \\
H_2C & & CH & H_2C & & OCH & \\
| & & | & | & & | & \\
H_2C & & CH_2 & H_2C & & CH_2\,. & \\
| & & | & | & & | & \\
HC & & CH_2 & HCO & & CH_2 & \\
\diagdown\!\!\diagdown & & \diagup & & & \diagup & \\
 & CH & & & OCH & &
\end{array}$$

[1]) S. a. a. O.

Wenn nun der Isoprenkautschuk bei der Ozonisation zum Diozonid des 1,5-Dimethylzyklooktadiens abgebaut wird, so mußte analog der Butadienkautschuk das Diozonid des Zyklooktadiens (1,5) entstehen lassen, d. h. die Diozonide aus Zyklooktadien vom Pseudopelletierin und aus Butadien-Kautschuk müßten identisch sein. Bei der Nachprüfung ergaben sich so große Ähnlichkeiten der beiden auf verschiedenen Wegen gewonnenen Diozonide, ihre Spaltungskurven fielen fast zusammen, daß man glauben konnte, sie wären tatsächlich identisch. Das Problem der Konstitution des Kautschuks konnte daher als gelöst angesehen werden, und doch war dem nicht so.

B. Neuere Formel (Harries 1914)[1].

Schon 1907 hat Harries darauf aufmerksam gemacht[2], daß, wenn die Molekulargröße des Kautschukdiozonids nicht $C_{10}H_{16}O_6$, sondern doppelt so groß oder größer wäre, so müßte man einen Kohlenstoffring von vier oder mehr Resten $CH_3.\ddot{C}.CH_2.CH_2.CH=$ (Pentadienyl) zu Ringen zusammenschließen. Später ist darauf hingewiesen worden, daß solche größeren Ringe sich prinzipiell vom Kohlenstoffachtring nicht wesentlich unterscheiden würden, da allen die Pentadienylgruppe in regelmäßiger Wiederkehr gemeinsam ist, so daß sie bei der Ozonidspaltung nur Lävulinaldehyd bzw. Säure und keine andere Verbindung liefern können. Tatsächlich hat sich nachweisen lassen, daß im Kautschukkohlenwasserstoff ein größeres Ringsystem als der Achtring enthalten ist.

Der Kautschuk läßt sich, wie wir gesehen haben, mit Chlorwasserstoff in ein Hydrochlorid umwandeln. Dieses Kautschukhydrochlorid geht mit Pyridin unter Druck erhitzt in einen isomeren Kautschuk, den α-Isokautschuk, unter Verlust des Chlorwasserstoffs über (s. S. 21). Beim Abbau dieses α-Isokautschuks mit Ozon konnten eine Reihe Verbindungen isoliert werden, deren Konstitution sich nicht mehr mit der Achtkohlenstoffringformel in Einklang bringen läßt.

Es wurden hier gefunden:

I, Aldehyde bzw. Ketone:

Lävulinaldehyd $CH_3.CO.CH_2.CH_2.CHO$,
Diazetylpropan $CH_3.CO.CH_2.CH_2.CH_2.CO.CH_3$,
Undekatrion $CH_3.CO.CH_2.CH_2.CH_2.CO.CH_2.CH_2.CH_2.CO.CH_3$,
Pentadekatetron
$CH_3.CO.CH_2.CH_2.CH_2.CO.CH_2.CH_2.CH_2.CO.CH_2.CH_2.CH_2.CO.CH_3$.

[1]) Lieb. Ann. **406**, 173 [1914].
[2]) Vortrag Danzig.

II. Säuren:

Ameisensäure und Kohlendioxyd,
Lävulinsäure $CH_3.CO.CH_2.CH_2.COOH$,
Hydrochelidonsäure $HOOC.CH_2.CH_2.CO.CH_2.CH_2.COOH$,
die Säure $CH_3.CO.CH_2.CH_2.CH_2.CO.CH_2.CH_2.COOH$
bzw. deren Anhydrisierungsprodukt die 1 Methylzyklohexen(1)on(3)-äthankarbonsäure(2)

```
          C . CH3
         / \\
      H2C   C . CH2 . COOH
        |   |
      H2C   CO
         \ /
         CH2
```

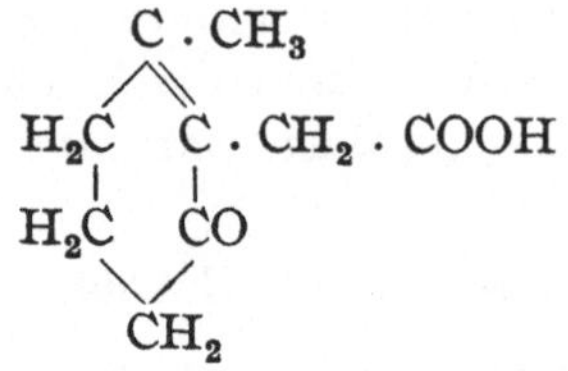

Durch diese Ergebnisse ist die Sache außerordentlich kompliziert geworden.

Zunächst geht daraus hervor, daß der Chlorwasserstoff bei der Abspaltung aus dem Kautschukdihydrochlorid nur teilweise wieder die ursprüngliche Lagerung der Doppelbindungen im α-Isokautschuk entstehen läßt, wie die Bildung von Lävulinaldehyd bzw. Säure anzeigt. Teilweise läßt er die Bindung im Ringe wandern, worauf das Auftreten von Diazetylpropan hindeutet. Zum Teil aber muß sich die Doppelbindung auch in die Methyle hineinschieben

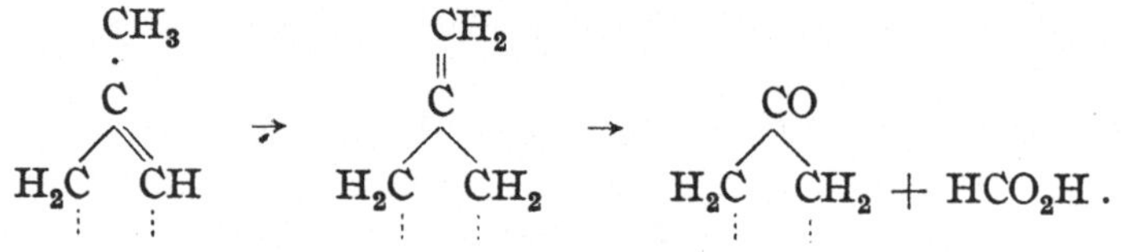

```
     CH3              CH2
      .               ||
      C               C                CO
     / \\     →       / \       →      / \
  H2C   CH        H2C   CH2        H2C   CH2 + HCO2H .
   :     :         :     :          :     :
```

Darauf weisen die Polyketone, Undekatrion und Pentadekatetron, sowie die Säuren Hydrochelidonsäure und 1-Methylzyklohexen(1)on(3)-äthankarbonsäure(2), hin. Würde man annehmen, daß sämtliche Verbindungen zugleich bei der Spaltung aus ein und demselben Ringsystem entstehen, so käme man zur Aufstellung eines sehr großen Ringkomplexes. Indessen ist es sehr wahrscheinlich, daß sich bei der Umlagerung des Kautschuks über das Dihydrochlorid in den α-Isokautschuk nicht ein einheitliches Produkt, sondern eine Reihe Isomere bilden und der α-Isokautschuk selbst ein Gemenge derselben darstellt. Dann würden die Spaltungsprodukte aus mehreren verschiedenen Kohlenwasserstoffen stammen. Nach dem Auftreten des Pentadekatetrons kann kein Ring von 8 und 12 Kohlenstoffatomen mehr in Erwägung gezogen werden. Auch ein solcher von 16 ist unwahrscheinlich. Mindestens liegt ein Ring vor von 20 Kohlenstoffatomen.

Bei Zugrundelegung einer Formel, in der 20 Ringkohlenstoffatome enthalten sind, käme man dann zu einer großen Anzahl von Isomeren, von denen einige schon Seite 72 aufgeführt worden sind.

Der Kautschuk selbst, durch dessen Umlagerung alle diese Kohlenwasserstoffe entstanden sind, würde dann folgende Strukturformel besitzen:

```
          CH3                      CH3
          .                        .
     /CH2 . C=CH . CH2 . CH2 . C=CH . CH2 . CH2\
  CH2                                            C . CH3 .
     \CH=C . CH2 . CH2 . CH=C . CH2 . CH2 . CH//
          .                  .
          CH3                CH3
```

Für diesen 20-Kohlenstoffring sprechen noch verschiedene andere Befunde. So hat die Molbestimmung des Kautschukdiozonids in Benzol, in dem es sich nicht so leicht wie in Eisessig zersetzt, die Zahl 535 ergeben, während sich für die Formel $C_{25}H_{40}O_{15}$ 580 berechnet (vgl. S. 53). Ferner hat die thermische Dissoziation der Dihydrohalogenide des Kautschuks Anhaltspunkte geliefert, die auf eine solche Molgröße hinweisen (vgl. S. 18).

Wenn nun der Grundkohlenwasserstoff des Kautschuks die eben gegebene Formel mit einem 20-Kohlenstoffring und 25 Kohlenstoffatomen enthält, so entsteht die Frage, ob der Kautschuk selbst nur dieses oder noch ein größeres Molekül besitzt. Pickles[1]) hat nach den Abbauresultaten von Harries die Hypothese entwickelt, daß der Kautschukkohlenwasserstoff aus einem sehr großen Ring, der durch Zusammentritt vieler Pentadienylreste gebildet wird, besteht. Dieser Ring entspreche seiner wahren Molekulargröße. Diese Auffassung kann nicht richtig sein. Sie erklärt nicht die leichte Depolymerisationsfähigkeit des Kautschuks, welche, wie wir gesehen haben, nach den Viskositätsmessungen und den Veränderungen der Löslichkeit schon durch bloßes Behandeln auf der Walze eintritt und zum Teil reversibel ist.

Einer solchen Eigenschaft des Kautschuks entspricht nur eine Formulierung, welche die Möglichkeit von variablen Polymerisationsstufen vorsieht. Es muß ein verhältnismäßig kleinerer Grundkohlenwasserstoff darin enthalten sein, der sich je nach den Bedingungen durch Zusammenschluß mehrerer seiner Moleküle zu einem großen Komplex vereinigt, wie es schon in der älteren Formel für das Dimethylzyklooktadien zum Ausdruck gebracht wurde.

Für diese Auffassung ist ferner in Betracht zu ziehen, erstens, daß der Kautschuk in mehreren Formen vorkommt, die bis zu einem ge-

---

[1]) Soc. **97**, 1085 [1910].

wissen Grade ineinander überführbar sind. Zweitens, daß er sich in einigen Fällen wie ein gesättigter Kohlenwasserstoff z. B. bei der Hydrierung mit Wasserstoff[1]) verhält, woraus hervorzugehen scheint, daß sich die Doppelbindungen in irgendeiner Weise abgesättigt haben.

Man muß also die oben aufgestellte Formel für den Naturkautschuk in Klammern und dahinter den Index „n" setzen, zum Zeichen, daß die wahre Molgröße noch unbekannt ist.

Formulierung: Das Angenehme bei den Zyklooktadienformeln war, daß man sie so bequem in Formelzeichen ausdrücken konnte. Die großen umfangreichen Ringe $C_{25}H_{40}$, $C_{30}H_{48}$ usw. sind dagegen überaus mühsam zusammenzustellen. Deshalb wird vorgeschlagen, die verschiedenen Kautschukarten ähnlich wie den Achtring zu schreiben, aber statt der Bindungsstriche punktierte Linien zwischen den einzelnen Resten:

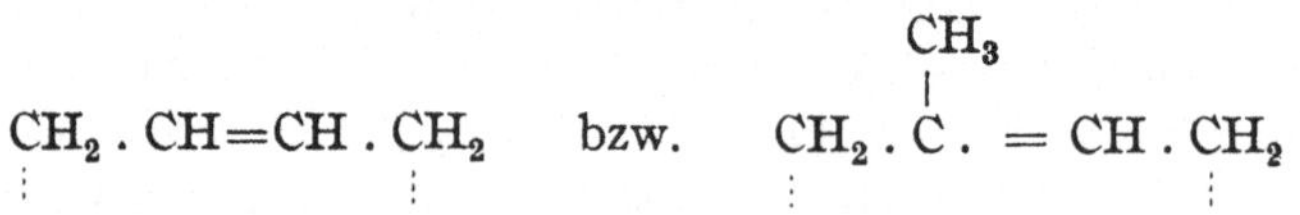

$$\underset{\vdots}{CH_2}\,.\,CH{=}CH\,.\,\underset{\vdots}{CH_2} \qquad \text{bzw.} \qquad \underset{\vdots}{CH_2}\,.\,\overset{\overset{\displaystyle CH_3}{|}}{C}\,. = CH\,.\,\underset{\vdots}{CH_2}$$

zu machen, welche andeuten sollen, daß zwischen diesen noch eine gewisse Anzahl gleichartiger Reste einzuschieben sind.

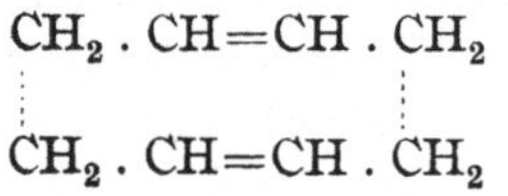

$$\begin{array}{c}
CH_2\,.\,CH{=}CH\,.\,CH_2 \\
\vdots \qquad\qquad \vdots \\
CH_2\,.\,CH{=}CH\,.\,CH_2
\end{array}
\qquad
\begin{array}{c}
CH_3 \\
CH_2{-}C{=}CH\,.\,CH_2 \\
\vdots \qquad\qquad \vdots \\
CH_2{-}CH{=}C{-}CH_2 \\
CH_3
\end{array}
\qquad
\begin{array}{c}
CH_3\,CH_3 \\
CH_2\,.\,C{=}C\,.\,CH_2 \\
\vdots \qquad\qquad \vdots \\
CH_2\,.\,C{=}C\,.\,CH_2 \\
CH_3\,CH_3
\end{array}$$

Butadien-Kautschuk 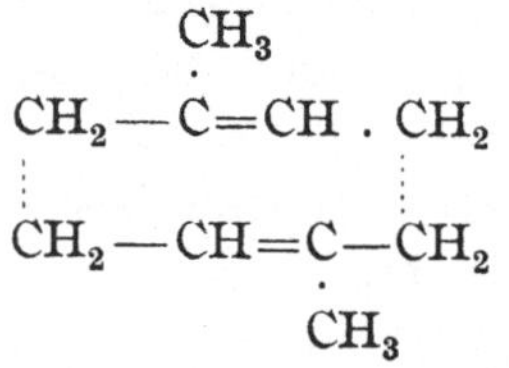 — Isoprenkautschuk 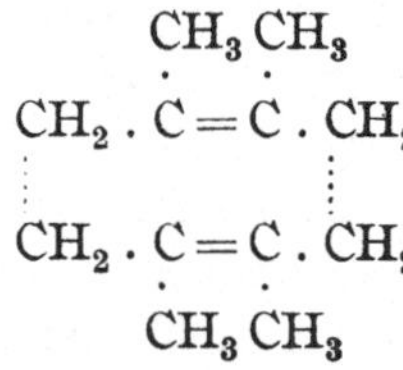 — Dimethylbutadien-Kautschuk.

Würde man dann später Beweise für eine bestimmte Gliederzahl des Ringes wie z. B. einen 20-Kohlenstoffring der empirischen Formel $C_{25}H_{40}$ erhalten, so könnte man an den punktierten Linien Zahlen für die hineinzufügenden Reste z. B. $\cdots CH_2\,.\,C\,.\,(CH_3) = CH\,.\,CH_2\cdots$ anbringen und das Ganze in Klammern

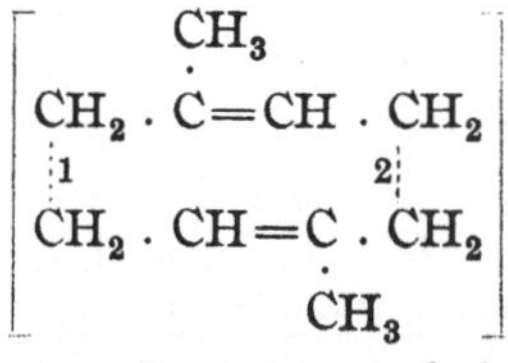

$$\left[\begin{array}{c}
CH_3 \\
CH_2\,.\,C{=}CH\,.\,CH_2 \\
\vdots 1 \qquad\qquad 2 \vdots \\
CH_2\,.\,CH{=}C\,.\,CH_2 \\
CH_3
\end{array}\right]_n
\qquad
\left[\begin{array}{c}
CH_3\,CH_3 \\
CH_2\,.\,C{=}C\,.\,CH_2 \\
\vdots 1 \qquad\qquad 2 \vdots \\
CH_2\,.\,C{=}C\,.\,CH_2 \\
CH_3\,CH_3
\end{array}\right]_n$$

norm. Isoprenkautschuk 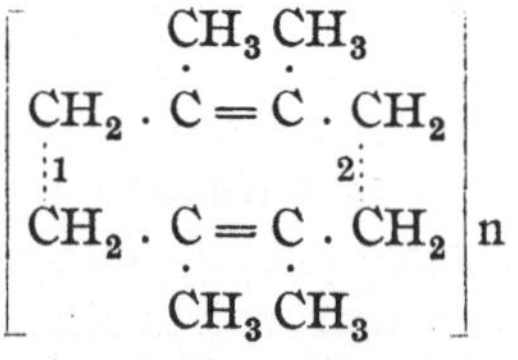 — norm. Dimethylbutadien-Kautschuk

mit dem entsprechenden Index setzen, der die Größe des polymeren Moleküls des Kautschuks wiedergibt.

---

[1]) Vgl. S. 48.

Kapitel II.

Über die Konstitution der Guttapercha.

Die Guttapercha unterscheidet sich nur in physikalischer nicht aber in chemischer Beziehung vom Kautschuk. Eine Umwandlung der beiden Körper ineinander ist aber bisher nicht geglückt (vgl. S. 6). Die Guttapercha liefert mit Ozon behandelt ein Diozonid und ein Dioxozonid, deren Spaltungsnerven mit denjenigen aus den gleichen Derivaten des Kautschuks identisch sind. Als Spaltungsprodukte aus dem Diozonid findet man die gleichen Verbindungen, Lävulinaldehyd und Lävulinsäure. Bei der Umlagerung über das Dihydrochlorid entsteht ein Kohlenwasserstoff, die α-Isoguttapercha, welche sich wieder bei der Ozonisation und Spaltung ganz gleich wie der α-Isokautschuk verhält und anscheinend dieselbe Anzahl von Abbauprodukten ergibt wie dieses. Man kann daraus den Schluß ziehen, daß entweder dasselbe oder ein nieder oder höher homologes Ringsystem in der Guttapercha wie im Kautschuk vorhanden sein muß.

Nach der älteren Zyklooktadienformel wurde angenommen, daß der Unterschied zwischen Kautschuk und Guttapercha in sterischen Verhältnissen zu suchen sei, da bei der Polymerisation der Zyklooktadienmoleküle für die Anlagerung verschiedene Möglichkeiten in Frage kommen[1]).

I

$$\begin{array}{cccccccc}
 & CH_3 & & CH_3 & & & & \\
\cdots CH_2 . & C & \cdots\cdots & C . CH_2 . CH_2 . & CH & \cdots & HC . & CH_2\cdots \\
 & \| & & \| & \| & & \| & \\
\cdots CH_2 . & CH & \cdots & HC . CH_2 . CH_2 . & C & \cdots\cdots & C . & CH_2\cdots \\
 & & & & CH_3 & & CH_3 &
\end{array}$$

II

$$\begin{array}{cccccccc}
 & & & CH_3 & & & CH_3 & \\
\cdots CH_2 . & CH & \cdots & C . CH_2 . CH_2 . & CH & \cdots & C . & CH_2\cdots \\
 & \| & & \| & \| & & \| & \\
\cdots CH_2 . & C & \cdots & HC . CH_2 . CH_2 . & C & \cdots & HC . & CH_2\cdots \\
 & CH_3 & & & CH_3 & & &
\end{array}$$

Diese Anschauung kann man auch auf größere Ringsysteme übertragen und durch folgende Formulierungen den Unterschied zwischen Kautschuk und Guttapercha auszudrücken versuchen:

---

[1]) Harries, Ber. 38, 3985 [1905].

I

$$
\begin{array}{ccccccccc}
 & CH_2 & \cdots\overset{}{\underset{1}{\cdots}}\cdots & CH_2 & & CH_2 & \cdots\underset{2}{\cdots}\cdots & CH_2 & \\
 & | & & | & & | & & | & \\
\cdots & CH & CH_3\,. & C & \cdots\cdots & C & .\,CH_3 & CH & \cdots \\
 & \| & & \| & & \| & & \| & \\
\cdots & C & .\,CH_3 & CH & \cdots\cdots & CH & CH_3\,. & C & \cdots \\
 & | & & | & & | & & | & \\
 & CH_2 & \cdots\overset{2}{\cdots}\cdots & CH_2 & & CH_2 & \cdots\overset{1}{\cdots}\cdots & CH_2 &
\end{array}
$$

II

$$
\begin{array}{ccccccccc}
 & CH_2 & \cdots\underset{1}{\cdots}\cdots & CH_2 & & CH_2 & \cdots\underset{1}{\cdots}\cdots & CH_2 & \\
 & | & & | & & | & & | & \\
\cdots & CH & CH_3\,. & C & \cdots\cdots & CH & CH_3\,. & C & \cdots \\
 & \| & & \| & & \| & & \| & \\
\cdots & C & .\,CH_3 & CH & \cdots\cdots & C & .\,CH_3 & CH & \cdots \\
 & | & & | & & | & & | & \\
 & CH_2 & \cdots\overset{2}{\cdots}\cdots & CH_2 & & CH_2 & \cdots\overset{2}{\cdots}\cdots & CH_2 &
\end{array}
$$

Diese Formeln sind begründet auf der leichten Änderung der Polymerisationsstufe des Kautschuks. Hierbei ist indessen zu bemerken, daß von einer gleichen Eigenschaft der Guttapercha noch nichts bekannt wurde. Infolgedessen ist es verfrüht, hierüber Spekulationen anzustellen.

IV. Abteilung.

Kapitel I.

Bemerkung über die pflanzenphysiologische Entstehung der Kautschukarten[1]).

Es ist eine verbreitete Annahme, daß die Kohlehydrate in der Pflanze die Quelle für alle anderen chemischen Produkte in ihr sind. Dieselbe hat durch den Nachweis, daß die Kautschukarten vielfache des Pentadienylrestes

$$CH_3 . \underset{\cdot\cdot}{C} . CH_2 . CH_2 . CH:$$

sind, eine gewisse Stütze erfahren, da die Kohlehydrate vielfache Anhydride der Monosacharide sind. Die Zucker, wahrscheinlich vorwiegend die Pentosen, werden reduziert zu dem Pentadienylrest und dieser kondensiert sich in statu nascendi zum Komplex $(C_{10}H_{16})_x$. Der chemische Zusammenhang des dem Pentadienyl entsprechenden Lävulinaldehyds mit den Zuckerarten ist bekannt. Bei der trockenen Destillation liefert Zucker[2]) ein Gemisch von mono- und polymethylierten Furanen. Dimethylfuran läßt sich nach Paal zur Azetonylazeton aufspalten, während α-Methylfuran[3]) analog in Lävulinaldehyd umgewandelt werden konnte.

$$\begin{array}{c} CH_3 . C \overset{O}{\diagup\diagdown} CH \\ \| \qquad \| \\ HC \text{——} CH \end{array} \quad \rightarrow \quad \begin{array}{c} CH_3 . CO \quad OCH \\ | \qquad | \\ H_2C \text{——} CH_2 \end{array} .$$

Andererseits werden manche Monosacharosen durch Kochen mit Salzsäure leicht in Lävulinsäure übergeführt.

---

1) Harries, Ber. **38**, 1198 [1905].

2) E. Fischer u. Laycock, Ber. **22**, 101 [1889].

3) Harries, Ber. **31**, 37 [1898].

Kapitel II.

Beiträge zur Frage, in welcher Form ist der Kautschuk in frischem Latex vorhanden.

Über Untersuchung von Latexarten in Sizilien[1]).

Es ist ein interessantes Problem, in welcher Form der Kautschuk im Safte der kautschukliefernden Bäume enthalten ist. Vielfach ist von technologischen Chemikern die Ansicht geäußert worden, daß der Kautschuk, wie wir ihn in Europa kennenlernen, durch die Verarbeitung zum Handelsprodukt so gewaltsam verändert ist, daß man von seinem chemischen Verhalten nur vorsichtig Rückschlüsse auf den ursprünglichen Stoff ziehen dürfe.

Versuche, unveränderten Saft nach gut ausgestatteten Laboratorien zu bringen, schienen bisher zu scheitern an der Veränderung des Zustandes — Koagulation — der Latexarten. Man hat weiter unternommen, diesen Latex durch Zusatz einiger Tropfen Ammoniak vor der Koagulation zu bewahren[2]). Tatsächlich halten sich so präparierte Säfte jahrelang dünnflüssig; da sich jedoch der Beurteilung entzieht, inwieweit der Zusatz von Ammoniak Veränderungen verursacht hat, können Untersuchungen solcher Säfte zunächst nicht für stichhaltig angesehen werden. Von Anfang meiner Untersuchungen über den Kautschuk an war es daher mein Wunsch, die Beziehungen kennenzulernen, in welchen das Handelsprodukt zu dem aus dem lebenden Baum frisch gewonnenen Safte steht.

Bei einem kurzen Aufenthalt in Sizilien im Jahre 1903 sah ich, daß dort Fikusarten sehr gut gedeihen, und nahm mir vor, an Ort und Stelle den frischen Saft (Latex) dieser Bäume zu untersuchen. Herr Prof. Angelo Angeli in Palermo erbot sich in liebenswürdigster Weise, mein Unternehmen mit Rat und Tat zu fördern. Inzwischen erschien von C. O. Weber eine Untersuchung über Latex von Castilloa elastica, die in Brasilien ausgeführt wurde[3]). Er berichtet in seiner Publikation, daß man durch Äther dem frischen Latex eine Substanz entziehen könne, welche nach dem Abdunsten des Äthers als Öl zurückbleibe. Dieses Öl könne kein Kautschuk sein, da derselbe von Äther nicht aufgenommen werde. Auf Zusatz von einer Spur Ameisensäure polymerisiere sich dann das Öl zu Kautschuk.

Auf Grund seiner Beobachtungen kommt Weber zu dem Schluß, daß der Latex den Kautschuk nicht fertig gebildet enthielte, sondern

---

[1]) Ber. **37**, 3842 [1904].
[2]) Ber. **36**, 1938 [1903].
[3]) Ber. **36**, 3108 [1903].

einen sehr leicht polymerisierbaren Kohlenwasserstoff, der vielleicht ein aliphatisches Diterpen, $C_{20}H_{32}$, darstelle Das einzige Argument für die Aufstellung dieser Hypothese bildet also die Verschiedenheit des Verhaltens des Latexinhaltes und des wahren Kautschuks gegen Äther, denn irgendwelche anderen experimentellen Beweise fehlen vollständig[1]).

Im Frühjahr **1904** begab ich mich nun nach Palermo und habe an den dort wachsenden Fikusarten die vorliegende Frage im Laboratorium des Herrn Angeli, der mich in jeder erdenklichen Weise unterstützte, einer erneuten experimentellen Prüfung unterzogen.

Herr Prof. Dr. Borzi, der Direktor des botanischen Gartens zu Palermo, hatte die Freundlichkeit, mir die Fikusbäume des Gartens zur Verfügung zu stellen, wofür ich ihm an dieser Stelle verbindlichsten Dank ausspreche.

In diesem Garten sind seit Jahren eine Anzahl Fikusarten angepflanzt worden und sie haben zum Teil eine gewaltige Entwicklung genommen.

Untersuchung des Latex von Ficus magnolooïdes Borzi.

Besonders charakteristisch für Sizilien ist eine sehr verbreitete und schnell wachsende Art. Es ist dies *Ficus magnol. Borzi.* Über den Latex dieser Art ist schon in technischer Beziehung wiederholt gearbeitet, soviel mir bekannt aber nichts publiziert worden. Zunächst stellte es sich heraus, daß März und April nicht die geeigneten Zeiten zur Gewinnung großer Mengen von Latex seien, sondern daß solche Untersuchungen im Juni oder Juli anzustellen sind, weil dann der Saft am besten fließt[2]). Immerhin gelang es aber dem Bemühen zahlreicher Hände, die sich hilfsbereit darboten, in kurzer Zeit mehrere Hundert Kubikzentimeter Latex zu erhalten. Wir ritzten zu dem Zwecke die jüngeren Äste von 15jährigen Bäumen an und fingen den zuerst lebhaft abtropfenden Saft in kleinen Blechbechern auf. Nach kurzer Zeit läßt das Tropfen nach, weil der Latex, wie es scheint, koaguliert und dann ein-festes, zähes, weißes Harz bildet, welches die Schnittwunde des Baumes verschließt. Wie ich gleich bemerken will, beruht diese Erscheinung aber nicht auf einer Koagulation, sondern auf einer Kristallisation. Denn die Latexarten, welche ich untersuchte, ent-

---

[1]) Vgl. die in den Ber. **37**, 3298 [1904], erschienene Arbeit von A. W. K. de Jong und W. R. Tromp de Haas, die zu derselben Ansicht wie ich über die Arbeit Webers gelangt sind.

[2]) Wie mir versichert wurde, kann man im Juni oder Juli von jedem Baum mit großer Leichtigkeit viele Liter von Latex sammeln, ohne daß es den Bäumen schadete.

halten bedeutende Mengen von weißen, sauerstoffhaltigen (albanartigen) Körpern, die gut kristallisieren. Auf diese Produkte komme ich nachher zurück. Da wir schnell arbeiteten, waren die 300 ccm Latex, welche wir gewannen, dünnflüssig milchig. An Ort und Stelle wurde ausgeäthert, und es zeigte sich, daß man den größten Teil der in diesem Latex enthaltenen Bestandteile mittels des Äthers herauslösen konnte. Es bleibt eine dunkelgefärbte, wässerige Flüssigkeit zurück, die einen reduzierenden Zucker enthält, welche man im Scheidetrichter von der ätherischen Lösung trennen kann.

Durch Filtration konnte man den ätherischen Auszug weiter von schleimigen, nicht kautschukartigen, in Äther unlöslichen Bestandteilen befreien, die ich für eiweißartige Substanzen halte. Der ätherische Auszug bildete dann eine hellgelbe, klare Flüssigkeit, welche beim Abdunsten des Äthers einen hellgelben Sirup hinterließ, der bei einigem Stehen teilweise kristallisierte. Es kam nun darauf an, nachzuweisen, in welcher Form der kautschukliefernde Stoff in diesem Sirup enthalten sei.

Hierbei müssen wir uns zunächst die Frage vorlegen, durch welche Eigenschaften sich ein aliphatisches Diterpen, $C_{20}H_{32}$, mit ausreichender Bestimmtheit feststellen ließe. Es ist zwar noch kein aliphatisches Diterpen mit Sicherheit bekanntgeworden, man kann aber doch mit einiger Wahrscheinlichkeit aus den Eigenschaften von aliphatischen Sesquiterpenen[1]), die ich durch die Güte der Firma Schimmel zur Verfügung hatte, vorhersagen, daß ein solcher Körper ein dickliches Öl darstellen dürfte, welches sich wenigstens teilweise bei ca. 180—190° unter 10 mm Druck destillieren lassen müßte. Was die Löslichkeit angeht, so sind aliphatische Sesquiterpene in Äther mäßig, in Alkohol fast nicht löslich, wobei von einer Koagulation durch Alkohol bei den sonst sehr leicht polymerisierbaren Körpern nichts zu bemerken ist.

Aus dem vom Äther befreiten Latexextrakt aus Ficus magnol. Borzi versuchte ich nun, nach zweierlei Methoden den Kautschuk liefernden Stoff zu isolieren.

Erstens direkt unter Vermeidung jedes Lösungsmittels, von dem behauptet werden könnte, daß es koagulierenden Einfluß besitzt, zweitens durch Fällen mit Alkohol. Die erste Methode war recht schwierig und konnte erst durchgeführt werden, als mit Hilfe der zweiten festgestellt war, daß das Öl nur aus zwei Substanzen bestand, dem Kautschuk liefernden Stoff und einem sauerstoffhaltigen Körper ($C_{30}H_{48}O_3$). Der sauerstoffhaltige Körper besitzt nun gutes Kristallisationsvermögen, und es ließ sich mit Hilfe dieser Eigenschaften der

[1]) Mitteilungen der Firma Schimmel & Co. Vgl. ferner Harries u. R. Haarmann: Zur Kenntnis des Farnesols. Ber. 46, 1737 [1913].

größte Teil davon durch wiederholte Behandlung des Öles mit wenig Äther von dem kautschukartigen Stoff trennen. Je mehr aber der sauerstoffhaltige Körper entfernt wurde, desto mehr zeigte es sich, daß der zurückbleibende Körper kein Öl im oben beschriebenen Sinne darstellte, sondern eine zähe, weiße, elastische Masse bildete, welche bereits große Ähnlichkeit mit Kautschuk selbst besaß. Diese elastische Masse war allerdings in einer hinreichenden Menge Äther vollkommen löslich; daß sie aber ein aliphatisches Diterpen sein konnte, war nach ihren sonstigen Eigenschaften ausgeschlossen, denn sie verhielt sich bei einem Destillationsversuch ganz ähnlich wie richtiger Kautschuk.

Nachdem ich festgestellt hatte, daß die plastische, weiße Masse in Alkohol unlöslich war und davon äußerlich nicht verändert wurde, isolierte ich größere Mengen dieses Produktes aus der vom Latex stammenden ätherischen Lösung direkt durch Fällen mit Alkohol. Die abgepreßte Masse wurde dann zur weiteren Reinigung 7—8 mal in Äther aufgenommen und mit Alkohol gefällt, wobei konstatiert werden muß, daß die Fähigkeit, in Äther aufgenommen zu werden, merklich abnahm, je freier die Substanz von sauerstoffhaltigen Beimengungen wurde. In diesem Zustande wurde durch eine Analyse festgestellt, daß der vorliegende Körper genau die Zusammensetzung wie der gereinigte[1]) Parakautschuk besitzt. Für letzteren habe ich in einer Reihe von Versuchen gefunden, daß man gewöhnlich folgende Zahlen bei der Analyse erhält:

$C_{10}H_{16}$. Ber. C 88,23, H 11,76.
Gef. „ 86,30, „ 11,50.

Für den Kautschuk aus Ficus magnol. Borzi wurde nach 5 maligem Umlösen aus Äther gefunden:

0,1207 g Sbst.: 0,385 g CO_2, 0,129 g H_2O.
$C_{10}H_{16}$. Ber. C 88,23, H 11,76.
Gef. „ 86,99, „ 11,98.

Man sieht hieraus, daß man es mit einem Stoff zu tun hat, der die gewöhnliche Zusammensetzung des Kautschuks besitzt.

Versuche, die Molekulargröße dieses Produktes zu bestimmen, gaben keine zuverlässigen Resultate, weil die Löslichkeit desselben in den verschiedenen Lösungsmitteln doch zu gering war.

Hervorzuheben ist ferner noch folgende Beobachtung. Wenn man den ätherischen Latexauszug entweder direkt oder nach dem Abdunsten des Äthers mit einem Tropfen Ameisensäure (nach Weber) versetzt, so bemerkt man sofort die Ausscheidung einer weißen, koagulierten Masse. Wenn man dieselbe abpreßt und wieder ihre Löslich-

---

1) Vgl. Harries, Ber. 35, 3261 [1902].

keit in Äther prüft, so ergibt sich merkwürdigerweise, daß dieses koagulierte Produkt immer noch in Äther löslich ist. Erst durch öftere Wiederholung dieser Manipulation, besonders auch nach längerem Trocknen, verliert der abgeschiedene Kautschuk allmählich seine Löslichkeit.

Zur näheren Prüfung wurde der ätherlösliche Kautschuk nach dem von mir früher beschriebenen Verfahren in Benzol aufgenommen und mit peinlichst getrockneter salpetriger Säure behandelt[1]). Es wurde dabei ein gelbes Produkt gewonnen, welches sich in Zusammensetzung und Eigenschaften als durchaus gleichartig wie das „Nitrosit c" aus Parakautschuk erwies. Es zersetzte sich, dreimal aus Essigester und Äther ungelöst, bei 158—162° unter Aufschäumen.

0,1499 g Sbst.: 0,2230 g CO_2, 0,0722 g H_2O.

$C_{16}H_{15}N_3O_7$. Ber. C 41,52, H 5,19.
Gef. „ 40,57, „ 5,38.

Untersuchung des Latex von Ficus elastica.

Nach diesen Resultaten erschien es mir von Wichtigkeit, einen Latex zu untersuchen, der von einem Kautschukbaum par excellence stammte, nämlich Ficus elastica. Von einem starken fünfzehnjährigen Baum, den ich nach längerem Suchen in einem Privatgarten vorfand, erhielt ich ca. 30 ccm eines weißen, dicklichen Saftes. Dieses Produkt enthielt sehr wenig Wasser und war fast ganz in ca. 500 ccm Äther löslich, wobei, wie vorher beschrieben, die nicht aufgenommenen schleimigen Anteile durch Filtration getrennt werden konnten. Die weitere Verarbeitung wurde genau in der schon geschilderten Weise vorgenommen. Beim Abdunsten des Äthers hinterblieb zunächst ein fast farbloses Öl; rieb man aber nur ein wenig mit einem Glasstab in diesem Öle herum, so konnte man die kautschukartige Konsistenz des darin enthaltenen Stoffes alsbald feststellen, denn die kristallisierenden sauerstoffhaltigen Bestandteile waren in dem Öle aus Ficus elastica in weit geringerer Menge als in dem von Ficus magnol. Borzi zugegen. Nach der Abscheidung behielt der Kautschuk seine Ätherlöslichkeit, wenn auch in weit geringerem Grade bei.

Mit Alkohol konnte aus dem ätherischen Auszug des Latex quantitativ aller Kautschuk abgeschieden werden; er schied sich als weiße Gallerte ab, die sich beim Schütteln zusammenballte. Auch dieses Produkt wurde noch von viel Äther aufgenommen, verlor aber nach nochmaligem Fällen mit Alkohol nach dem Trocknen seine Löslichkeit fast ganz und zeigte sich in allen Eigenschaften identisch mit bestem, gereinigtem Parakautschuk.

---

[1]) Ber. **35**, 4430 [1902].

0,1300 g Sbst.: 0,4163 g CO_2, 0,1378 g H_2O.

$C_{10}H_{16}$. Ber. C 88,23, H 11,76.
Gef. „ 86,14, „ 11,72.

Zur weiteren Identifizierung wurde das „Nitrosit c" in der üblichen Weise dargestellt. Der Zersetzungspunkt der schön gelben Substanz lag nach zweimaligem Umlösen aus Essigesteräther bei 157—161°.

0,1221 g Sbst.: 15,4 ccm N (21°, 762 mm).

$C_{10}H_{15}N_3O_7$. Ber. N 14,53. Gef. N 14,47.

Untersuchung der sauerstoffhaltigen Bestandteile im Latex von Ficus magnol. Borzi und Ficus elastica.

Zur weiteren Prüfung der Bestandteile der Latexarten wurden die alkoholisch-ätherischen Mutterlaugen, aus denen durch Fällen mit abs. Alkohol die kautschukartigen Stoffe abgeschieden waren, im Vakuum vorsichtig eingedampft. Hierbei stellte sich heraus, daß, wenn der Alkoholäther vollständig entfernt wurde, der Rückstand ganz und gar kristallinisch erstarrte. In keinem Falle wurde bemerkt, daß ein öliges Terpen in demselben enthalten war. Die Kristallmassen ließen sich aus verdünntem Alkohol leicht umkristallisieren und rein erhalten.

Sauerstoffkörper aus Ficus magnol. Borzi in kaltem Alkohol schwer, in heißem leicht löslich, kristallisiert daraus in schönen, weißen Blättern, welche bei 115° schmelzen und schon bei 111° sintern. Von Wasser oder verdünnten Alkalien wird er nicht aufgenommen.

0,1781 g Sbst.: 0,5154 g CO_2, 0,1719 g H_2O.

$C_{10}H_{16}O$. Ber. C 78,94, H 10,53.
Gef. „ 78,92, „ 10.82.

Molekulargewicht nach der Gefriermethode im Beckmannschen Apparat: angew. 20,8 g Benzol.

0,1949 g Sbst.: $\Delta = 0,105$.

$(C_{10}H_{16}O)_3$. Mol.-Gew. Ber. 456. Gef. 446,2.

Sauerstoffhaltiger Körper aus Ficus elastica ähnelt dem vorher beschriebenen in jeder Beziehung und läßt sich besonders gut aus Methylalkohol umkristallisieren; er schmilzt dann bei 195°, sintert aber schon bei 185°.

0,1558 g Sbst.: 0,451 g CO_2, 0,1507 g H_2O.

$C_{10}H_{16}O$. Ber. C 78,94, H 10,53.
Gef. „ 78,95, „ 10,82.

Mol.-Gew.: 0,1896 g Sbst., Benzol Gew. 1,2 g, $\Delta = 0,1325$.

$(C_{10}H_{16}O)_2$. Mol.-Gew. Ber. 304. Gef. 337,5.

Die beiden Produkte unterscheiden sich also in der Molekulargröße wesentlich. Zu bemerken ist noch, daß der sauerstoffhaltige Körper im Ficus magnol. in sehr bedeutender Menge vorkommt und wohl als Hauptprodukt dieses Latex anzusehen ist, während der andere aus Ficus elastica etwa zu gleichen Teilen mit dem Kautschuk vorhanden ist. Eine quantitative Analyse der Latexarten habe ich nicht ausgeführt, da solche vom Latex der Ficus elastica von Algier schon mehrfach veröffentlicht wurde. Allerdings ist der Befund des weißen, albanartigen Körpers im Latex dieser Kautschukart wohl als neu anzusehen.

Die Ergebnisse meiner Untersuchung möchte ich folgendermaßen präzisieren:

Zusammenfassung. Der Kautschuk kommt in den von mir untersuchten Latexarten in einer Form vor, die sich zwar zunächst in den Löslichkeitsverhältnissen vom technischen Kautschuk unterscheidet, im übrigen aber nach ihrem sonstigen Verhalten auf ein ziemlich hohes Molekül schließen läßt, jedenfalls nicht die Eigenschaften eines aliphatischen Diterpens besitzt.

Die allmähliche Veränderung der Löslichkeitsverhältnisse (nach der Isolierung) ist vielleicht eine Folge von einem Ansteigen der Molekulargröße.

Am Schluß meiner Abhandlung möchte ich der liebenswürdigen Unterstützung gedenken, die ich bei der Anfertigung dieser Arbeit durch Herrn Privatdozenten Dr. Angelico in Palermo erfahren habe, und ihm bestens dafür danken.

Palermo, im April 1904.

In der Folge ist diese Arbeit nicht ohne Widerspruch geblieben. Die Haupteinwände betrafen folgende Punkte. Ich hätte gänzlich die mikroskopische Untersuchung außer acht gelassen, nämlich die Angabe Webers: unter dem Mikroskop könne man deutlich Öltropfen im Latex wahrnehmen. Auf eine derartige mikroskopische Untersuchung gebe ich nun wenig, wenn sie nicht durch chemisch-physikalische Methoden gestützt wird. Die Herren, die hier nur mit Hilfe des Mikroskops auf die Molekulargröße schließen wollen, stehen auf wenig wissenschaftlichem Standpunkte. Außerdem kennen sie die Eigenschaften des gewöhnlichen Parakautschuks nicht. Versucht man nämlich, aus einer benzolischen Lösung, welche längere Zeit bei Sommertemperatur gestanden hat, den Kautschuk durch Alkohol zu fällen, so wird er nicht in der Form abgeschieden, in der er sich leicht zu einem zähen Produkt zusammenballt, sondern als dickes Öl, welches man durch Schütteln in kleine auch unter dem Mikroskop als solche wahrnehmbare Öltröpfchen zerteilen kann. Und doch ist dieser Kautschuk nach seinen Löslichkeitsverhältnissen nichts anderes als gewöhnlicher Kautschuk. Dekantiert man ihn und trocknet im Vakuum, so wird er nach kurzer Zeit wieder zähe und dehnbar. Es wäre demnach nicht unwahrscheinlich, daß der Kautschuk im Latex der mittelamerikanischen Arten bei der dort herrschenden warmen Temperatur in einer ähnlichen Form vorhanden ist. Ein zweiter Einwand war folgender (Ditmar): Man könne nicht Latexarten von Sizilien mit denen aus den Tropen stammenden vergleichen. Die Bäume produzierten nach Bodenverhältnissen und Klima ganz verschiedene Stoffe. Meine botanischen Gewährsmänner sind anderer Ansicht, sie sagen, daß sich wohl die quantitative Zusammensetzung des Latex, nicht aber die qualitative Beschaffenheit der einzelnen Bestandteile ändern könne. Mit anderen Worten, der Kautschuk komme im Latex von Ficus elastica in Sizilien genau in derselben Form vor wie in den Tropen.

Hinrichsen und Kindscher[1]) versuchten es, die Molekulargröße des Kautschuks im Latex kryoskopisch zu bestimmen, sie gelangten dabei zu der Zahl 3173. Obgleich ich dies Ergebnis an sich nicht bemängeln will, möchte ich es nicht als beweiskräftig ansehen, da mir die eingeschlagene Methode nicht besonders exakt zu sein scheint.

Eduardoff[2]) hat den Latex in den Tropen selbst studiert. Er macht auf die Tatsache aufmerksam, die Weber zur Annahme eines Diterpens im Latex führte, daß sich die Kautschuksubstanz aus manchen Latexarten zwar mit Lösungsmitteln ausschütteln läßt, sich aber nach kurzem Stehen aus der Lösung wieder abscheidet (koalisiert), sozusagen auskristallisiert. Er folgert daraus eine verschiedene Molekulargröße für den Kautschuk im Latex und nach dem Koalisieren. Gegen diese Auffassung haben Hinrichsen und Kindscher[2]) den Einwand erhoben, daß nach den Untersuchungen von Bruni „Über feste Lösungen", die Annahme wahrscheinlich gemacht worden ist, daß zwischen der Molgröße im flüssigen und festen Zustande keine wesentlichen Unterschiede bestehen. Auch van Rossem[3]) scheint aus seinen sehr bemerkenswerten Untersuchungen über die Viskosität von Latexkautschuklösungen zu dem Resultat gekommen zu sein, daß das hohe Molekül des Kautschuks bereits im Latex vorgebildet ist.

Ich sehe keine Andeutung bei Eduardoff vorhanden, daß er den alten Weberschen Anschauungen folgt und ein aliphatisches Diterpen als erstes Zwischenprodukt im Kautschuk vorhanden ansieht. Er scheint vielmehr der Meinung zu sein, daß der Kautschuk im Latex schon fertig gebildet enthalten ist, aber bei der Koalisierung an Molekulargröße zunimmt. Dieselben Schlüsse würde auch ich aus meinen oben mitgeteilten Untersuchungen über Latex von Ficus elastica in Sizilien ziehen. Man könnte auch denken, daß diese Beobachtungen nur auf kolloidchemische Zustandsänderungen des Dispersitätsgrades zurückzuführen sind. Darüber wird sicher die Messung der Viskosität Aufschluß erteilen. Aber solche Versuche sollten nur an Ort und Stelle, wo der Latex unmittelbar gewonnen wird, ausgeführt werden.

[1]) Ber. **42**, 4329 [1909].

[2]) Gum.Ztg. **23**, 809 [1909].

[3]) Van Rossem u. van Heuren, Koll.B. **10**, 9 [1918].

Kapitel III.

Über die wissenschaftlichen Grundlagen zur Erkenntnis von künstlichen Kautschukarten bei der technischen Kautschukanalyse[1]).

Heutzutage kann der Kautschukchemiker häufiger als früher in die Lage kommen, nachweisen zu müssen, ob in einer Kautschukprobe oder auch in verarbeitetem Kautschuk künstliche Kautschuksubstanz enthalten ist. Es ist dies an und für sich schon keine ganz leichte Aufgabe, sie wird aber sehr erschwert durch den Umstand, daß es zur Zeit eine ganze Anzahl mehr oder weniger brauchbarer künstlicher Kautschuke gibt, die möglicherweise bei der Untersuchung in Rechnung gezogen werden müssen. Sie stellt an den Kautschukchemiker die Forderung, sich sehr genau mit den Eigenschaften der verschiedenen Modifikationen der künstlichen Kautschukarten aus der wissenschaftlichen Literatur bekannt zu machen. Hierbei helfend mitzuwirken soll der Zweck der vorliegenden Ausführungen sein[2]).

Die bisherigen Methoden einer quantitativen oder auch nur qualitativen Ermittlung der Kautschuksubstanz, wie Extraktionsverfahren, Bromidverfahren nach Hübner-Budde, Nitrosit- oder Nitrosatverfahren, lassen nur die Möglichkeit zu, dieselbe überhaupt als solche zu bestimmen, nicht aber zu unterscheiden, speziell welche Kautschukarten vorliegen. Denn wie früher an anderer Stelle auseinandergesetzt wurde[3]), ergaben alle künstlichen Kautschukarten sehr ähnliche Bromide und Nitrosite wie die natürlichen Stoffe, jedenfalls so ähnliche, daß erst eine längere schwierige Untersuchung angestellt werden müßte, um derartige Derivate zu scheiden und zu charakterisieren. Die einzige Methode, welche einen genaueren Einblick in diese Verhältnisse gestattet, ist die Ozonisierung. Auch hier ist eine quantitative Bestimmung nur auf indirektem Wege möglich, insofern man erst überhaupt die Kautschuksubstanz nach den bisher gebräuchlichen Methoden ermitteln müßte und nachher durch Ozonisierung bzw. Spaltung des gewonnenen Ozonids nachzuweisen hätte, wieviel von der gefundenen Kautschukmenge als künstliche Produkte einzuschätzen sind. Dieser Weg ist natürlich umständlich und überschreitet weit die bis jetzt üblichen Einrichtungen der analytischen Betriebslaboratorien wie vielleicht auch das experimentelle Können mancher Kautschukchemiker.

---

[1]) Gum.Ztg. **33**, 222 [1919].

[2]) Diese Arbeit war bereits im März 1918 zur Veröffentlichung vorgesehen, verfiel aber damals der Zensur.

[3]) Lieb. Ann. **383**, 190ff. [1911].

Hiermit werden sich die Laboratoriumsleiter aber wohl oder übel abfinden müssen, da neue Rohstoffe auch neue und verfeinerte Methoden zu ihrer Beurteilung notgedrungen nach sich ziehen.

Eine ganze Anzahl künstlicher Kautschuke kommt hier in Betracht. Erstens der sogenannte künstliche Isoprenkautschuk, nach dem Wärmepolymerisationsverfahren der Elberfelder Farbenfabriken dargestellt, zweitens der Butadien-Kautschuk und drittens der Dimethylbutadien-Kautschuk, nach demselben Verfahren gewonnen. Bei dem letzten kommt noch das Produkt hinzu, welches die genannte Firma durch Erhitzen des Kondakowschen weißen Selbstpolymerisats des Dimethylbutadiens bereitet. Von anderen Produkten will ich nur den sogenannten Natrium-(Kohlensäure-)Kautschuk der Badischen Anilin- und Sodafabrik[1]) nennen, der seine besonderen Eigenschaften hat. Dies sind noch nicht einmal alle Möglichkeiten, die vorliegen. Die sogenannten anormalen Natrium-Kautschuke, welche einerseits von mir und andererseits von den Engländern Matthews und Strange[2]) aufgefunden wurden, will ich nicht mit hineinnehmen, weil sie zur Zeit zu wenig praktischen Wert besitzen, zudem würde ihr Nachweis äußerst schwierig sein[3]).

Fast alle oben angeführten Kautschuke nehmen ziemlich gleich schnell Ozon auf, nur der Butadien-Kautschuk[4]) reagiert langsamer. Man läßt für diesen Zweck 5—10 g des zu untersuchenden Kautschuks in 50—100 g Chloroform etwa 24 Stunden aufquellen und leitet dann einen langsamen Strom von Ozonsauerstoff ein. Bei Anwendung eines kleineren Ozonisators, der etwa 5,5—6% Ozon erzeugt, braucht man zur vollständigen Absättigung etwa 5—10 Stunden, wobei eine klare Lösung entsteht. Man prüft auf Absättigung in einer kleinen Probe mit einer hellbraunen Lösung von Brom in Chloroform, ob Brom noch entfärbt wird. Nun wird das Chloroform im Vakuum bei einer 20° nicht übersteigenden Temperatur des Heizwasserbades (Explosionsgefahr) abgedampft und der Rückstand im Vakuumexsikkator einige Tage getrocknet. Aus dem Gewicht des Ozonids kann man auf die Menge des Kautschuks ungefähr Rückschlüsse ziehen, da unter den angegebenen Umständen auf 1 Mol. $C_{10}H_{16}$ oder $C_{12}H_{20}$ je 2 Mol. O_3 addiert werden.

Die Spaltung wird in der Weise vorgenommen, daß man eine abgewogene Menge Ozonid, etwa 10 g in 120 g Wasser, in ein Kölbchen mit Rückflußkühler einfüllt und auf dem Drahtnetz mit freier Flamme etwa 1 Stunde mäßig erhitzt. Die vom Isopren und Dimethyl-

[1]) Holt, Chem. Ztg. **1914**, 3 (s. S. 190).
[2]) Lieb. Ann. **395**, 220 [1912].
[3]) Lieb. Ann. **406**, 180 [1914] (s. S. 193 u. 214).
[4]) Lieb. Ann. **395**, 259 [1912].

butadien abstammenden normalen Kautschuke zersetzen sich hierbei ziemlich glatt und hinterlassen wenig eines weißen Harzes, nur das normale Butadienkautschukozonid hinterläßt mehr Harz. Von dem Harz wird die Lösung abgegossen bzw. filtriert. Eine Probe dieser Lösung wird mit einigen Tropfen Ammoniak versetzt und mit 50 proz. Essigsäure angesäuert und aufgekocht. Führt man in die Dämpfe einen mit verdünnter Salzsäure befeuchteten Fichtenspan ein, so färbt sich derselbe kirschrot. Es ist dies die sogenannte Knorrsche Pyrrolreaktion auf Diketone, Dialdehyde oder Ketoaldehyde mit 1,4-Stellung der Karbonyle zueinander.

Nur die anormalen oben erwähnten Natrium-Kautschuke zeigen diese Reaktion nicht.

Wir wenden uns nun zur speziellen Unterscheidung der einzelnen Arten. Der gewöhnliche Isoprenkautschuk der Elberfelder liefert bei der Spaltung seines Ozonids bei Anwendung von 5 g davon etwa 2,3 g Lävulinaldehyd und etwa 3 g Lävulinsäure roh, sodann etwas Ameisensäure und sehr kleine Mengen Azetonylazeton, von einer Beimengung eines isomeren Kautschuks herrührend[1]) die bei größerer Reinheit des zur Erzeugung des Kautschuks angewandten Isoprens kaum mehr nachzuweisen sind[2]).

Der sogenannte Natrium-(Kohlensäure-)Isoprenkautschuk der Badischen Anilin- und Sodafabrik verhält sich ganz ähnlich. Da aber das zu seiner Darstellung verwandte Isopren anderer Natur als dasjenige der Elberfelder[3]) ist, so findet man hier leichter Azetonylazeton und auch Bernsteinsäure.

Um diese Spaltungsprodukte zu isolieren und zu charakterisieren, wird folgendermaßen verfahren:

Man dampft die bei der Spaltung des Ozonids erhaltene wässerige Lösung im Vakuum bis zur Sirupkonsistenz des Rückstandes ein. Mit den Wasserdämpfen gehen die Aldehyde, Diketone und die Ameisensäure in das Destillat. Der Rückstand enthält die Lävulinsäure, die Bernsteinsäure und bisweilen noch ein anderes kristallisierendes Produkt, das Lävulinaldehyddiperoxyd, auf das man aber in der Regel keine Rücksicht zu nehmen braucht. Die Bernsteinsäure, wenn vorhanden, kristallisiert bald aus und kann abgepreßt werden. Die Lävulinsäure destilliert im Vakuum unter 10—12 mm bei etwa 130—150° über und liefert dann mit essigsaurem Phenylhydrazin ein gut kristallisierendes Hydrazon vom Schmelzpunkt 108°.

Das Destillat wird zum quantitativen Nachweis des Lävulin-

---

1) Steimmig, Ber. 47, 350 [1914] (s. S. 183)

2) Ber. 48, 863 [1915] (s. S. 185).

3) Ber. 47, 2001 [1914] (s. S. 183).

aldehyds mit etwa 5 g essigsaurem Phenylhydrazin und einigen Kubikzentimetern verdünnter Salzsäure angesetzt, wobei sich nach eintägigem Stehen das Derivat des Lävulinaldehyds, das Phenylmethyldihydropyridazin in fester Form abscheidet, dasselbe schmilzt nach wiederholtem Umkristallisieren aus Alkohol bei 197°. Zum Nachweise des Azetonylazeton destilliert man nach Steimmig[1]) die ganze Masse, ohne das Pyridazin vorher abzutrennen, mit Wasserdampf. Durch die Gegenwart der Salzsäure wird das Bisphenylhydrazinderivat des Azetonylazeton unter Abspaltung eines Mol. Phenylhydrazin in Anilinodimethylpyrrol übergeführt, das in feinen Kristallblättchen vom Schmelzpunkt 90—92° übergeht, während das Phenylmethyldihydropyridazin im Kolben zurückbleibt. Nach der Menge des auftretenden Anilidopyrrol kann man auf die Herkunft des Isoprenkautschuks gewisse Schlüsse ziehen. Findet man etwas Anilinodimethylpyrrol, so ist dies ein ziemlich sicheres Anzeichen für das Vorliegen von künstlichem Isoprenkautschuk. Es ist aber zu bemerken, daß die Dimethylbutadien-Kautschukozonide bei ihrer Spaltung mit Wasser auch Azetonylazeton liefern, und zwar der normale Dimethylbutadien-Kautschuk fast quantitativ[2]), das umgewandelte Kondakowsche Produkt aber nur etwa 50% der theoretisch berechneten Ausbeute[3]). Bei diesen findet sich aber keine Bernsteinsäure im Rückstand. Viel Anilidodimethylpyrrol würde auf das Vorhandensein der letzteren beiden Stoffe deuten. Liegt reiner normaler Dimethylbutadien-Kautschuk vor, so erhält man bei der Spaltung seines Ozonids eine wässerige Lösung, die mit essigsaurem Phenylhydrazin sofort einen schönen gelben Niederschlag des Bisphenylhydrazons des Azetonylazetons liefert, der abfiltriert und gewogen ziemlich genau die Menge des Dimethylbutadien-Kautschuks berechnen läßt:

$$C_{12}H_{20}O_6 : (C_6H_5NH \,.\, N : \underset{\displaystyle CH_3}{\overset{|}{C}} \,.\, CH_2)_2 = \text{angewandte Menge Oz} : X$$

Der Schmelzpunkt des aus verdünntem Alkohol umkristallisierten Bisphenylhydrazons liegt nach Paal bei 120°.

Der reine Dimethylbutadien-Kautschuk dürfte nach meiner Meinung von allen künstlichen Sorten am leichtesten nachzuweisen sein.

Am schwierigsten gestaltet sich die Untersuchung des Butadien-Kautschuks[4]), dessen Ozonid bei der Spaltung den Suzzinaldehyd ergibt. Zu einer Charakterisierung muß man wie beim Isoprenkautschuk

---

[1]) S. a. a. O.

[2]) Lieb. Ann. **395**, 204 [1912] (s. S. 199).

[3]) Unveröffentlichte Mitteilung (s. S. 200).

[4]) S. a. a. O. (s. S. 195).

verfahren, indem man die wässerige Zersetzungsflüssigkeit im Vakuum eindampft. Mit den Wasserdämpfen geht der Suzzindialdehyd über, der mit essigsaurem Phenylhydrazin das Suzzinbisphenylhydrazon vom Schmelzpunkt 125° liefert. Dieses ist aber sehr zersetzlich. Mit verdünnter Salzsäure behandelt, wandelt es sich in eine feste, weiße, polymere Base unter Abspaltung von Phenylhydrazin um, die nach Ciamician und Zanetti[1]) bei 184—185° schmilzt.

$$2\,C_{16}H_{10}N_4 - 2\,C_6H_8N_2 = C_{20}H_{20}N_4.$$

In Gemischen von Butadien-Kautschuk mit anderen Kautschukarten wird es außerordentlich schwierig sein, das Suzzinbisphenylhydrazon sicher nachzuweisen.

Bei vulkanisierten Produkten würde ich folgendermaßen verfahren[2]). Die zu untersuchende Probe müßte zunächst möglichst weitgehend entschwefelt werden. Dies kann man dadurch erzielen, daß man die Probe fein auswalzt, das Fell zerschneidet und im Soxhlet so lange mit Azeton extrahiert, wie noch Schwefel vom Lösungsmittel aufgenommen wird. Danach, etwa nach achttägiger Extraktion, walzt man die Probe von neuem aus und extrahiert nochmals die gleiche Zeit. Der nur kolloid absorbierte Schwefel wird solcherweise ziemlich vollständig entfernt, und die Proben enthalten nur noch den chemisch gebundenen Schwefel. Dieser wird bei der Behandlung mit Ozon in eigentümliche an Kohlenstoff gebundene Sulfosäuren verwandelt, auch entsteht freie Schwefelsäure. Damit diese beim Kochen der Ozonide mit Wasser nicht verharzend auf die entstehenden Aldehyde und Ketone einwirken können, setzt man dem Wasser von vornherein zur Neutralisation einige Gramm gefälltes Kalziumkarbonat hinzu. Wenn man dann im Vakuum eindampft, gehen die Aldehyde und Ketone in das Destillat über, die teilweise an Kalzium gebundenen Säuren (Lävulinsäure) müssen aus dem Rückstande durch die berechnete Menge Schwefelsäure in Freiheit gesetzt und ausgeäthert werden, worauf man sie durch Rektifizierung im Vakuum isolieren kann. Die einzelnen Spaltprodukte können dann wie vorher angegeben charakterisiert werden. Diese Methode läßt sich aber nur für Weichgummi- und nicht für Hartgummiwaren anwenden.

Der in dem vorstehenden geschilderte Weg zur Erkennung der künstlichen Kautschukarten ist natürlich noch unvollkommen, soviel ich mich aber auch mit dieser Frage beschäftigt habe, sehe ich vorläufig keine andere Möglichkeit, als in dieser Weise vorzugehen. Natürlich muß nebenher eine eingehende mechanische Prüfung, die wieder

---

[1]) Ber. **23**, 1784 [1890].

[2]) Ber. **49**, 1196, 1390 [1916] (s. S. 107).

eine genaue Kenntnis der physikalischen Eigenschaften der einzelnen Stoffe voraussetzt, mit der analytischen Bearbeitung Hand in Hand laufen. Mir haben im Laufe der letzten Jahre eine ganze Reihe von Proben sogenannter künstlicher Kautschuke vorgelegen, die ich nach den angegebenen Methoden ziemlich genau identifizieren konnte.

Schlußkapitel.

Ausblick.

Es ist schon mehrfach ausgesprochen worden, daß in der Zukunft die Kautschukchemie dahin gelangen würde, für jeden praktischen Zweck einen ganz bestimmten, nur für diesen Zweck geeigneten, künstlichen Kautschuk herzustellen, ähnlich wie es in der Farbstoffindustrie auf synthetischem Wege mit den Farben geschehen ist. Ob die Möglichkeit vorhanden ist, kann man zur Zeit noch nicht klar übersehen, doch dürfte es wohl das ersehnte Ziel bleiben. Die praktische Verwertung der künstlichen Kautschukarten ist von der mehr oder minder großen Schwierigkeit ihrer Herstellung abhängig, mit anderen Worten, von den Gestehungskosten, welche ihre Fabrikation mit einem annehmbaren Nutzen durchführen lassen. Bei den zur Zeit sehr billigen Preisen für Natur- und Plantagenkautschuk auf dem Weltmarkt, die bei dem steten Wachsen der Plantagen eher noch herab- als heraufgehen dürften, ist kaum an eine Konkurrenz der künstlichen mit den natürlichen Stoffen zu denken. Man kann auch nicht einsehen, wodurch in dieser Beziehung in der Zukunft wesentliche Verschiebungen eintreten sollten. Es sei denn, daß die produzierenden Länder hohe Ausfuhrzölle forderten. Daher bleibt für den künstlichen Kautschuk, wenn er sich in die Praxis einführen will, nur die Möglichkeit, daß er, namentlich für besondere Zwecke, bessere Eigenschaften hat als der natürliche. Dann kann nämlich für ihn auch ein höherer Preis als für den natürlichen gefordert werden, wodurch die Fabrikation lohnend wird. Dies scheint mir in der Grenze des Erreichbaren zu liegen, denn es gibt ja dafür schon Beispiele. Man kommt deshalb zur Frage, wie soll sich in Zukunft die technisch-wissenschaftliche Kautschukforschung betätigen.

Es sind mehrere Wege für ein Vorgehen in dieser Richtung vorhanden. Erstens könnte man den Naturkautschuk selbst durch geeignete chemische Umwandlung in höherwertige Produkte überführen. Der Weg ist hierzu schon vorgezeichnet worden. Durch Addition von Halogenwasserstoff an Kautschuk und Wiederabspaltung kann man andere Kautschukarten, α und β-Isokautschuk, erzeugen. Der praktische Wert dieser Produkte entspricht aber bisher nicht den Erwartungen. Trotzdem darf man darum die Sache noch nicht aufgeben. Es kommen hier bei der Bereitung solcher Stoffe auch noch andere Momente in Frage, die bisher nicht genügend berücksichtigt wurden, auf die ich nachher näher eingehe.

Zweitens könnte man annehmen, daß sich unter den zahllosen Homologen und Analogen des Butadiens beim systematischen Durchprüfen Vertreter auffinden lassen würden, die besonders glatt in die zugehörigen Kautschuke übergehen, bzw. solche von besonders guten Eigenschaften liefern würden. Denn in den vorhergehenden Kapiteln sind ja nur 4 Butadiene behandelt worden, das Butadien selbst, das β-Methylbutadien oder Isopren, das β-γ-Dimethylbutadien und das α-Methylbutadien oder Piperylen. In den Patenten der Farbenfabriken vorm. Bayer & Co. sind eine ganze Anzahl Homologe und Analoge des Butadiens aufgeführt worden, von denen angegeben wird, daß sie sich unter den besprochenen Bedingungen zu homologen Kautschuken polymerisieren lassen.

Nach meinen Erfahrungen sind die Möglichkeiten hier aber ziemlich begrenzte, schon das α-α-Dimethylbutadien

$$\begin{matrix} CH_3 \\ CH_3 \end{matrix}\!\!>\!C{=}CH\,.\,CH{=}CH_2$$

stellt seiner Polymerisierung zum Kautschuk Schwierigkeiten entgegen, Phenylbutadien verhält sich ähnlich. Dagegen scheint sich wieder das Zyklopentadien von Kraemer und Spilker dafür zu eignen, wie übrigens Spilker schon im Jahre 1896 voraussah[1]). Ich glaube nicht, daß hier noch viel zu erwarten ist, obwohl man ja in der Chemie vor Überraschungen niemals sicher sein wird.

Schließlich wäre noch die reine Synthese in Rücksicht zu ziehen, nämlich der Aufbau langer Ketten der Formel

$$CH_3\,.\,\underset{\vdots\cdots}{C}\,.\,CH_2\,.\,CH_2\,.\,CH = \overset{CH_3}{\dot{C}}\,.\,CH_2\,.\,CH_2\,.\,CH{=}\cdots$$

— wie sie der Abbau sicher im Naturkautschuk und im normalen Isoprenkautschuk nachgewiesen hat — und Umwandlung derselben in die Kautschuke. Dieser Weg, obwohl wissenschaftlich sehr interessant, käme wohl für die Praxis wegen der zu erwartenden großen Kosten kaum in Frage.

Dagegen sind beim sorgfältigen Studium der Polymerisationsverhältnisse der drei Anfangsglieder der Butadiene, des Butadiens, des

[1]) Persönliche Bemerkung Spilkers während des Vortrags von Krämer in der Sitzung der Deutsch-chemischen Gesellschaft 1896.

Isoprens und des β-γ-Dimethylbutadiens noch mancherlei Erfolge zu erwarten.

Diese besitzen, wie wir gesehen haben, eine Fähigkeit, sich zu polymerisieren, die geradezu einzigartig ist, geringe Veränderungen der Bedingungen rufen verschiedenartige, kautschukartige Substanzen hervor. Trotzdem schon eine ganze Reihe variierender und differenter Stoffe entdeckt wurden, scheinen die Möglichkeiten nicht erschöpft. Aber bisher hat man noch keinen, auf diesen Wegen gewonnenen künstlichen Kautschuk gesehen, der dem guten, rohen Parakautschuk vollkommen gliche oder ihn etwa überträfe.

Über die Unterschiede natürlicher und künstlicher Kautschuke hat man schon allerlei gelesen. Die meisten sind der Ansicht, daß die Molekulargrößen nicht dieselben seien. Steimmig erklärt die Unterschiede rein strukturchemisch, indem er behauptet, daß der künstliche stets ein Gemisch von zwei strukturchemischen isomeren Kohlenwasserstoffen und deshalb nicht mit dem Naturkautschuk identisch sei. Ich will diese Möglichkeiten durchaus nicht außer acht lassen, glaube aber, daß der Hauptgrund für die Differenzen, welche man beobachtet hat, kolloidchemischer Natur ist. Die Erfahrungen der modernen Kolloidchemie sind nämlich bisher durch den synthetischen Chemiker, meine Persönlichkeit nicht ausgenommen, nicht genüge kolloidchemischer worden, während wieder die eigentlichen Kolloidchemiker sich außerstande erweisen werden, die schwierigen präparativen Aufgaben der Bearbeitung dieses Gebietes zu bewältigen, es sei denn, daß sie gleichzeitig geschulte Organiker wären.

Ich mache hier allerdings eine Voraussetzung, welche zwar noch nicht bewiesen ist, aber manches für sich hat:

daß nämlich der eigentliche technische Wert des Kautschuks, der sogenannte Nerv bzw. die Vulkanisationsfähigkeit von der Teilchengröße der aggregierten Masse, also vom Dispersitätsgrad, abhängig ist. Die Viskositätsmessungen sprechen dafür. Es wird ein Optimum in bezug auf Nerv und Elastizität für die Teilchen, wie sie sich zusammenballen, geben. Werden sie gröber oder feiner, als dies Optimum verlangt so gehen die in dieser Richtung günstigen Eigenschaften wieder zurück. Man müßte dies graphisch in Kurven verfolgen können. So scheinen sowohl die Naturkautschuke verschiedener Provenienz selbst voneinander als auch die künstlichen Kautschuke von diesen durch ihre Teilchengröße, den Dispersitätsgrad, zu differieren. Der rohe Naturkautschuk verliert beim Reinigen und Umfällen mit Benzol-Alkohol seinen Nerv und die Vulkanisationsfähigkeit zum großen Teil, was besonders bemerkenswert ist. Die rohen guten Naturkautschuke erscheinen gröber dispers als die einer chemischen Behandlung unterworfenen Verbindungen. Die Fragestellung für die zunächstliegende künftige Forschung liegt hier klar zutage: Rückumwandlung des umgefällten Kautschuks in ein disperses System von dem Grade des Rohkautschuks.

Es ist auch noch nicht sicher, ob der beste Parakautschuk schon das Optimum im Dispersitätsgrade besitzt. Die zukünftigen Bestrebungen sollten darauf gerichtet sein, sei es bei dem Übergang der Butadiene selbst während der Polymerisation in die Kautschuke, sei es bei der Abscheidung der schon polymerisierten Stoffe, kolloidchemische Kondensationsverfahren anzuwenden, welche die Dispersität in diesem Sinne günstig beeinflussen. Man hat diese Ziele bei der Abscheidung des Kautschuks aus dem Plantagenlatex bereits seit einiger Zeit verfolgt und ist dabei zu recht bemerkenswerten Ergebnissen gelangt. Auch beim Isoprenkautschuk scheint man schon solche Wege beschritten zu haben, wie die Patentliteratur besonders der Farbenfabriken vorm. Fr. Bayer & Co. anzeigt.

Es wird aber im letzteren Fall viel schwieriger sein, praktisch wertvolle Resultate zu erhalten, weil die Butadiene bei der Polymerisation teils unverändert bleiben, teils in Terpenkörper übergehen. Auch kleine Mengen dieser Stoffe werden die kolloidchemischen Kondensationsmöglichkeiten beeinflussen, wodurch es schwer wird, genügend grobdisperse Sys Forschungugen.

Sollte es aber einem Chemiker gelingen, im Laboratorium diese Aufgaben zu meistern und die ganze Reihe der Möglichkeiten an dispers gröberen und feineren Butadienkautschuken hervorzubringen, so kommt vielleicht noch die größere Aufgabe, diese Befunde in die Praxis umzusetzen.

Bedenkt man nämlich, welcher langen Zeit es bedurft hat, ehe man dazu kam, selbst einen so prächtigen Körper wie den Rübenzucker aus den Säften in wirtschaftlicher Ausbeute auskristallisieren zu lassen, so darf man sich nicht wundern, wenn Kolloide wie die Kautschuke ohne diese festumrissenen Eigenschaften der Einführung in die Fabrikation noch viel ärgere Schwierigkeiten entgegensetzen werden. So groß dieselben aber immer sein mögen, sie müssen überwunden werden.

Sachregister.